航天科技图书出版基金资助出版

空间太赫兹技术丛书
总 主 编　李凉海
副总主编　牟进超

太赫兹信号产生与波束调控技术

朱海亮　牟进超　乔海东　刘　娣　李凉海　尹国选　著

中国宇航出版社
·北京·

图书在版编目（CIP）数据

太赫兹信号产生与波束调控技术 / 朱海亮等著. --北京：中国宇航出版社，2024.12

（空间太赫兹技术丛书 / 李凉海总主编）

ISBN 978-7-5159-2358-1

Ⅰ.①太…　Ⅱ.①朱…　Ⅲ.①电磁辐射－波束制导　Ⅳ.①O441.4

中国国家版本馆 CIP 数据核字(2024)第 065360 号

责任编辑　李鸿彬　　　**封面设计**　王晓武

出版发行	中国宇航出版社		
社　址	北京市阜成路 8 号　**邮　编**　100830 (010)68768548	**版　次**	2024 年 12 月第 1 版 2024 年 12 月第 1 次印刷
网　址	www.caphbook.com	**规　格**	787×1092
经　销	新华书店	**开　本**	1/16
发行部	(010)68767386　(010)68371900 (010)68767382　(010)88100613（传真）	**印　张**	12.5
零售店	读者服务部　(010)68371105	**字　数**	286 千字
承　印	北京厚诚则铭印刷科技有限公司	**书　号**	ISBN 978-7-5159-2358-1
		定　价	80.00 元

航天科技图书出版基金简介

航天科技图书出版基金是由中国航天科技集团公司于2007年设立的，旨在鼓励航天科技人员著书立说，不断积累和传承航天科技知识，为航天事业提供知识储备和技术支持，繁荣航天科技图书出版工作，促进航天事业又好又快地发展。基金资助项目由航天科技图书出版基金评审委员会审定，由中国宇航出版社出版。

申请出版基金资助的项目包括航天基础理论著作，航天工程技术著作，航天科技工具书，航天型号管理经验与管理思想集萃，世界航天各学科前沿技术发展译著以及有代表性的科研生产、经营管理译著，向社会公众普及航天知识、宣传航天文化的优秀读物等。出版基金每年评审2次，资助30～40项。

欢迎广大作者积极申请航天科技图书出版基金。可以登录中国航天科技国际交流中心网站，点击“通知公告”专栏查询详情并下载基金申请表；也可以通过电话、信函索取申报指南和基金申请表。

网址：http：//www. ccastic. spacechina. com

电话：(010) 68767205，68767805

序　一

太赫兹技术是关系国家安全和社会发展的战略前沿技术，也是先进航天电子信息技术的典型代表以及载荷和信息装备更新换代的重要创新手段，特别是在遥感与深空探测、空天感知与攻防、空天通信与组网等领域具有不可替代的应用优势。

《空间太赫兹技术丛书》对太赫兹系统实现以及信号源、探测器、天线、芯片等关键技术进行了系统化梳理和体系化总结，其内容主要具有以下特点：一是应用与技术深度融合，注重需求导向、问题导向，更加聚焦太赫兹技术的空天应用场景，更加关注太赫兹技术对新型空间基础设施等国家重大战略工程的支撑作用；二是选题与章节全面系统，注重各分册主题和章节的顶层设计和逻辑自洽，丛书内容自成体系、可持续拓展；三是理论与工程有机耦合，概念和原理经过实践检验，技术方案注重工程适用性，有助于更好推进太赫兹技术应用落地；四是阐释与剖析新颖实用，结合研发经历清晰深刻地阐释概念、机理、原理，既适合工程技术人员参考，也可作为研究生教材或参考书。

丛书作者团队均在科研和工程技术一线工作，具有深厚的专业理论知识、丰富的科研攻关经历、突出的跨学科理解能力，善于发现工程中的科学问题和技术问题，能够运用多学科知识，以全新视角审视和解析前沿技术、提出创新解决方案，突破了一系列太赫兹关键技术难题，相关研究成果于2022年入选航天科技集团十大技术突破。

相信本套丛书的出版，能够进一步为我国空间太赫兹技术发展夯实理论基础，对太赫兹技术人才的培养起到积极作用，同时也能够推动太赫兹技术在空间科学与深空探测、新质目标探测与态势感知、通导遥空间基础设施体系等重要领域、重大工程中的应用落地。

中国科学院院士 于登云

序　二

电磁频谱既是服务社会发展和经济建设的自然资源，也是服务国家安全与发展的战略资源。电磁频谱域是唯一能够打通和连接陆海空天地理空间域的纽带和经络，同时也是支撑网络域实现的物理基础。开发利用新电磁频谱是掌握信息权优势、保障电磁空间安全的基石。

太赫兹作为最后一段被集中开发利用的电磁频谱，具有天然的制信息权优势。太赫兹技术在维护国家电磁频谱安全、保障信息主权优势方面具有举足轻重的地位。同时，它也是推动新一代空天信息技术进步的核心动力，为提升系统协同效能、增强通信和探测性能提供了坚实的创新基础。率先开发并利用好太赫兹频谱对于获取空天信息非对称优势、确保电磁空间安全具有重大意义。

《空间太赫兹技术丛书》聚焦于空天太赫兹系统与关键技术，从系统、模组、芯片、应用等方面对太赫兹技术进行了系统性梳理，论述视角新颖、章节架构设计合理，实现了理论、技术与应用需求的有机融合，主要具有三个方面特色：一、应用需求与技术供给紧密结合，突显问题导向和需求导向在技术创新发展中的核心地位；二、选题设置和章节架构强调顶层设计，体现了系统性与全面性；三、内容兼顾创新性和实用性，融入一线攻关宝贵经验，注重概念内涵、基本原理以及典型方案的阐释解读。

这套丛书不仅可以满足科研生产一线工作者的实际需求，也适合作为高校相关专业课程的重要参考资料。希望本套丛书的出版，对推动我国太赫兹技术的进一步发展起到积极作用，能够更好地促进太赫兹技术在电磁空间安全、装备协同体系应用、新型空间基础设施建设等领域的应用落地。

中国工程院院士 苏东林

丛书序

作为最后一段被集中开发利用的电磁频谱，太赫兹既是宝贵的频率资源也是重要的创新要素。太赫兹技术在提升通信速率与安全性、提高探测精度与时效性、获取非对称信息优势方面具有独特优势，在空天通信与组网、空天感知与攻防、遥感与深空探测等关键领域已展现出比较明确的应用价值，是推动空天信息技术发展进步的创新驱动力。为抢占技术制高点，世界主要国家纷纷加大对太赫兹技术的研发投入力度，以期率先突破核心技术，推动太赫兹技术的规模化应用和装备化发展。

发展太赫兹技术，并积极推动其在航天、国防等领域的广泛应用，对于构建空天信息产业的新发展格局、推动装备体系的升级换代、支撑新型空间基础设施的高质量建设至关重要，对于掌握信息权、空天权优势极为关键，对于建设航天强国和网络强国、支撑未来产业发展意义重大，是国家安全体系稳固构建和国民社会经济持续发展的创新技术支撑。

鉴于上述背景，我于2021年年初组织了一批工作在科研一线的青年骨干开始撰写《空间太赫兹技术丛书》。团队不仅具备扎实的理论基础，还拥有成功的项目实践经验，目前正处于创新创造力的巅峰时期，攻关的太赫兹项目于2022年入选航天科技集团十大技术突破（集团科学技术一等奖级别），成果也曾被《人民日报》专题报道过。

《空间太赫兹技术丛书》是团队结合自身研发经历和成功实践对太赫兹技术的一次全面梳理和系统性总结。在著书过程中，我们力求精准、严谨，力图以我们深刻的行业见解和独特的专业视角对太赫兹技术及其应用做一次深刻剖析和全面阐述。考虑到专题关键性和需求迫切性，《空间太赫兹技术丛书》将陆续推出《太赫兹空间通信技术》《太赫兹探测成像技术》《太赫兹信号产生与波束调控技术》《太赫兹检波天线芯片及其应用》等分册，涵盖系统、探测器、信号源、天线与波束调控、芯片等关键技术以及创新应用场景。

本套丛书旨在为相关专业人员提供学习和参考依据，并可作为实用的指导工具。我们期望这套丛书能对太赫兹领域的人才培养、基础研究和工程应用产生积极影响。我们也欢迎更多的专家学者、工程技术人员发挥自身研究特长，依托《空间太赫兹技术丛书》平台著书立说，持续丰富太赫兹技术与应用体系，为新型空间基础设施建设、武器装备与攻防体系升级等重大工程提供创新技术支撑，共同加快推进太赫兹技术的规模化应用进程。

李凉海

中国航天电子技术研究院总工程师

前　言

作为最后一段被集中开发利用的电磁频谱，太赫兹波段处于微波和红外光之间，具有独特的频段特性，可以穿透许多非导电材料，同时又具备高分辨率成像能力，其在通信、医学、安全检测等领域的应用具有重要意义。率先开发并利用好太赫兹频谱，对于获取信息不对称优势、确保电磁空间安全具有重大意义。其中太赫兹信号产生以及波束调控作为太赫兹系统前端模块的关键核心技术，直接关系着太赫兹技术在通信、成像、安全检测等领域的应用和发展，是目前国内外太赫兹领域重点发展的热点和难点。

本书是作者在总结多年航天科研实践与经验的基础上创作完成的，内容涵盖了各类太赫兹源、天伺馈与波束调控、相控阵天线以及超表面调控等技术成果，从系统应用和未来发展愿景角度对太赫兹信号产生与波束调控技术进行了系统梳理，视角新颖、章节架构安排合理，实现了理论、技术与应用的有机融合。相信本书的出版能够为太赫兹空间技术的发展带来更大助力，促进太赫兹技术在电磁空间安全、空天应用等领域尽快落地。

本书共分7章。第1章为绪论；第2章论述太赫兹固态源技术及功率合成技术；第3章论述太赫兹真空源技术，介绍了常见的电真空固态源器件；第4章论述太赫兹光学源和激光器技术，介绍了太赫兹光学源的指标体系；第5章论述太赫兹天伺馈与波束调控技术，介绍了较为常见的太赫兹准光波束调控技术与器件；第6章论述太赫兹相控阵天线技术，介绍了大规模相控阵天线技术在太赫兹频段的应用拓展；第7章论述太赫兹超表面波束调控技术，总结了太赫兹超材料的最新研究成果及遇到的问题，包括了近十年来太赫兹超材料吸波体、调制器以及天线等方面的研究进展。

本书主要面向电子信息类工程技术人员、太赫兹领域相关技术和管理人员，也可作为太赫兹相关课程的研究生教材或参考读物。

由于编写时间仓促，加之作者水平有限，书中疏漏之处在所难免，敬请读者不吝赐教。

作　者

2024年3月

目 录

第1章　绪　论

太赫兹波是指频率范围在红外光和微波之间的电磁波，波长约为0.03～3 mm，对应频率范围约为0.1～10 THz。因其特性和应用前景，近年来太赫兹波备受关注。

太赫兹波能够穿透许多非导电材料，如纸张、塑料、织物等，具有很好的穿透性。太赫兹波对生物组织无害，不会对人体造成伤害，因此在医学影像和生物医学领域有潜在应用。太赫兹波与物质的分子振动、晶格振动等相互作用，可以应用于材料检测、光谱分析等。

鉴于太赫兹波的特性，太赫兹波具备广泛的应用前景。一是用于安全检测：太赫兹波可以穿透衣物、包裹等非导电材料，用于安检领域，检测隐藏在衣物或包裹中的危险物质；二是用于医学影像：太赫兹波对生物组织有较好的穿透性，可以用于医学影像技术，如乳腺癌早期检测、皮肤病变检测等；三是用于通信技术：太赫兹通信是一种新兴的无线通信技术，具有大带宽、高速率的优势，可用于高速数据传输、室内定位等领域；四是用于材料检测：太赫兹波可以探测材料的特定性能，如晶格振动、化学成分等，用于材料的质量检测、表征等；五是用于光谱分析：太赫兹光谱技术可以用于分析物质的结构、成分等信息，被广泛应用于化学、生物等领域的光谱分析。

总的来说，太赫兹波在安全、医学、通信、材料等领域都有重要的应用价值。

本书将着重对太赫兹信号的产生及调控进行阐述，内容涵盖了各类太赫兹源、天伺馈与波束调控、相控阵天线以及超表面调控等技术成果，从系统应用和未来发展愿景角度对太赫兹信号产生与波束调控技术进行了系统梳理。

以下是本书的章节内容安排。第1章为绪论，简要介绍太赫兹波，探讨太赫兹波段的特性和应用前景，为后续各章内容的深入学习和探讨奠定基础。第2章太赫兹固态源技术，重点介绍固态电子源，即基于固态电子学途径实现的太赫兹信号源技术，此外还将详细介绍固态源的三大分类：固态振荡器、固态倍频器、固态放大器，从管芯级、电路型、空间型三个方面介绍功率合成技术。第3章太赫兹真空源技术，重点介绍真空电子源，即基于电真空途径实现的太赫兹信号源技术，介绍了常见的电真空固态源器件：行波管放大器、返波管振荡器、扩展互作用速调管、回旋管，并对这些电真空固态源器件的指标进行了对比分析；最后对星载电真空源技术进行了简要介绍。第4章太赫兹光学源和激光器技术，介绍了太赫兹光学源的指标体系，光泵气体太赫兹源，基于飞秒激光的太赫兹源，非线性光学效应太赫兹源，以及太赫兹量子级联激光器，自由电子激光器。第5章太赫兹天伺馈与波束调控技术，介绍了较为常见的太赫兹准光波束调控技术与器件。第6章太赫兹相控阵天线技术，介绍了大规模相控阵天线技术在太赫兹频段的应用拓展，并对大规模天线波束形成技术在太赫兹频段的特点进行阐述。第7章太赫兹超表面波束调控技术，主要总结了太赫兹超材料的最新研究成果及遇到的问题，包括了近十年来太赫兹超材料吸波体、调制器以及天线等方面的研究进展，最后对太赫兹超材料领域的发展方向及未来热点进行了展望。

太赫兹信号的产生及调控是开发利用太赫兹频谱资源的核心关键技术之一，直接关系到太赫兹在无线通信、探测成像、态势感知以及精确制导等方面的应用落地，也是目前世界各国争相发展的研究热点和难点。本书旨在系统介绍太赫兹信号产生与波束调控技术的原理、方法和应用，深入探讨该领域的研究进展和未来发展趋势。通过对太赫兹信号产生与波束调控技术进行详细阐述，帮助读者全面了解太赫兹信号的特性和应用领域，促进太赫兹技术在医学、安防、通信等领域的应用和推广。同时，通过对波束调控技术的深入探讨，引导读者了解太赫兹信号传输中的关键问题和挑战，为太赫兹技术的进一步发展提供理论支持和技术指导。

第 2 章　太赫兹固态源技术

2.1　引言

太赫兹源是太赫兹探测感知系统中的重要组成，用于产生发射信号或本振信号，其功率水平直接影响系统作用距离或混频式探测器灵敏度。根据探测机理不同，太赫兹源可以分为电学源和光学源。其中，电学太赫兹源是指通过电子与高频电场换能、电子运动状态调控等方式产生或放大太赫兹信号的器件。根据物理机理不同，电学太赫兹源可进一步分为固态电子源和真空电子源。固态电子源的物理机理为：固态电子源中的电子运动在半导体材料中，通过电子的能级跃迁、势垒调控、量子阱隧穿等效应产生或放大太赫兹波。本章将重点介绍固态电子源，即基于固态电子学途径实现的太赫兹信号源技术，此外将详细介绍可提升太赫兹源总输出功率的功率合成技术，主要从管芯级、电路型、空间型三个方面进行分析。第 3 章将重点介绍真空电子源，第 4 章将重点介绍光学太赫兹源。

固态电子源主要包括负阻二极管振荡器、晶体管振荡器、倍频器和晶体管放大器。负阻二极管振荡器主要利用雪崩渡越时间效应、转移电子效应、谐振隧穿效应等机理使二极管呈现（微分）负阻效应进而产生太赫兹信号；晶体管振荡器主要利用具有正反馈回路的放大器产生太赫兹信号；倍频器主要利用非线性器件（例如肖特基阻性二极管或变容管）使输入信号产生时域畸变，从而在频域产生谐波分量进而提取出太赫兹信号；晶体管放大器主要利用晶体管（例如 HEMT 或 HBT）实现小信号对直流电流的调控从而实现信号放大。

2.2　基本原理与指标体系

2.2.1　组成与原理

（1）直接振荡式太赫兹源

直接振荡式太赫兹源是一个单端口有源网络，在加载直流偏置条件下直接产生太赫兹波，主要由太赫兹振荡器和直流电源两个模块组成，如图 2-1 所示。

太赫兹振荡器是直接振荡式太赫兹源的核心，其实现途径主要有真空电子和固态电子两类。详细原理将在后续章节具体介绍，这里仅作简要的原理描述。

真空电子类振荡器实现起振主要通过运动电子与电磁波同步，从而实现能量交换。所谓“同步”是指电子的行进速度接近电磁波的相速度。实现运动电子与电磁波的同步主要有两种途径。一种是利用慢波结构将电磁波的相速度降下来，例如行波管、速调管等。另

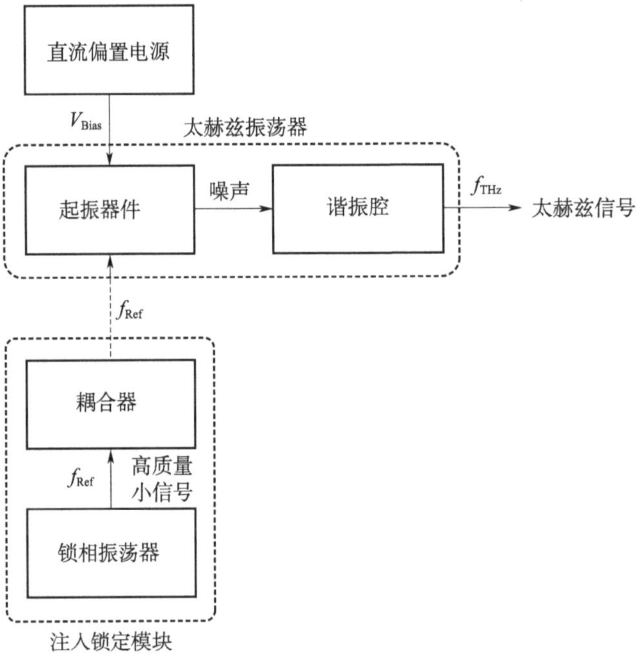

图 2-1　直接振荡式太赫兹源的原理框图

一种是将电子加速到接近电磁波的相速（即光速），例如回旋管。

固态电子类振荡器实现起振主要有两种途径。一种是利用半导体二极管中的雪崩渡越效应（即 PN 结发生雪崩产生的大量电子在本征区漂移时引起外电路感应电流）、转移电子效应（即电子从低能谷转移到高能谷导致电子迁移率减小进而形成偶极畴）或谐振隧穿效应（即当量子阱外的导带与量子阱内的分层能级接近时，大量电子穿越量子阱势垒），上述效应使二极管在一定直流偏压下呈现负阻特性。另一种是基于信号反馈原理，即在放大器输入输出端口之间建立的反馈回路，且反馈回路的传递函数满足巴克·豪森判据。

（2）主振倍频式太赫兹源

主振倍频式太赫兹源一般由主振模块和倍频模块两个部分组成，如图 2-2 所示。有时为了进一步提高输出功率会在太赫兹倍频器后加载太赫兹放大器。主振模块产生的微波频段信号 f_{IN} 作为倍频模块的输入信号。倍频模块中的太赫兹倍频器将输入信号 f_{IN} 倍频成太赫兹信号 f_{THz}，有 $f_{THz}=N\cdot f_{IN}$（N 为倍频次数）。相比于直接振荡式太赫兹源，主振倍频式太赫兹源具有频率稳定度高、能够形成复杂波形等优点。

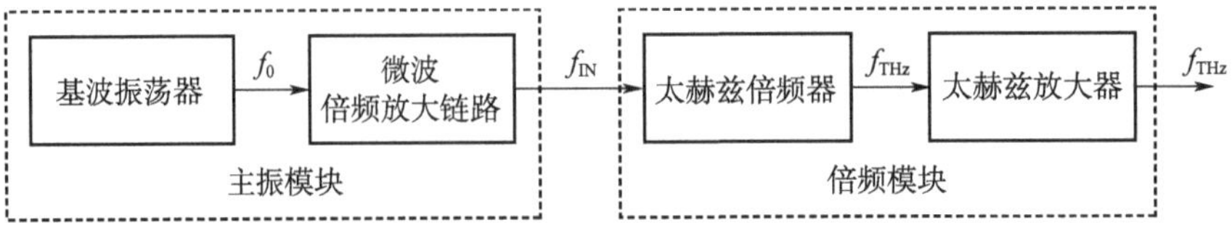

图 2-2　主振倍频式太赫兹源组成框图

太赫兹倍频器是主振倍频式太赫兹源的核心，是两端口非线性网络。其基本组成如图 2－3 所示，包括输入滤波匹配网络（中心频率为 f_{IN}）、非线性器件和输出滤波匹配网络（中心频率为 f_{THz}）。滤波匹配网络起到频率选择、阻抗匹配和模式匹配的作用。非线性器件（通常为肖特基阻性二极管或变容管）利用自身的非线性使输入信号 f_{IN} 发生波形畸变，即频域上产生各次谐波，然后利用输出匹配网络的频率选择特性提取出所需的第 N 次谐波分量 f_{THz}。

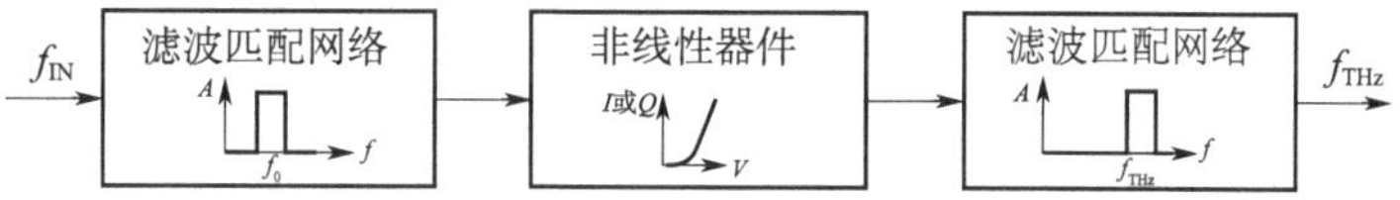

图 2－3　太赫兹倍频器的基本组成

太赫兹放大器是提升主振倍频式源输出功率的重要途径（一种是放大器；另一种是功率合成，将在 2.6 节介绍）。太赫兹放大器分为太赫兹电真空放大器和太赫兹晶体管放大器两种。图 2－4 给出了太赫兹晶体管放大器的基本组成，主要由输入滤波匹配网络、晶体管、输出滤波匹配网络和直流电路组成。输入的太赫兹小信号通过晶体管调制直流电流从而输出太赫兹放大信号。

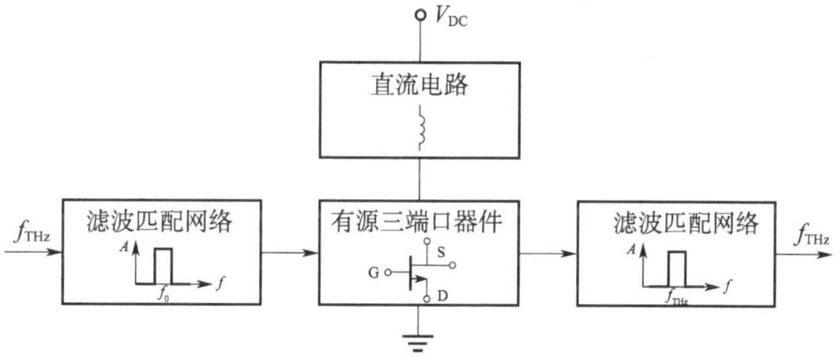

图 2－4　太赫兹晶体管放大器的基本组成

2.2.2　技术指标

太赫兹源的技术指标主要包括工作带宽、信号波形、输出功率、相位噪声、效率等。另外，每类源还有一些专用指标，这些专用指标将在后续章节中具体介绍。

（1）工作带宽

工作带宽是指太赫兹源的输出功率变化小于某个参考值时（例如 1 dB），工作频率的可变化范围，属于频域特性。若频率可变化范围的最小值和最大值分别记为 f_{min} 和 f_{max}，则工作带宽 $B=|f_{min}-f_{max}|$，中心频率为 $f_0=(f_{min}+f_{max})/2$。工作带宽 B 决定了雷达的距离分辨率 ΔR，两者关系为 $\Delta R=c/(2\cdot B)$。

（2）信号波形

信号波形是太赫兹源的输出信号幅度、频率和相位在时间轴上的表现，属于时域特性。根据信号的时域特点，信号波形可以分为连续波和脉冲波。

连续波的主要参数包括幅度 A 、频率 f 和初始相位 φ_0。单频连续波可以表达为 $s(t)=A\cdot\cos(2\pi f_0 t+\varphi_0)$ 。由于单频连续波仅能测速、无法测距，因此在实际应用中，通常采用调频连续波（FMCW)，不仅可以同时实现测距和测速，而且可以有效解决距离分辨率（带宽）和作用距离（平均功率）之间的矛盾。典型的线性调频连续波可以表达为 $s(t)=A\cdot\mathrm{rect}\left(\frac{t}{T}\right)\cdot\cos(2\pi f_0 t+\pi K t^2)$ ，主要参数包括幅度 A 、中心频率 f_0、带宽 B 、调频周期 T_c 和调频斜率 $K=B/T_c$ ，如图 2－5 所示。

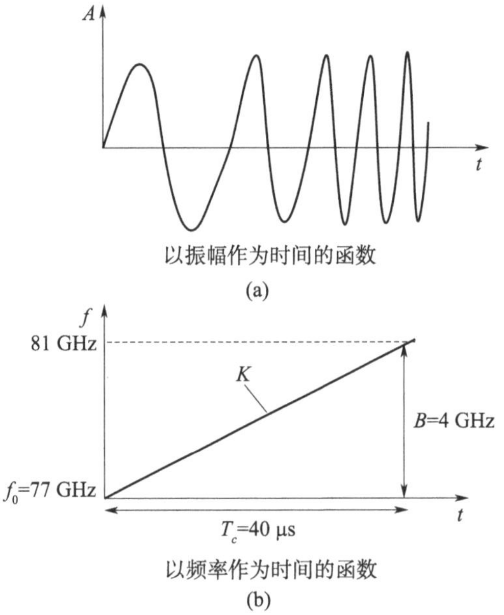

图 2－5　调频连续波：(a) 时域波形；(b) 频率-时间函数

脉冲波的参数除了幅度 A 和频率 f 外，还包括脉冲重复周期 T_r 、脉冲重复频率 $F_r(F_r=1/T_r)$、脉冲宽度 τ 和工作比（也称为“占空比”）$D=\tau/T_r$ ，如图 2－6 所示。脉冲源主要用于发射功率较大的系统，以保证收发通道之间的高隔离度。

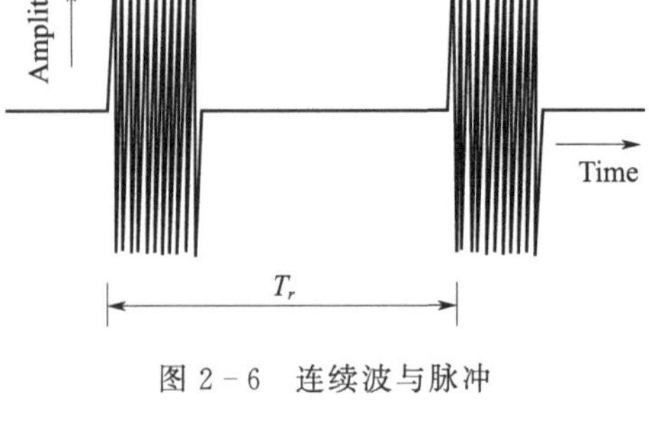

图 2－6　连续波与脉冲

（3）输出功率

输出功率是指太赫兹源的末级输出功率，通常利用太赫兹功率计进行测试。输出功率直接影响系统的作用距离 R ，对于单程系统（例如通信）来说，输出功率 P_{out} 与作用距离 R 的平方成反比，即 $P_{out} \propto 1/R^2$；对于双程系统（例如雷达）来说，输出功率 P_{out} 与作用距离 R 的四次方成反比，即 $P_{out} \propto 1/R^4$。根据输出信号的信号波形（时域）特点，太赫兹源可以分为连续波源和脉冲源。对于脉冲源来说，输出功率又可以用输出峰值功率 P_{peak} 和输出平均功率 P_{avg} 两种方式表示，其中输出平均功率决定系统作用距离。当脉冲信号为理想矩形等周期脉冲串时，输出峰值功率和输出平均功率的关系为 $P_{avg} = P_{peak} \cdot (\tau / T_r)$ ，τ 和 T_r 分别为脉冲宽度和脉冲重复周期。

对于太赫兹真空电子源，由于其输出功率较高且太赫兹功率计的最大量程有限，在测量其输出功率时，通常利用耦合器引出一路小信号功率再用太赫兹功率计测量，剩余功率较大的一路连接匹配负载，如图 2－7 所示。P_{Meas} 为太赫兹功率计实际测得的功率，衰减器的损耗 L_A 、耦合器的耦合度 C 和过渡波导的损耗 L_T 均为已知量，则太赫兹信号源的输出功率为 $P_{THz}(\text{dBW}) = P_{Meas}(\text{dBW}) + L_A(\text{dB}) + C(\text{dB}) + L_T(\text{dB})$ 。

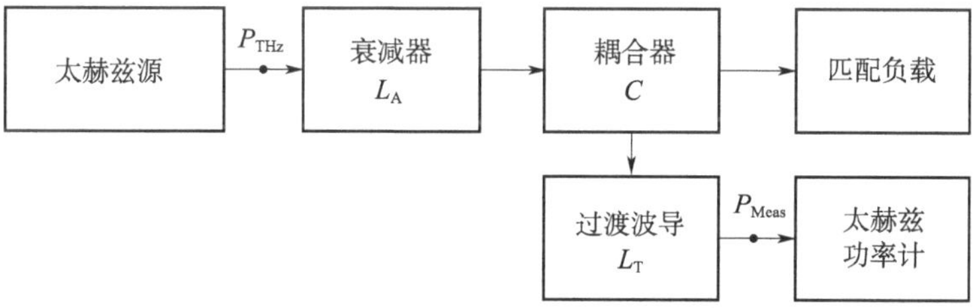

图 2－7　太赫兹真空电子源输出功率测试原理框图

对于太赫兹固态电子源，由于其输出功率较小，当太赫兹功率计的量程能够满足测量需求时，可以直接采用图 2－8 所示的框图进行功率测试，则太赫兹信号源的输出功率为 $P_{THz}(\text{dBW}) = P_{Meas}(\text{dBW}) + L_A(\text{dB}) + L_T(\text{dB})$ 。

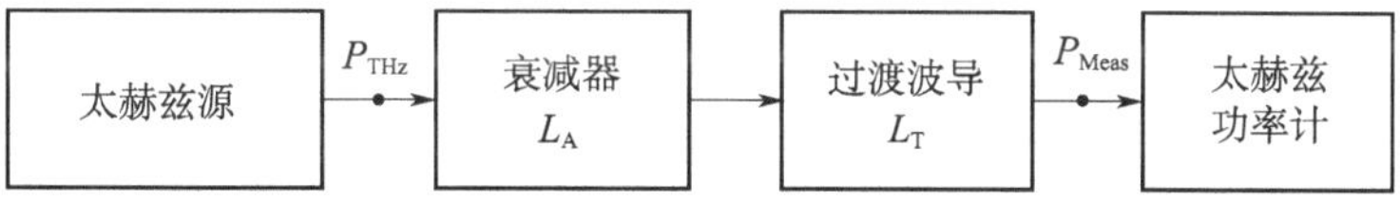

图 2－8　太赫兹固态电子源输出功率测试原理框图

（4）相位噪声

相位噪声是信号质量的重要衡量指标，定义为噪声功率密度与载波功率之比，通常用对数值来表示，单位为 dBc/Hz。

$$L(\Delta f_n) = 10 \cdot \log_{10}\left(\frac{P_n/\Delta f}{P_0}\right)$$

式中，Δf_n 为相对于中心频率 f_0 的偏移量，Δf 为噪声功率的测量带宽（单位为 Hz），P_0 为信号功率，P_n 为 $f_0 + \Delta f_n$ 处的噪声功率，如图 2－9（a）所示。

测试相位噪声时，通常借助太赫兹混频器将太赫兹信号变换成较低频率，然后用微波频段频谱仪进行测试，如图 2-9（b）所示。例如，频谱仪的分辨率带宽（RBW）为 100 kHz（即测量带宽 Δf），太赫兹源的中心频率为 220 GHz、功率为 0 dBm，在偏移中心频率 $\Delta f_n = 1$ MHz 处的噪声功率 $P_n = -65$ dBm，则相位噪声 $L(\Delta f_n = 1\ \text{MHz}) = -115$ dBc/Hz。

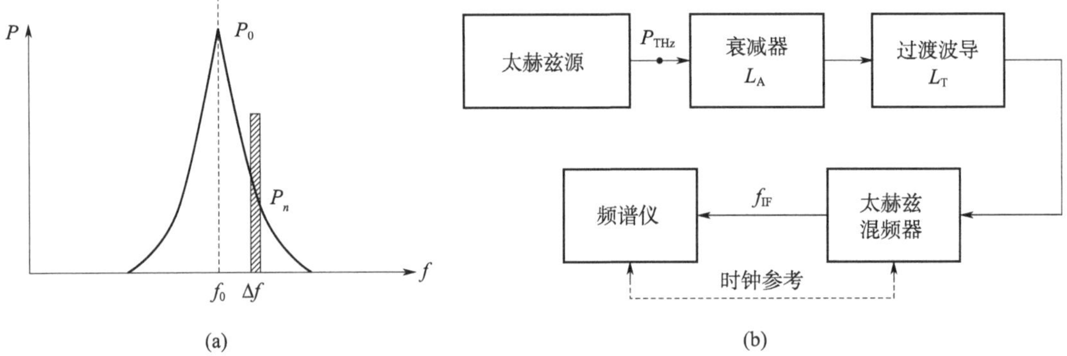

图 2-9　（a）相位噪声概念示意图和（b）太赫兹源相位噪声测试原理框图

（5）效率

效率定义为太赫兹源输出功率 P_{THz} 与直流功耗 P_{total} 之比，即

$$\eta = \frac{P_{\text{THz}}}{P_{\text{total}}}$$

例如，若太赫兹源的效率为 20%，要求输出 5 W 太赫兹信号，则需要平台提供的功率不能小于 25 W。需要特别指出的是，对于晶体管放大器，通常用功率附加效率作为效率的有效衡量指标，具体定义详见 2.5 节。

2.3　固态振荡器

2.3.1　负阻二极管振荡器

（1）基本原理

负阻二极管振荡器由负阻二极管、谐振电路和负载三个部分组成，如图 2-10 所示。负阻二极管是指在一定偏置条件下对外体现出微分负阻抗特性的二极管，其物理机理主要分为雪崩渡越时间、转移电子、谐振隧穿等效应，具体原理将在后面详细阐释。这里主要从电路层面对负阻二极管振荡器进行阐述。

谐振电路和负载构成了相对于负阻二极管的外电路。谐振电路主要起到确定谐振频率和阻抗匹配两个作用。负阻二极管的阻抗可以表示为 $Z_D(I, \omega) = -R_D(I, \omega) - jX_D(I, \omega)$，外电路阻抗表示为 $Z_C(\omega) = R_C(\omega) + jX_C(\omega)$，则起振条件为 $R_C(\omega) - R_D(I, \omega) < 0$，即振荡器整体要表现为负阻抗特性。

负阻二极管是核心有源器件。太赫兹频段常用的负阻二极管包括雪崩渡越时间二极管（IMPATT Diode：IMPact Avalanche and Transit Time Diode）、转移电子效应二极管

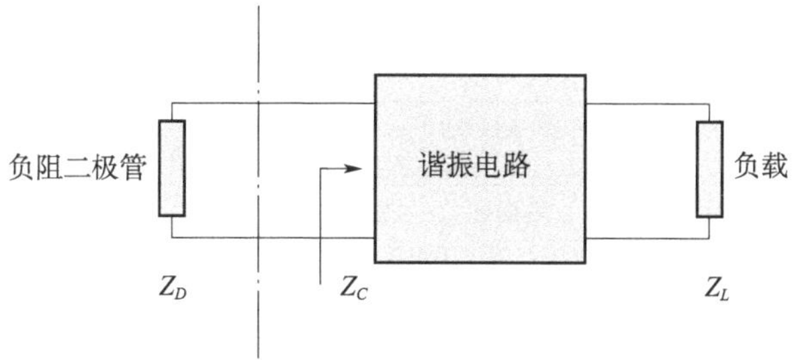

图 2-10　负阻二极管振荡器原理框图（未显示直流偏置电路）

（TED：Transfer Electron Diode）和谐振隧穿二极管（RTD：Resonant Tunneling Diode）三种。

①雪崩渡越时间二极管

雪崩渡越时间二极管是基于 PN 结雪崩倍增效应和本征区渡越时间效应的负阻二极管。雪崩渡越时间二极管的理论最早由贝尔实验室的里德（W. T. Read）于 1958 年提出，由于其工艺实现难度大，直到 1965 年才有实验结果报道。雪崩二极管振荡器是三种负阻二极管振荡器中频率最高、功率最大的器件，但存在噪声大等缺点。

雪崩渡越时间二极管的典型结构如图 2-11（a）所示，其外延层材料由 N 型重掺杂层（N^+ 区）、P 型掺杂层（P 区）、本征层（I 区）和 P 型重掺杂层（P^+ 区）组成，其掺杂浓度分布如图 2-11（b）所示。雪崩渡越时间二极管通常工作于反向偏置状态。N^+ 区和 P 区形成 PN 结，在 P 区形成空间电荷层，电场具有最大值，是发生雪崩倍增主要区域；I 区掺杂浓度低、电阻率高，近似为空间电荷为零的高阻区，电场均匀分布，是发生空穴渡越的主要区域。二极管内的电场分布如图 2-11（c）所示。

雪崩渡越时间二极管的工作原理可以从雪崩和渡越两个阶段进行解释。

（a）雪崩阶段

所谓“雪崩”，是指当 PN 结的反向偏压达到某一阈值 V_B（称为“雪崩击穿电压”，典型值为 20～100 V）时，迅速产生大量的电子-空穴对的现象。

在稳定的雪崩状态下，电子-空穴对将按照指数规律增加。当雪崩电离时，电子通过二极管的阴极被偏置回路迅速吸收，空穴则在 I 区渡越（漂移）到达二极管阳极被偏置回路迅速吸收，这是在仅加载直流偏置下的基本过程。

当二极管两端在雪崩击穿电压 V_B 基础上叠加交流信号 $v_S(t)=V_S\cdot\sin(\omega t)$ 时，二极管将会形成具有很窄脉冲宽度的脉冲电流。在交流信号正半周期（0～π）内，二极管两端的总电压 $V_B+v_S(t)$ 高于雪崩击穿电压 V_B，因此 N+P 结将一直处于雪崩状态，并且雪崩电流也将一直增大。当交流信号进入到负半周期（π）时，雪崩电流达到峰值，此时峰值电流与峰值电压的相位差为 $\pi/2$。在交流信号负半周期（π～2π）内，二极管两端的总电压 $V_B+v_S(t)$ 低于雪崩击穿电压 V_B，因此雪崩停止，电流强度也呈指数衰减。

综上所述，在一个交流信号周期内，会产生一个电流脉冲，雪崩电流的峰值电流滞后于交流信号的峰值电压 $\pi/2$（即 $T/4$），呈现电感特性。

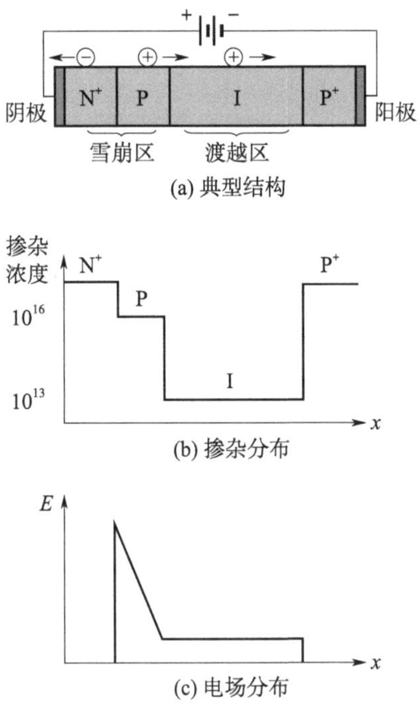

图 2-11　雪崩渡越时间二极管

(b) 渡越阶段

由于电流脉冲是由空穴组成的，因此，在反向偏置电压所形成的静态电场作用下，空穴脉冲将经过 I 区并以饱和漂移速度 v_d 向二极管阳极漂移。在渡越过程中，外电路（特指射频回路而非直流回路，如图 2-12 所示）将产生感应电流，感应电流在理想条件下是一个矩形波。

由于感应电流与交流电压之间存在 π 相位差，因此，二极管在该频率呈现为负阻特性。$f_d = v_d/(2 \cdot l_d)$，l_d 是 I 区长度。

②转移电子效应二极管

转移电子效应二极管，也称为体效应二极管或耿氏二极管（Gunn 二极管），由英国物理学家 J. B. Gunn 于 1963 年发明。转移电子效应是指“双谷结构”半导体中的导带电子在强电场条件（称为“阈值电场”，E_{th}）下从低能谷向高能谷跃迁的现象。

转移电子效应二极管主要由具有“双谷结构”的 N 型半导体组成，N^+ 区用于形成欧姆接触，如图 2-13（a）所示。由于不存在 PN 结，该二极管不存在极性，通常用图 2-13（b）所示的电路符号表示。所谓“双谷结构”，是指半导体的导带中存在两种能量状态，如图 2-13（c）所示。以 N 型 GaAs 为例，电子在低能谷和高能谷中的有效质量分别为 $m_{LV}^* = 0.068m_0$ 和 $m_{HV}^* = 1.2m_0$，$m_0 = 9.108 \times 10^{-28}$ g 为电子的重力质量。有效质量变化导致电子迁移率变化，电子在低能谷和高能谷的迁移率波动范围分别为 $\mu_{LV} = 4\,000 \sim 8\,000\ cm^2/(V \cdot s)$ 和 $\mu_{HV} = 100 \sim 150\ cm^2/(V \cdot s)$。由此可见，低能谷中的电子是“轻”且“快”电子，高能谷中电子是“重”且“慢”电子。当直流偏置电压增高到 V_{th} 以致于

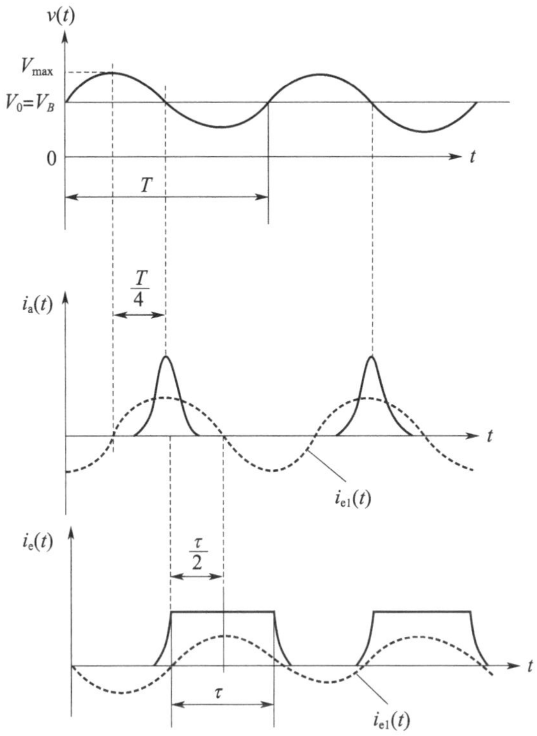

图 2-12　雪崩渡越时间二极管的工作过程

二极管内电场达到阈值电场 E_{th} 时，电子将从低能谷迁移到高能谷，迁移率下降，宏观上表现为电流减小，如图 2-13（d）所示。电流随电压增高而减小的区域即为微分负阻区，这是转移电子效应二极管实现振荡的直流偏置区域。

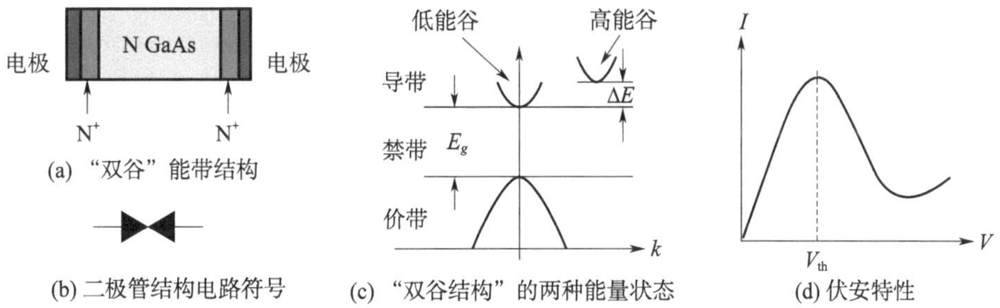

图 2-13　转移电子效应二极管

转移电子效应二极管产生振荡的过程包括偶极畴的生成、长大、渡越与消失三个阶段，该二极管的直流偏置示意图如图 2-14（a）所示。初始状态下，偏置电压 V_{dc} 小于产生能级跃迁的阈值电压 V_{th}，此时器件内部电场 E 小于阈值电场 E_{th}，半导体内不会发生电子转移。在该状态下，半导体内为均匀电场，阴极附近的电场略高于其他地方的电场，如图 2-14（b）所示。电子在两个电极之间以速率 v_{LV} 作匀速漂移运动。

当偏置电压 V_{dc} 大于阈值电压 V_{th} 时，阴极附近的电场将首先超过阈值电场 E_{th}，因此，该区域电子将首先跃迁到高能谷，迁移率降低，形成负阻区。负阻区内的电子以低速率 v_{HV} 漂移，而其他区域电子仍以高速率 v_{LV} 漂移。这将导致负阻区 $+x$ 一侧处于电子缺欠状态，从而形成等效为正空间电荷的电子耗尽层（即正电荷层），负阻区 $-x$ 一侧处于电子积累状态，形成负电荷层。因此，负阻区两侧形成具有正负电荷的对偶极层，称为“偶极畴”。由于偶极畴内的电场与外加偏置直流电场方向一致，形成电场叠加，因此偶极畴区域的电场比其他区域的电场更大，如图 2－14（c）所示。这个阶段即为偶极畴的生成过程。

偶极畴在外加偏置直流电场作用下从阴极向阳极运动。由于畴内是慢电子，畴外是快电子，因此畴在运动过程中积累的对偶电荷越来越多，即“长大”。随着畴“长大”，畴内电场越来越高，畴外电场越来越低，导致畴内电子在加速，畴外电子在减速。这个“长大”过程一直持续到畴内电子的平均运动速度与畴外电子的平均运动速度相等为止。此时畴就不再长大，称为“成熟畴”或“稳态畴”，如图 2－14（d）所示。这个阶段即为偶极畴的长大过程。

成熟畴将继续以一定速度向阳极渡越，到达阳极后被阳极吸收而消失。畴消失后，半导体内电场恢复到没有形成畴的初始状态，电子平均速度也恢复到快电子状态，此时二极管内的电场分布又恢复到图 2－14（b）所示状态。

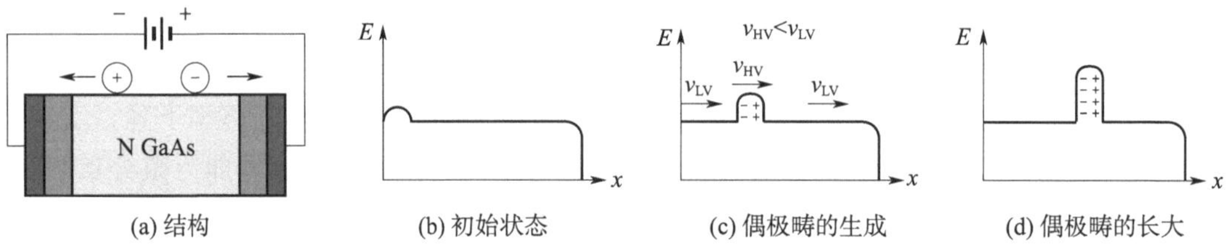

图 2－14　转移电子效应二极管

当一个偶极畴消失后，若器件外加电压仍维持在阈值电压 V_{th} 以上，则将在阴极附近再生成一个偶极畴，重复上述过程，形成连续的电流脉冲串，产生振荡。振荡周期 T_o 主要由畴的生长时间 T_g、畴的渡越时间 T_t 和畴的消失时间 T_d 决定，即 $T_o = T_g + T_t + T_d$。由于 T_g 和 T_d 很短，因此，$T_o \approx T_t$。畴的渡越时间 T_t 由畴的饱和漂移速率 v_s 和 N 区长度 L 决定，有 $T_t = L/v_s$，则转移电子器件的固有振荡频率 $f_t = 1/T_t = v_s/L$。

③谐振隧穿二极管

谐振隧穿二极管，有时也称为“双势垒二极管”，是一种具有双异质势垒，在一定偏压下存在共振隧穿效应的二极管。该二极管发明于 1974 年，其宏观 $I-V$ 特性在一定偏压下呈现微分负阻特性。

谐振隧穿二极管的基本结构如图 2－15（a）所示，其核心区域是较宽带隙半导体材料和较窄带隙半导体材料组成的三层结构。一层很薄（＜20 nm）的、具有较窄带隙的半导体材料（例如 GaAs、InAs、InGaAs 等）夹在两层很薄（＜10 nm）的具有较宽带隙的半

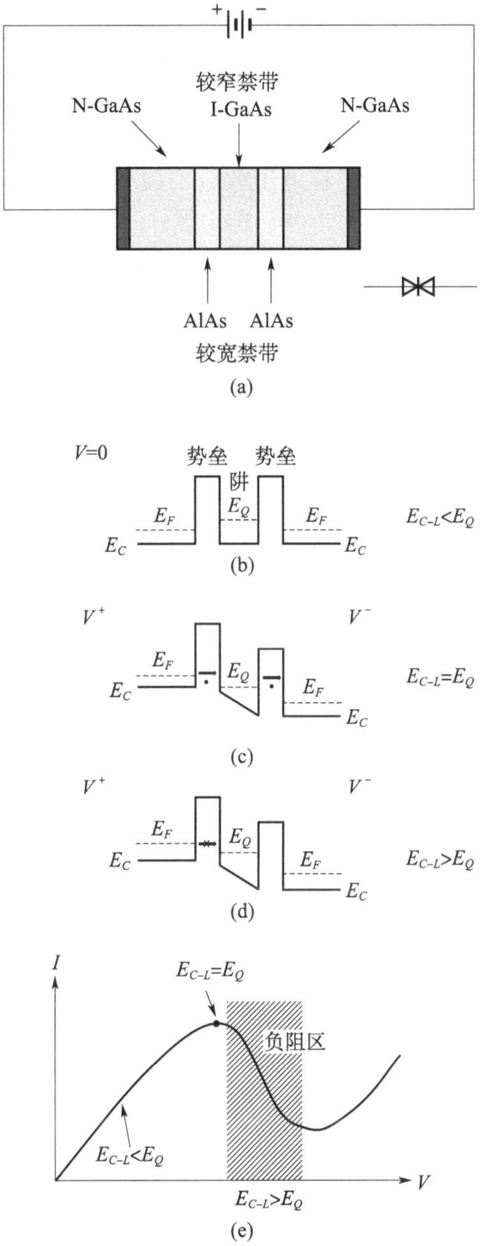

图 2－15　(a) 共振隧穿二极管的基本结构；(b) ～ (d) 三个典型的能级状态；(e) $I-V$ 特性

导体材料（例如 AlGaAs、AlAs、AlSb）之间，在能级上表现为量子阱，如图 2－15（b）所示。当中间较窄带隙半导体材料的厚度接近电子的德布罗意波长量级时，该材料中的导带电子被限制在分离能级 E_Q 上。

零偏压条件下，能级分布如图 2－15（b）所示。当增高偏置电压时，左侧导带升高。当左侧导带 E_{C-L} 等于量子阱中的分离能级 E_Q 时，大量电子隧穿通过左边势垒进入量子阱再进入右侧导带，宏观上表现为电流值最大。当继续增高偏置电压，左侧导带继续升高，

左侧导带 E_{C-L} 高于量子阱中的分离能级 E_Q，电子隧穿逐渐减弱，宏观上体现为随着偏压增高电流减小，该区域为微分负阻区。共振隧穿二极管的 $I-V$ 特性如图 2－15（e）所示。需要说明的是，当量子阱存在多个分离能级时，随着偏压增高会存在多个电流峰值和谷值。

相比于雪崩渡越时间二极管和转移电子效应二极管，共振隧穿二极管没有渡越时间，因此，工作频率更高。

（2）主要指标

衡量负阻二极管振荡器的主要指标包括输出频率范围、输出功率、效率、相位噪声等。输出频率范围主要由负阻二极管特性以及谐振电路特性决定。输出功率主要由负阻二极管特性决定。效率定义为输出功率与直流功耗比值，相位噪声反映了输出信号的质量，详见 2.2 节。

（3）典型案例

① IMPATT 振荡器

1981 年，美国休斯飞机公司（Hughes Aircraft Company）研制出硅基 IMPATT 振荡器[1]，140 GHz 频率处的脉冲输出功率为 3 W，连续波输出功率为 110 mW；170 GHz 频率处的脉冲输出功率为 1.3 W，连续波输出功率为 60 mW；217 GHz 频率处的脉冲输出功率为 0.7 W，连续波输出功率为 25 mW。1983 年，德国慕尼黑工业大学（Technische Universität München）研制出硅基 IMPATT 振荡器[2]，在 137 GHz 频率处输出功率为 70 mW，效率为 3.2%，如图 2－16 所示。1996 年，德国奔驰研究所研制出的 IMPATT 振荡器在 140 GHz 处最大输出功率为 300 mW，噪声系数为 32 dB[3]。2002 年，德国汉堡工业大学（Hamburg University of Technology）和奔驰研究所共同研制出硅基 IMPATT 振荡器[4]，在 135 GHz 处的输出功率大于 100 mW，在 145 GHz 处的输出功率为 60 mW，在 150 GHz 处的输出功率为 45 mW。

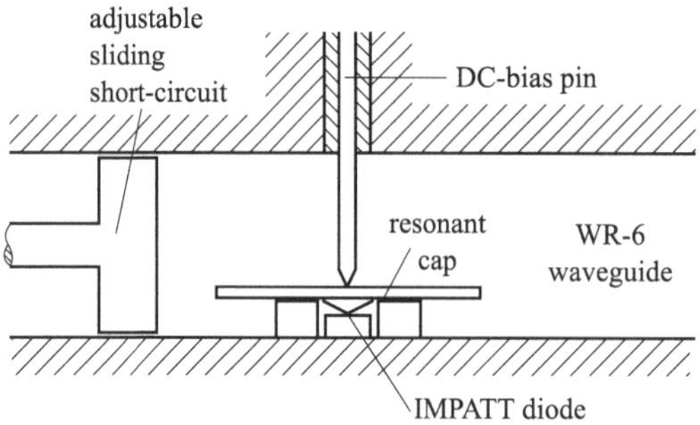

(a) 结构图

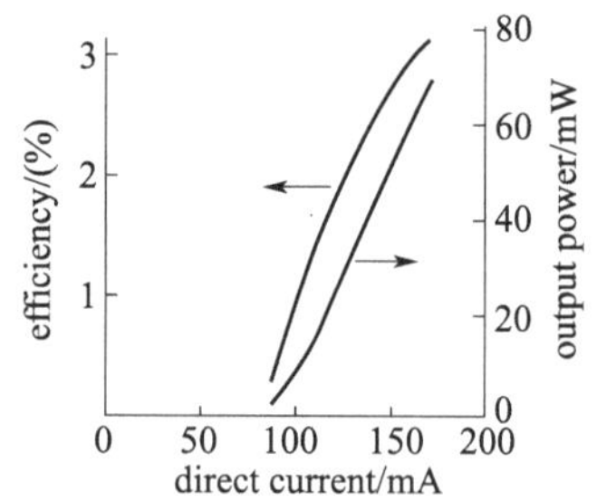

(b) 输出功率和效率随偏置电流的变化

图 2－16　德国慕尼黑工业大学 137 GHz IMPATT 振荡器

TeraSense 公司实现了 IMPATT 振荡器的产品化（图 2－17）[5]，其最高工作频率为 580 GHz，100～580 GHz 各频点的输出功率总结见表 2－1。

(a) 源实物　(b) 振荡器　(c) 散热结构

图 2-17　TeraSense 公司 IMPATT 振荡器

表 2-1　TeraSense IMPATT 二极管振荡器

频率	100 GHz	140 GHz	200 GHz	263 GHz	290 GHz	580 GHz
输出功率	1.8 W	400 mW	200 mW	>10 mW	>50 mW	>1.5 mW

② TED 振荡器

1995 年，美国密歇根大学（University of Michigan）的 Heribert Eisele 研制出 D 波段 InP Gunn 振荡器[6]，在 131 GHz 处的输出功率大于 130 mW，在 135 GHz 处的输出功率为 90 mW，在 151 GHz 处的输出功率为 60 mW，效率为 2.5%，相位噪声优于 −100 dBc/Hz@500 kHz。2000 年，该团队研制的 D 波段 InP Gunn 振荡器有了进一步提升[7]，在 103 GHz 处的输出功率为 200 mW，在 132 GHz 处的输出功率为 130 mW，在 152 GHz 处的输出功率为 80 mW，在 162 GHz 处的输出功率为 25 mW，效率为 2.3%。2004 年，该团队通过优化掺杂浓度分布提高了 InP Gunn 管的振荡频率和输出功率（图 2-18）[8]，在 193 GHz 处的输出功率大于 30 mW，在 300 GHz 处的输出功率大于 3.5 mW，在 315 GHz 处的输出功率大于 2 mW。2006 年，该团队［此时 Heribert Eisele 就职于英国利兹大学（University of Leeds）］基于掺杂渐变 InP Gunn 管研制出二次谐波振荡器[9]，在 275 GHz 处的输出功率为 3.9 mW，效率为 0.24%；在 282 GHz 处的输出

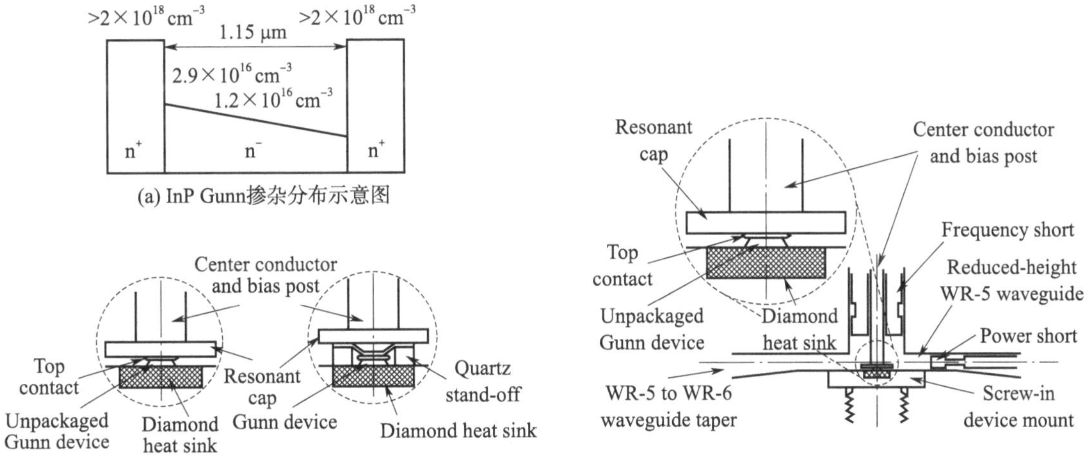

(a) InP Gunn掺杂分布示意图

(b) Gunn管的偏置和散热结构　(c) 振荡器结构

图 2-18　Heribert Eisele 研制的 D 波段 InP Gunn 振荡器

功率为 4.8 mW，效率为 0.31%；在 297 GHz 处的输出功率为 3.7 mW，效率为 0.32%；在 329 GHz 处的输出功率为 3.7 mW，效率为 0.19%；在 333 GHz 处的输出功率为 0.7 mW，效率为 0.07%。

③ RTD 振荡器

1988 年，美国麻省理工学院林肯实验室的 E. R. Brown 等人基于 AlAs/GaAs RTD 分别研制出 110 GHz 和 200 GHz 振荡器[10]，如图 2-19 所示。110 GHz 振荡器的振荡频率为 102～112 GHz，最高输出功率为 5 μW；200 GHz 振荡器的振荡频率为 192～201 GHz，最高输出功率为 0.2 μW，这是首个太赫兹频段 RTD 振荡器。1987 年，该团队研制出 87 GHz 18 μW RTD 振荡器[11]。1989 年，该团队研制出 420 GHz AlAs/GaAs RTD 振荡器[12]。1991 年，该团队采用 InAs/AlSb 材料体系研制出 712 GHz RTD 振荡器[13]，最高输出功率为 0.3 μW，这是当时振荡频率最高的固态振荡器。

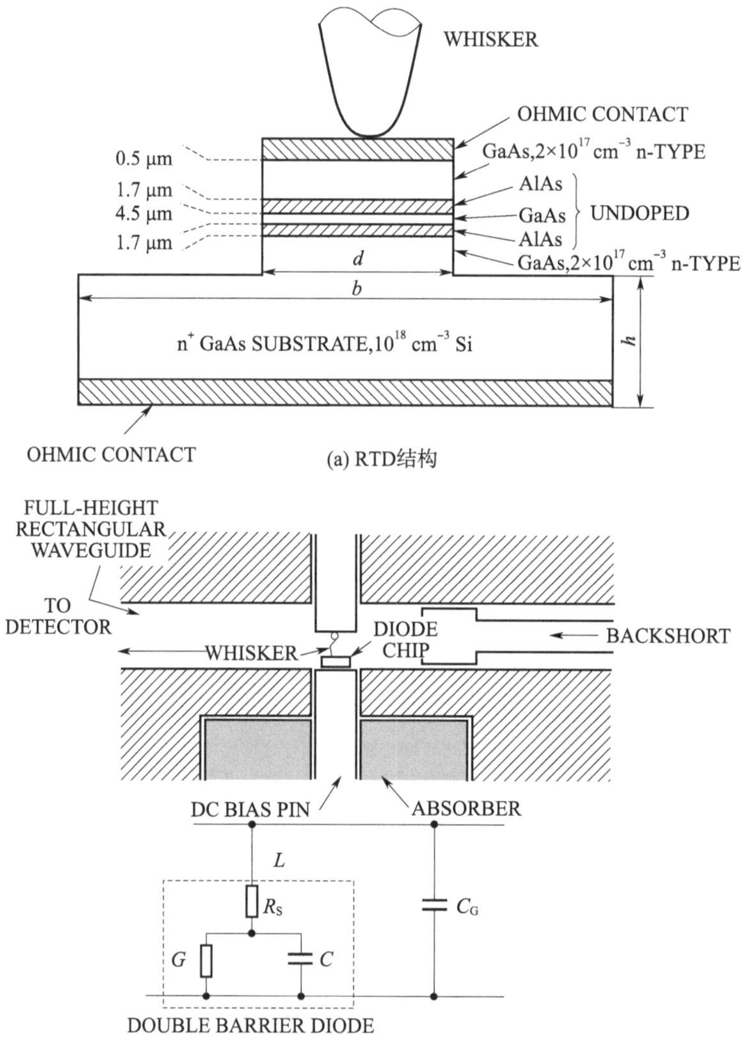

(a) RTD结构

(b) 振荡器结构

图 2-19　美国 MIT 200 GHz RTD 振荡器

2005 年，日本东京工业大学（Tokyo Institute of Technology）研制出 342 GHz GaInAs/AlAs RTD 振荡器[14]，最大输出功率为 23 μW；在三次谐波分量，即 1.02 THz 处的输出功率为 0.6 μW，为基波输出功率的 2.6%。2010 年，该团队联合 NTT 公司研制出 1 THz GaInAs/AlAs RTD 振荡器[15]，在 1.04 THz 处的输出功率为 7 μW，通过偏置电压调节的振荡频率带宽为 4%。2013 年，该团队通过集成偏置馈电缝隙天线实现阻抗匹配，如图 2-20 所示，提升了 GaInAs/AlAs RTD 振荡器的输出功率，在 530～590 GHz 振荡频率范围内的输出功率为 400 μW[16]。

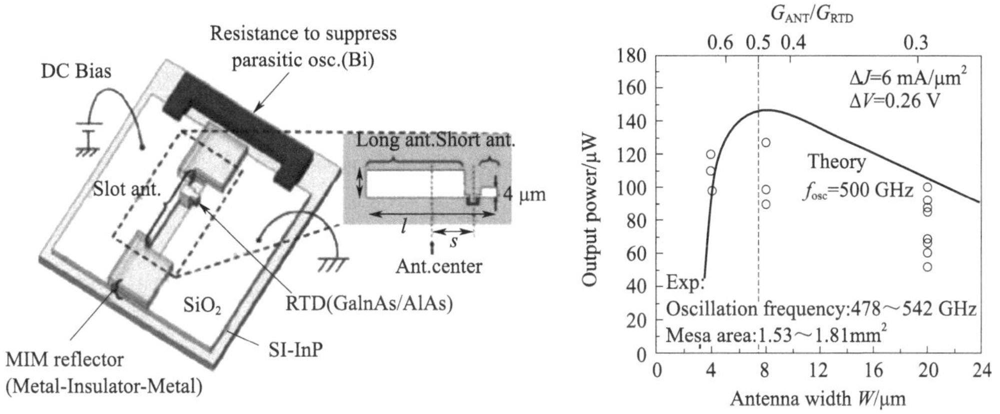

(a) 集成缝隙天线的RTD振荡器　　(b) 输出功率

图 2-20　日本东京工业大学 530～590 GHz RTD 振荡器

2017 年，该团队研制出振荡频率高达 1.98 THz 的 RTD 振荡器[17]。2019 年，该团队研制出阵列振荡器[18]，如图 2-21 所示，在 300 Hz 重复频率、10%工作比脉冲模式下，1 THz 处的输出功率为 0.73 mW。

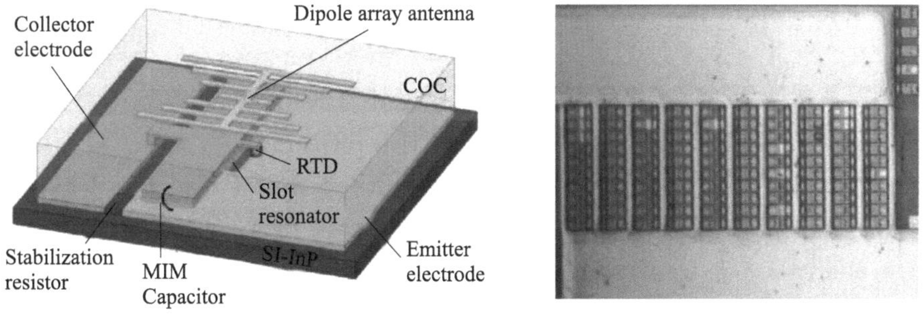

(a) 单元结构　　(b) 阵列芯片

图 2-21　日本东京工业大学 1 THz 阵列振荡器

④对比分析

三种负阻二极管振荡器典型指标对比见表 2-2。

表 2-2 三种负阻二极管振荡器典型指标对比

类型	G 波段输出功率	最高工作频率和功率
IMPATT	25 mW@217 GHz	>1.5 mW@580 GHz
TED(Gunn)	30 mW@193 GHz	0.7 mW@333 GHz
RTD	0.2 μW@200 GHz	0.73 mW@1 THz*

* 注:有报道的最高频率为 1.98 THz,但未报道功率数值。

2.3.2 晶体管振荡器

(1) 基本原理

晶体管振荡器是以晶体管为核心的有源器件,利用放大反馈原理产生振荡,如图 2-22 所示。正向网络具有放大特性,其传递函数为 $A(\omega)=|A(\omega)|\exp(\mathrm{j}\varphi_A)$,主要由晶体管、输入网络和输出网络组成;反馈电路连接正向网络的输入和输出端,其传递函数为 $\beta(\omega)=|\beta(\omega)|\exp(\mathrm{j}\varphi_\beta)$ 。起振的幅度和相位条件分别为 $|A(\omega)|\cdot|\beta(\omega)|>1$ 和 $\varphi_A+\varphi_\beta=2n\pi$ ($n=0$, 1, 2, …)。

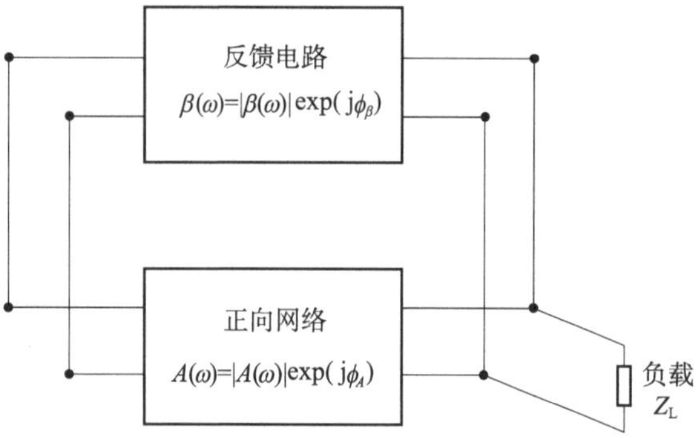

(a) 原理框图

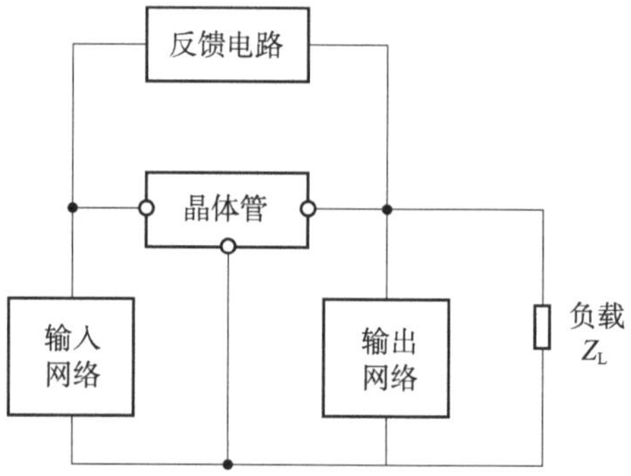

(b) 等效电路框图

图 2-22 晶体管振荡器

晶体管振荡器的分类方式主要有三类。根据晶体管类型,晶体管振荡器可以分为 InP HEMT 振荡器、InP HBT 振荡器、CMOS 振荡器、SiGe HBT 振荡器。根据电路拓扑特点,晶体管振荡器可以分为单端级联振荡器和交叉耦合振荡器。根据反馈电路形式,晶体管振荡器可以分为集总电路型振荡器和传输线型振荡器。

(2) 主要指标

衡量晶体管振荡器的主要指标与负阻二极管振荡器的主要指标基本一致,包括输出频率范围、输出功率、效率、相位噪声等。输出频率范围主要由晶体管的特征频率和最高振荡频率以及谐振电路特性决定。输出功率主要由晶体管的材料和结构决定。效率定义为输出功率与直流功耗比值,相位噪声反映了输出信号的质量,详见 2.2 节。

(3) 典型案例

美国 Northrop Grumman 公司和 California Institute of Technology JPL 实验室于 2007 年采用 35nm InP HEMT 工艺研制出 254 GHz、314 GHz、346 GHz 振荡器[19]。振荡器采

用单端级联拓扑的共栅极结构，其输出功率分别为 158 μW、46 μW、25 μW，效率分别为 1.35%、0.64%、0.21%，芯片尺寸为 400 μm×400 μm。同年，该团队采用 0.3 μm InP HBT 工艺研制出 311 GHz 振荡器[20]，采用单端级联拓扑的共基极结构，支持注入锁定，其相位噪声在有注入锁定和没有注入锁定条件下分别为−42.9 dBc/Hz 和−27.8 dBc/Hz，并且注入锁定能够使输出功率提高 17.8 dB，功耗为 30 mW，芯片尺寸为 300 μm×400 μm，如图 2-23 所示。

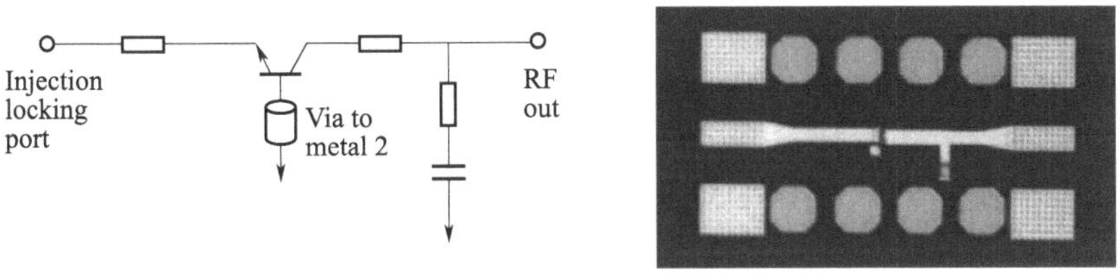

(a) 电路拓扑　　(b) 芯片照片

图 2-23　美国 Northrop Grumman 公司与 Caltech JPL 共同研制的 InP HBT 311 GHz 振荡器

该振荡器是国际上首个基于 HBT 工艺、频率高达 300 GHz 以上的晶体管振荡器。2008 年，该团队改进了 35nm InP HEMT 工艺，在提升晶体管跨导特性的基础上研制出 330 GHz 振荡器[21]。振荡器采用单端级联拓扑的共栅极结构，输出功率为 0.27 mW，效率为 1.7%，芯片尺寸为 1085 μm×320 μm，如图 2-24 所示。

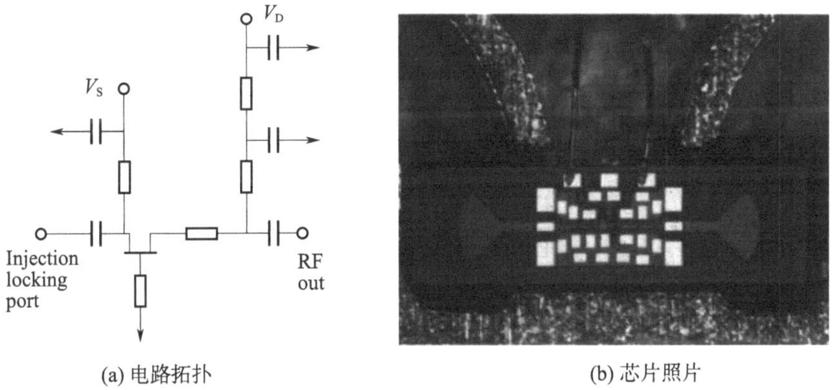

(a) 电路拓扑　　(b) 芯片照片

图 2-24　美国 Northrop Grumman 公司与 Caltech JPL 共同研制的 InP HEMT 330 GHz 振荡器

美国 Teledyne Scientifific Company 于 2011 年联合 University of California Santa Barbara 和 JPL 采用 0.25 μm InP HBT 工艺研制出 573 GHz 振荡器[22]，如图 2-25 所示，其输出功率为−19.2 dBm。

以色列 Tel Aviv University 于 2013 年采用 IBM 32 nm CMOS 工艺研制出 240 GHz 振荡器[23]，如图 2-26 所示。该振荡器采用交叉耦合拓扑，输出功率为 0.2 mW，功耗为 13.3 mW，效率为 1.5%，频率调谐带宽为 11 GHz，芯片尺寸为 240 μm×230 μm。

2014 年，该团队采用 65 nm CMOS 工艺研制出集成片上天线的 293 GHz 振荡器[24]，如图 2-27 所示，其工作频段为 284～301 GHz，总辐射功率为−2.74 dBm，EIRP 为

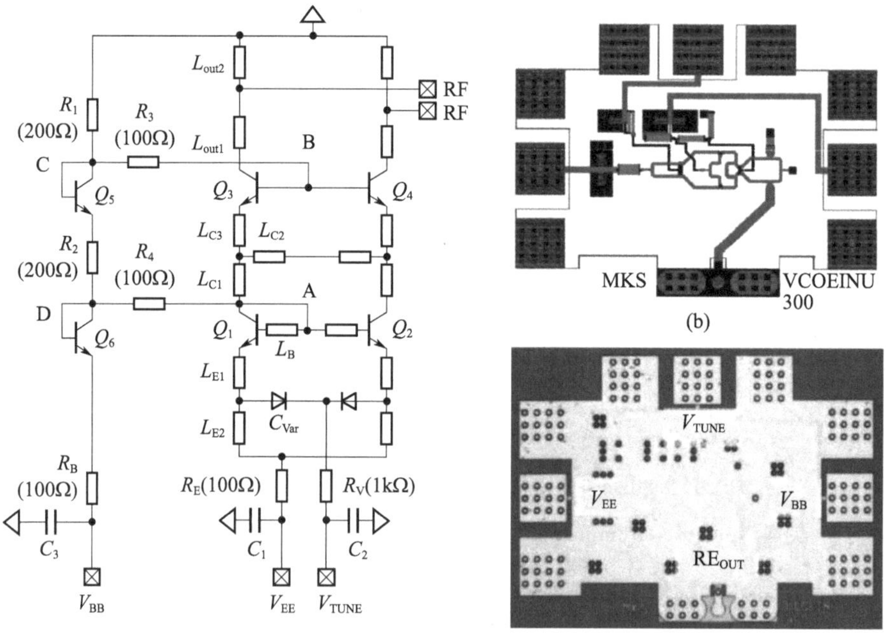

(a) (b) (c)

图 2-25　美国 Teledyne Scientifific Company 573 GHz 振荡器

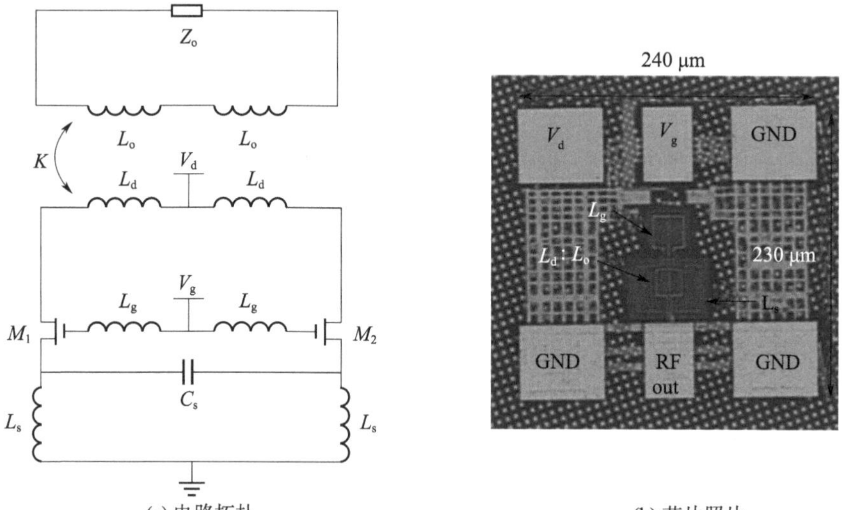

(a) 电路拓扑　　　　(b) 芯片照片

图 2-26　以色列 Tel Aviv University 240 GHz 振荡器

6.43 dBm，功耗为 19.2 mW，效率为 2.76%，相位噪声优于−93 dBc/Hz@10 MHz，芯片尺寸为 586 μm×440 μm。

韩国 Korea University 于 2014 年用 0.25 μm InP HBT 工艺研制出 300 GHz 振荡器[25]，如图 2-28 所示，其工作频段为 298.1～316.1 GHz，调谐带宽为 18 GHz，输出功率为 4.7 dBm，功耗为 88.1 mW，效率为 3.43%，芯片尺寸为 518 μm×431 μm。

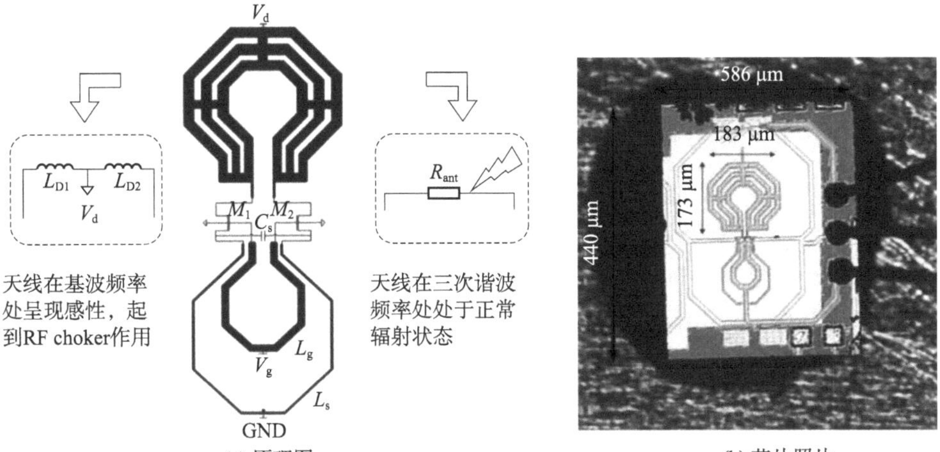

(a) 原理图　(b) 芯片照片

图 2-27　以色列 Tel Aviv University 集成片上天线的 293 GHz 振荡器

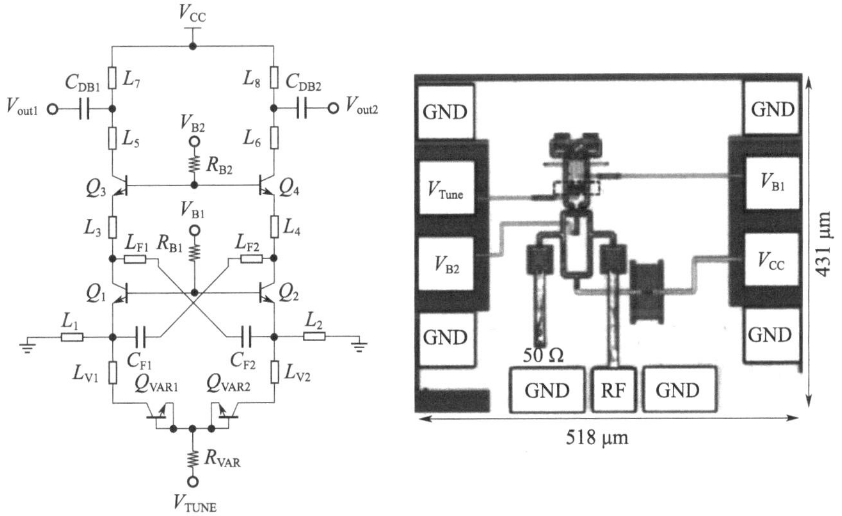

(a) 电路拓扑　(b) 芯片照片

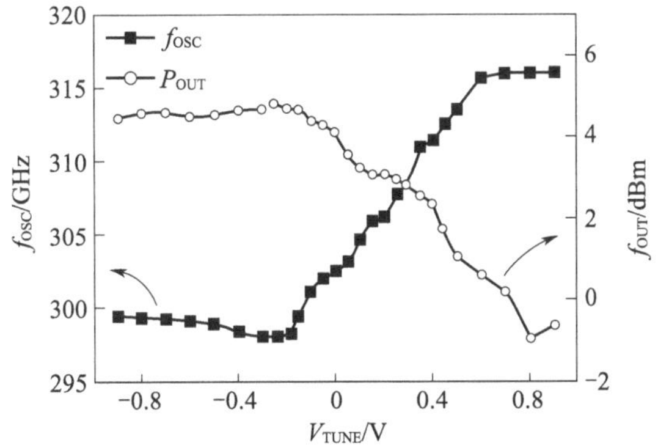

(c) 振荡频率和输出功率随调谐电压的变化

图 2-28　韩国 Korea University 300 GHz 振荡器

2019 年，该校研究人员采用 0.25 μm InP DHBT 工艺研制出 300 GHz 振荡器[26]，如图 2－29 所示，其工作频率范围为 272.4～310.8 GHz，振荡频率调节范围高达 38.4 GHz，输出功率为 1.5 dBm，相位噪声优于－82.8 dBc/Hz@10 MHz，功耗为 148 mW，效率为 0.95%，芯片尺寸为 400 μm×500 μm。

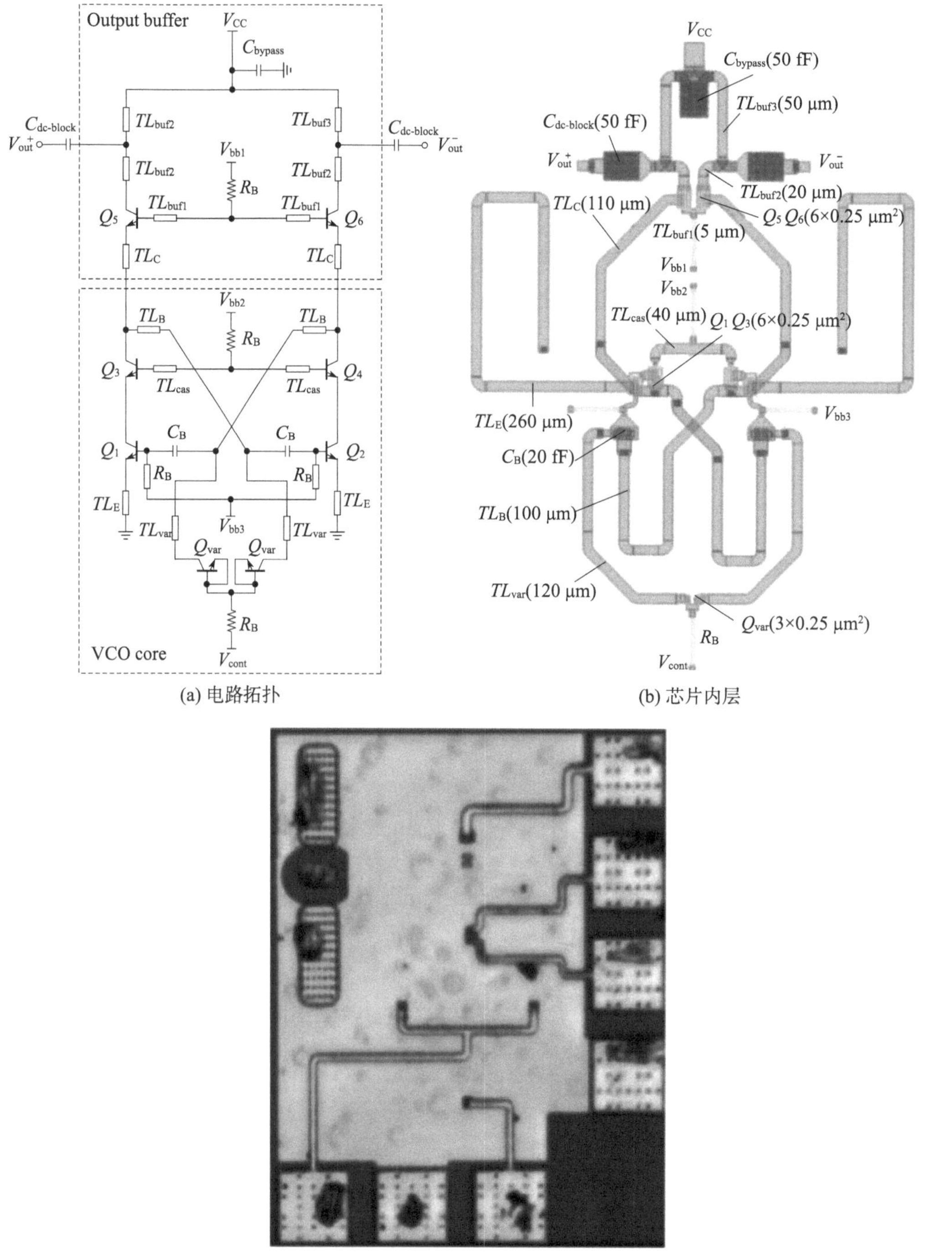

(a) 电路拓扑　　(b) 芯片内层

(c) 芯片外层

图 2－29　韩国 Korea University InP DHBT 300 GHz 振荡器

2018 年，澳大利亚 Johannes Kepler University 采用 130 nm SiGe BiCMOS 工艺研制出 300 GHz 晶体管振荡器[27]，如图 2-30 所示。该振荡器采用交叉耦合拓扑，输出功率为 0.6 mW，功耗为 142 mW，频率调谐范围为 292～318 GHz，相位噪声为−108 dBc/Hz@10 MHz。

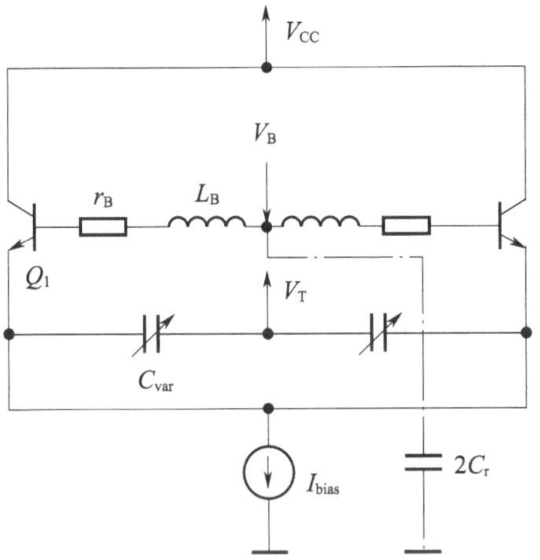

(a) 简化拓扑图

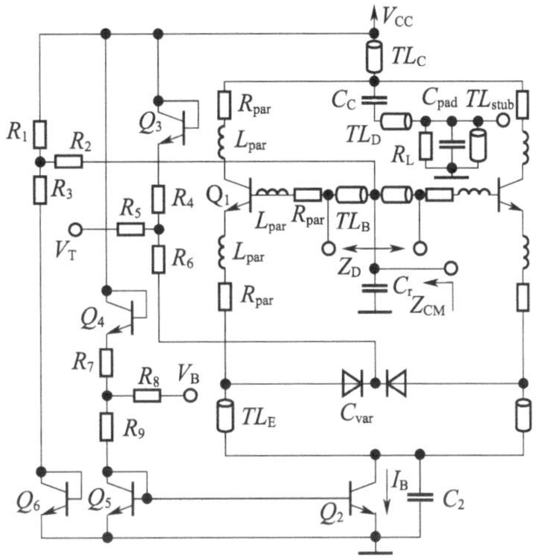

(b) 电路原理图

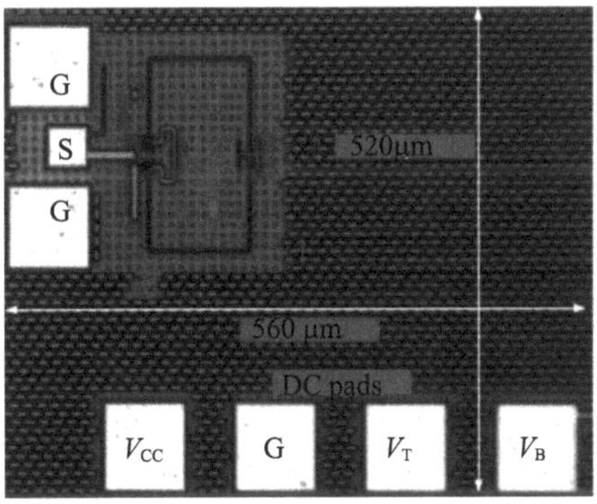

(c) 芯片照片

图 2-30　澳大利亚 Johannes Kepler University 292～318 GHz 晶体管振荡器

2022 年，香港城市大学采用 65 nm CMOS 工艺研制出集成片上天线的 470 GHz 振荡器阵列（Oscillator-Radiator Array）[28]，如图 2-31 所示，其工作频率为 469～489 GHz，辐射功率为−2.8 dBm，等效全向辐射功率（EIPR）为 9.8 dBm，功耗为 444 mW，效率为 0.12%，相位噪声为−71.3 dBc/Hz@1 MHz。

2022 年，东南大学与美国加州大学戴维斯分校（UCD：Univiersity of California，Davis）采用 65 nm CMOS 工艺研制出 300 GHz 振荡器[29]，如图 2-32 所示，其振荡频率调谐范围为 297～305 GHz，输出功率为 2.8 dBm，功耗为 68 mW，效率为 2.85%，相位噪声为−96 dBc/Hz@10 MHz，芯片尺寸为 516 μm×590 μm。

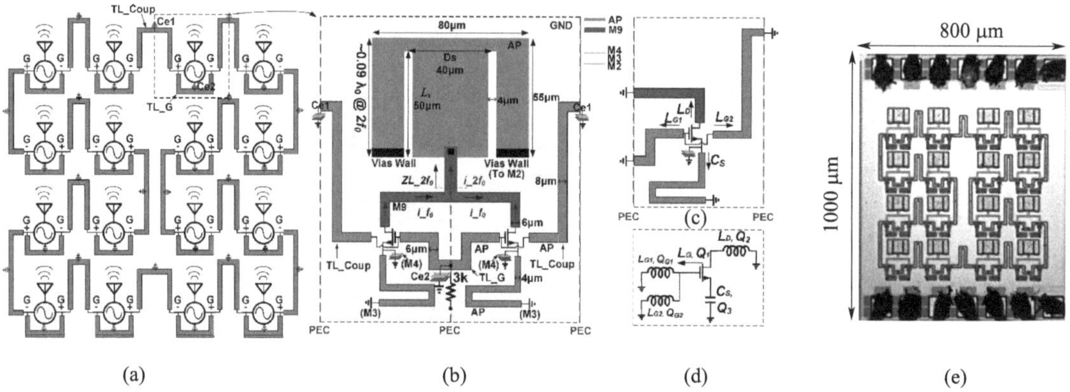

图 2-31　(a) 振荡器阵列原理图；(b) 振荡器单元原理图；(c) 单元等效电路；(d) 单元等效电路集总参数模型；(e) 芯片照片

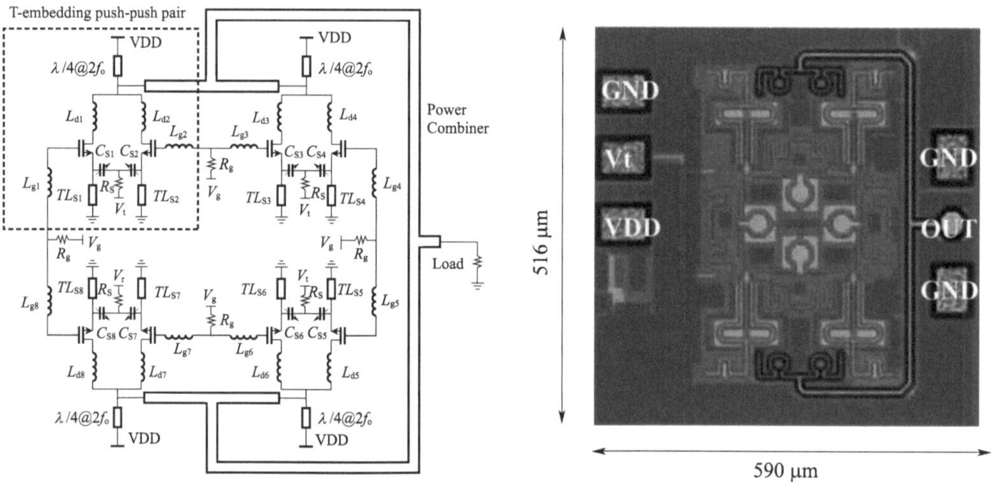

(a) 原理图　　(b) 芯片照片

图 2-32　东南大学 300 GHz 振荡器

2.4　固态倍频器

(1) 基本原理

倍频器是实现输入信号频率倍增的二端口器件，其输出频率 f_{OUT} 和输入频率 f_{IN} 关系为 $f_{OUT}=N\cdot f_{IN}$。倍频器的基本原理是非线性器件使输入的正弦信号发生畸变（图 2-33），产生一系列谐波分量，再利用滤波器将所需要的谐波分量提取出来（图 2-34）。

太赫兹倍频器主要由输入滤波匹配网络、非线性器件、输出滤波匹配网络、直流偏置电路四个部分组成，如图 2-35 所示。滤波匹配网络的作用是频率选择、阻抗匹配和模式转换（例如波导 TE 模式到微带线准 TEM 模式的转换）。其中，输入滤波匹配网络使输入

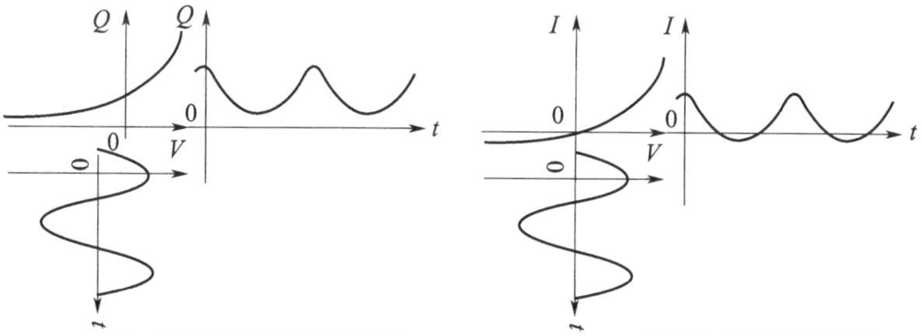

(a) 非线性电容的容性倍频　　(b) 非线性电阻的阻性倍频

图 2-33　非线性器件的倍频过程示意图

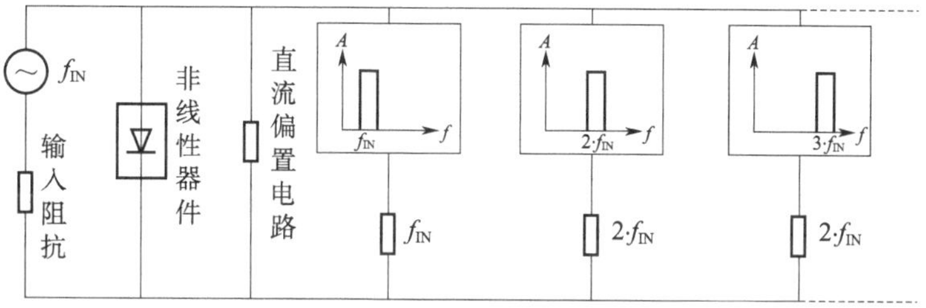

图 2-34　倍频器产生系列谐波分量

基波信号 f_{IN} 通过，阻止谐波分量信号 $n\cdot f_{IN}$（$n=1, 2, 3, \cdots$）返回到输入端；输出滤波匹配网络使所需的谐波分量信号 $N\cdot f_{IN}$ 通过，阻止基波和其他闲频分量 $n\cdot f_{IN}(n\neq N)$ 输出。直流偏置电路用于给非线性器件提供偏置电压，使非线性器件工作于合适的直流工作点，确保倍频效率和稳定性。

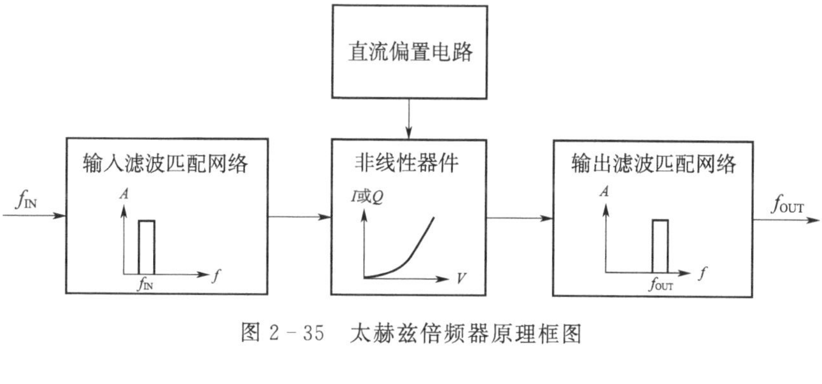

图 2-35　太赫兹倍频器原理框图

理论上，任何非线性器件都可以实现倍频，但是在太赫兹频段通常采用肖特基二极管和变容管实现倍频。肖特基二极管具有非线性电阻特性，即 $I-V$ 特性具有非线性；还具有变容管非线性电容特性，即 $Q-V$ 特性具有非线性。阻性倍频具有带宽宽、稳定性高等优点，但倍频效率低，倍频效率满足 Page-Pantell 关系 $P_N/P_1\leqslant 1/N^2$（P_1 是基波功率，P_N 是第 N 次谐波功率）。容性倍频的优点是倍频效率高，倍频效率满足 Manley-Rowe 关系 $P_N/P_1\leqslant 1$，即理论上可以达到 100%倍频效率，但带宽窄。

作为核心非线性器件，二极管的变频效率和功率容量对倍频器倍频效率和输出功率起到决定性作用。早期倍频器采用单二极管拓扑倍频结构，但由于该拓扑产生的各次谐波分量都存在，因此效率低、功率容量低、匹配电路复杂。为了减小产生的谐波分量并提高功率容量，目前通常采用多二极管拓扑。从谐波分量特点来说，可以分为偶次谐波拓扑和奇次谐波拓扑，其典型拓扑分别如图 2－36（a）和（b）所示。偶次谐波拓扑只产生偶次谐波分量，抑制奇次谐波分量；奇次谐波拓扑只产生奇次谐波分量，抑制偶次谐波分量。

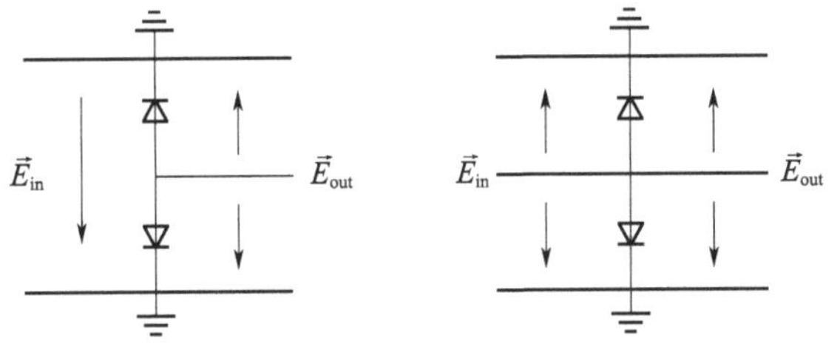

(a) 偶次谐波拓扑　　(b) 奇次谐波拓扑

图 2－36　太赫兹倍频器典型拓扑

（2）主要指标

①中心频率和带宽

中心频率和带宽是倍频器输出信号的频率特性衡量指标。中心频率 f_0 定义为 $f_0=(f_{min}+f_{max})/2$；带宽 B 定义为 $B=f_{max}-f_{min}$。其中，f_{min} 和 f_{max} 分别为输出最小频率和输出最大频率。

②倍频次数

倍频次数是输出谐波频率与输入基波频率的比值，即 $N=f_{OUT}/f_{IN}$。倍频次数由二极管拓扑和匹配网络决定。

③倍频效率

倍频效率是输出谐波功率与输入基波功率之比，即 $\eta=P_{OUT}/P_{IN}$。倍频效率主要由二极管非线性特性和匹配网络决定。

④驱动功率

驱动功率是倍频器正常工作时所需要的最小输入基波信号功率。驱动功率主要由二极管进入非线性区的开启电压决定。

（3）典型案例

早在 1975 年，美国 AIL 系统公司研制出基于变容管的 300 GHz 三倍频器[30]，当驱动功率为 150 mW 时，输出功率为 2.1 mW，倍频效率为 1.5%。1990 年，美国曼彻斯特大学的 Neal Erickson 提出了一种平衡式二倍频器结构（图 2－34），后来被广泛应用于太赫兹倍频器设计中[31]，该倍频器在 330 GHz 频率处的输出功率为 4 mW。

美国 JPL 在太赫兹倍频器研制方面处于领先地位。2001 年，该实验室研制出 400 GHz 二倍频器[32]，输入驱动功率为 50 mW，输出频率范围为 368～424 GHz，输出功率为 5～8 mW，倍频效率为 10%～20%。2004 年，该实验室研制出 1 500 GHz 倍频链[33]

（图 2-37），由 190 GHz、375 GHz、750 GHz 和 1 500 GHz 二倍频依次级联而成，各级倍频器的效率依次为 30%、20%、9%和 4%，末级输出频率范围为 1 408～1 584 GHz，在室温条件和低温制冷条件（120 K）下的输出功率最大值分别为 15 μW@1 500 GHz 和 40 μW@1 490 GHz。2018 年，该实验室提出的新型倍频链架构[34] 能够将输出功率提高至少一个数量级。该倍频链采用 W 波段 GaN 功放模块作为输入基波驱动，通过片上功率合成提升倍频链的驱动功率容量，倍频器仍然采用肖特基变容二极管作为非线性器件，如图 2-38 所示。180 GHz 二倍频器的输出功率为 500 mW，效率为 30%；220 GHz 倍频器的输出功率为 110 mW，效率为 21%；330 GHz 倍频器的输出功率为 35 mW，效率为 14%；530 GHz 倍频器的输出功率为 30 mW，效率为 9%；1 THz 倍频器的输出功率为 2 mW，效率为 5%，1.6 THz 倍频器的输出功率为 0.7 mW，效率为 3.5%。

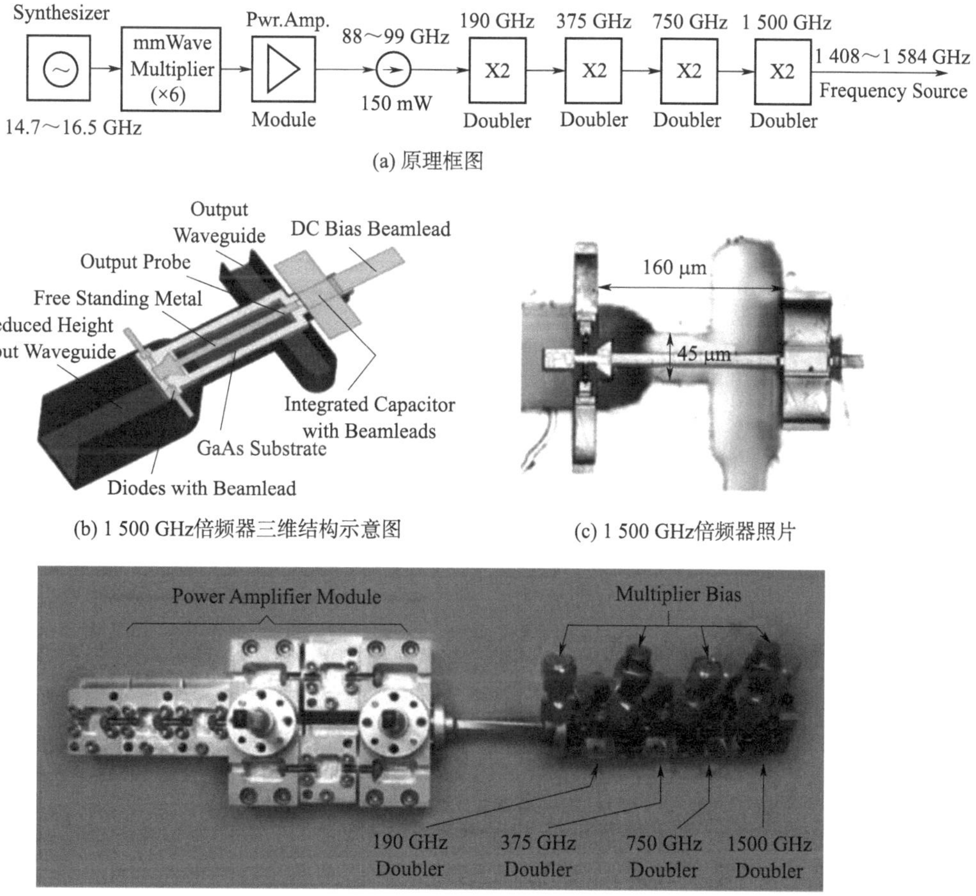

(a) 原理框图

(b) 1 500 GHz倍频器三维结构示意图　　(c) 1 500 GHz倍频器照片

(d) 倍频链照片

图 2-37　美国 Caltech JPL 1500 GHz 倍频链

法国巴黎天文台于 2008 年联合美国喷气动力实验室研制出 300 GHz 三倍频器，如图 2-39 所示，输入驱动功率为 50～250 mW，输出频率为 265～330 GHz，在 318 GHz 处获得最大功率 26 mW，倍频效率为 11%。2010 年，该团队研制出 875 GHz 倍频链[35]，输出

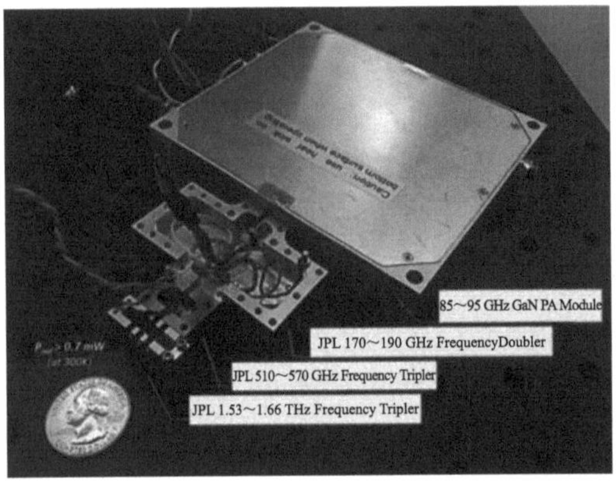

(a) 实物

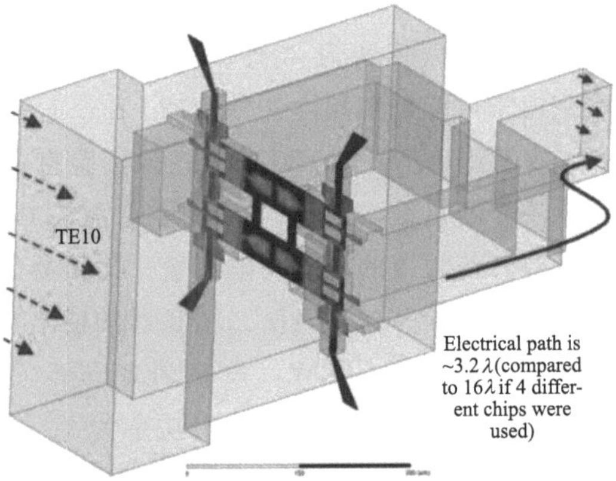

(b) 片上功率合成结构

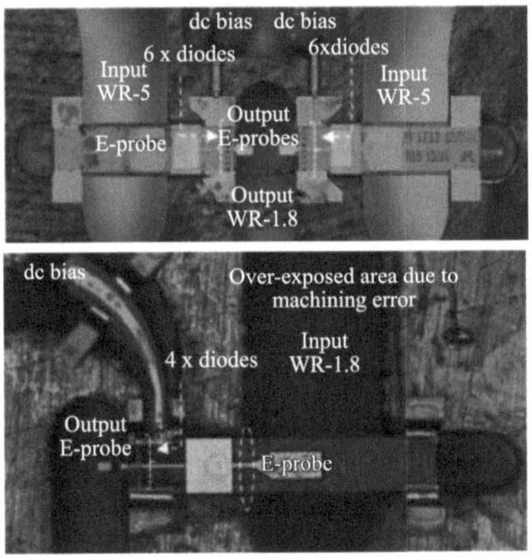

(c) 550 GHz三倍频器（上）和1.6 THz三倍频器（下）

图 2-38　美国 JPL 倍频链

频率为 840～900 GHz，最大输出功率在室温和制冷环境下（120 K）分别为 1.4 mW@875 GHz 和 2 mW@882 GHz。2012 年，该团队研制出 2.7 THz 倍频器[36]，输入基波信号频率为 815～915 GHz，功率为 0.2～0.95 mW，输出频率为 2.48～2.75 THz，输出功率>1 μW，最高功率为 18 μW@2.58 THz。

瑞典查尔姆斯理工大学（Chalmers University of Technology）于 2015 年研制出 474 GHz 五倍频器[37]，如图 2-40 所示。该倍频器采用 InP 异质结势垒变容管（HBV）作为倍频非线性器件。相比于传统的肖特基变容管，HBV 具有对称的非线性特性，因此只产生奇次谐波且无需直流偏置。该倍频器的输入驱动功率为 400 mW@94.75 GHz，最大输出功率为 2.8 mW@474 GHz，倍频效率为 0.75%。

德国 ACST Gmb 公司于 2018 年研制出 300 GHz 二倍频器，通过将变容二极管衬底替换成金刚石衬底以提升功率容量，倍频器的输出频率为 270～320 GHz，输出功率为 35 mW，效率为 25～30%[38]。2022 年，该公司研制出 900 GHz 三倍频器，输出频率为 800～900 GHz，最大功率为 4 mW@870 GHz，效率为 5%[39]。

英国 Teratech 公司于 2021 年研制出的 180 GHz 二倍频器[40]，输入驱动功率为 150～

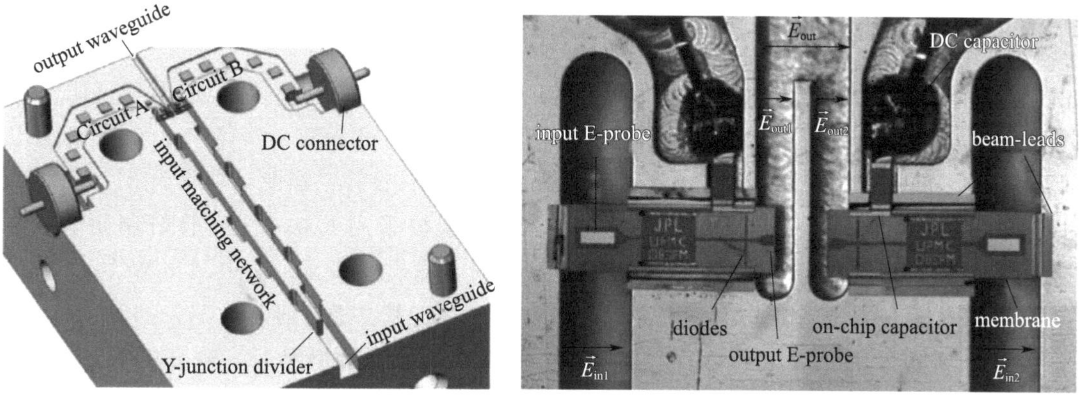

图 2-39　法国巴黎天文台 300 GHz 三倍频器

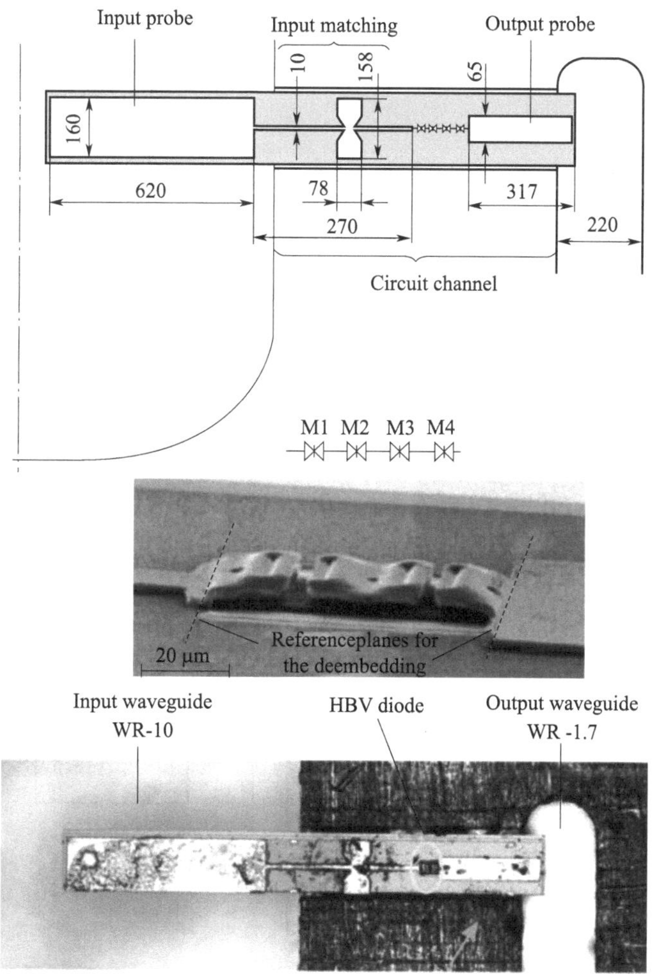

图 2-40　瑞典查尔姆斯理工大学 474 GHz 五倍频器

250 mW，输出频率为 178～194 GHz，倍频效率为 35～40%，最高输出功率为 100 mW@186 GHz。

电子科技大学于 2007 年研制出 120 GHz 三倍频器[41]，采用商用 UMS 肖特基阻性二极管，输出频率为 114～123 GHz，输出功率为 0.1～1.64 mW。2015 年，该校研制出 330～500 GHz 三倍频器[42]。该倍频器采用 InP 肖特基二极管，当驱动功率为 31 mW 时，最大输出功率为 0.32 mW@384 GHz。2020 年，该校采用 GaAs 变容管研制出 260～300 GHz 三倍频器，当输入驱动功率为 120 mW 时，输出功率为 3.1～4.9 mW。

中国电科 13 所于 2020 年采用 SiC 衬底的 GaN 肖特基二极管研制出 177～183 GHz 二倍频器[43]，当采用 2 W 功率、100 μs 脉宽、10%工作比脉冲激励时，输出功率为 200～244 mW，效率为 9.5%～11.8%。

中国工程物理研究院于 2021 年研制出 204～232 GHz 三倍频器[44]。当输入功率为 300～560 mW 时，在工作频段 204～232 GHz，倍频效率达到 10%～22.1%，最大输出功率为 84.5 mW。

2.5 固态放大器

（1）基本原理

放大器是一个带有增益的有源同频二端口器件。放大器的一般性结构如图 2-41 所示，包括输入匹配电路、晶体管、输出匹配电路以及直流偏置电路。提升输出功率和效率的途径主要有多级级联、片上功率合成或两种途径的结合，具体的功率合成技术将会在 2.6 节介绍。晶体管是放大器的核心有源器件，常用的太赫兹晶体管包括 InP HEMT、InP HBT、GaN HBT、SiGe HBT 等。HEMT 属于电压控制晶体管，其三个端口分别称为栅极、源极、漏极；HBT 属于电流控制晶体管，其三个端口分别为基极、集电极和发射极。

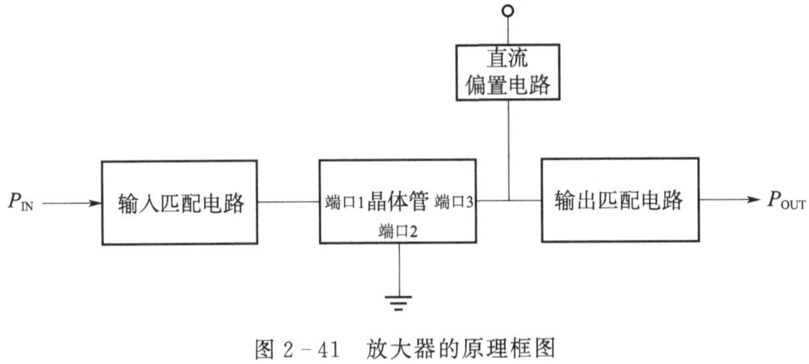

图 2-41　放大器的原理框图

（2）主要指标

晶体管放大器的主要指标包括中心频率和带宽、输出功率、增益、功率附加效率等。其中，中心频率和带宽、增益等指标与行波管放大器的指标定义一致，详见 2.2 节。这里重点介绍功率附加效率。

功率附加效率 η_{add} 描述放大器性能，其定义为 $\eta_{add}=(P_{out}-P_{in})/P_{dc}$，$P_{dc}$ 为直流功率。该指标既反映了直流功率转换成射频功率的能力，也反映了晶体管的功率放大能力。可以看出，在相同 η 条件下，增益越高则功率附加效率 η_{add} 越高。

（3）典型案例

① InP HEMT 放大器

1999 年，美国休斯研究实验室（HRL）联合 JPL 采用 InP HEMT 工艺研制出 140 GHz 放大器[45]。放大器采用共漏极拓扑，如图 2－42 所示。单级放大器增益为 10 dB，三级放大器在 140～142 GHz 范围内增益≥10 dB。2010 年，美国 NG 公司（Northrop Grumman Corporation）基于 50 nm InP HEMT 工艺研制出 480 GHz 放大器[46]，在 465～482.5 GHz 范围增益≥10 dB，峰值功率为 11.7 dBm。2015 年，该公司基于 25 nm InP HEMT 工艺研制出 1 THz 放大器，采用共源极拓扑，增益为 3.5 dB[47]。2020 年，日本 NTT 工艺基于 60 nm InP HEMT 工艺研制出 475 GHz 放大器[48]，采用共源极拓扑，增益为 20 dB。

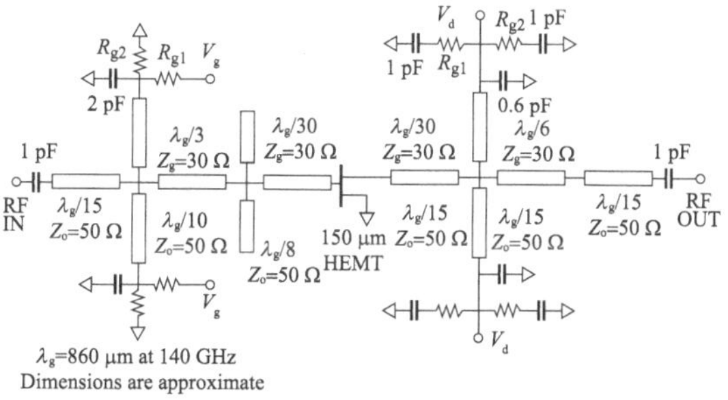

(a) 单级放大器拓扑

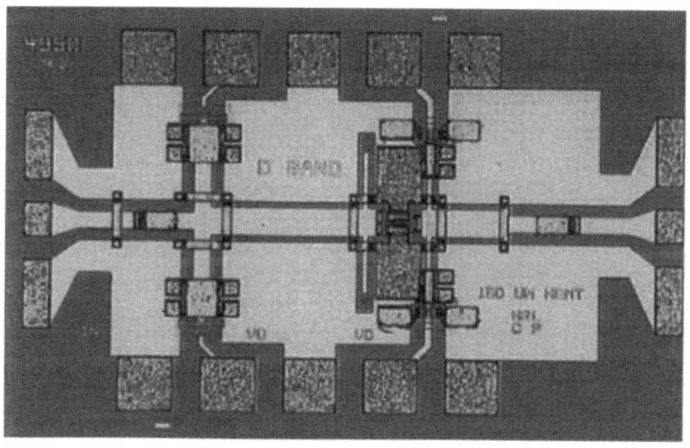

(b) 单级放大器芯片

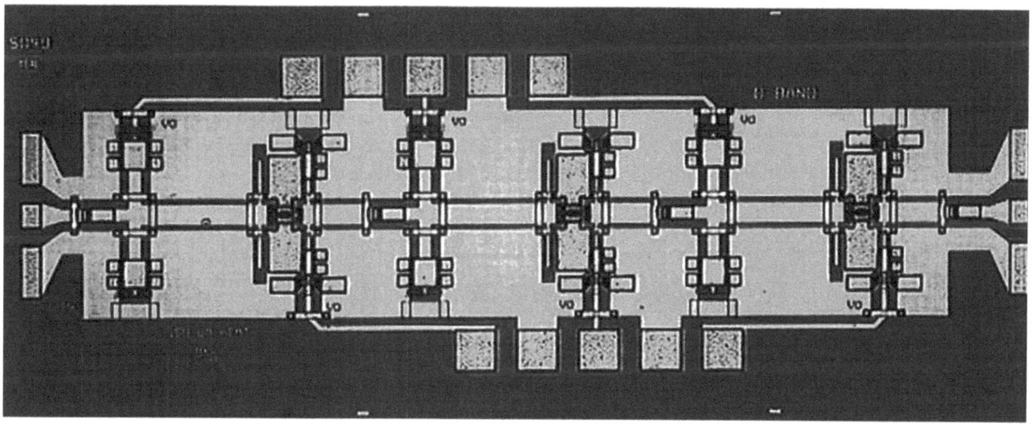

(c) 三级放大器芯片

图 2－42　美国 HRL 实验室 140 GHz 放大器

② InP HBT 放大器

2003 年，美国加州大学圣芭芭拉分校（UCSB：University of California at Santa Barbara）基于 InP HBT 工艺研制出 G 波段放大器[49]，采用共发射极拓扑结构，如图 2-43 所示。单级放大器在 140～190 GHz 范围内的增益≥3 dB，最高增益为 6.3 dB@175 GHz；三级放大器在 140～200 GHz 范围内增益≥7 dB，最高增益为 11.7 dB@154 GHz，芯片尺寸为 1.66 mm×0.59 mm。2005 年，该团队采用 InP DHBT 工艺研制出 176 GHz 单级放大器和双级放大器[50]，放大器采用共基极拓扑结构，如图 2-44 所示。单级放大器的工作频率为 172～176 GHz，饱和输出功率为 8.77 dBm，增益≥5 dB，最大功率附加效率为 6%；双级放大器的工作频率为 140～170 GHz，增益≥5 dB，最大增益为 13 dB，最大功率附加效率为 3%，饱和输出功率为 10.3 dBm，芯片尺寸为 1 mm×0.7 mm。

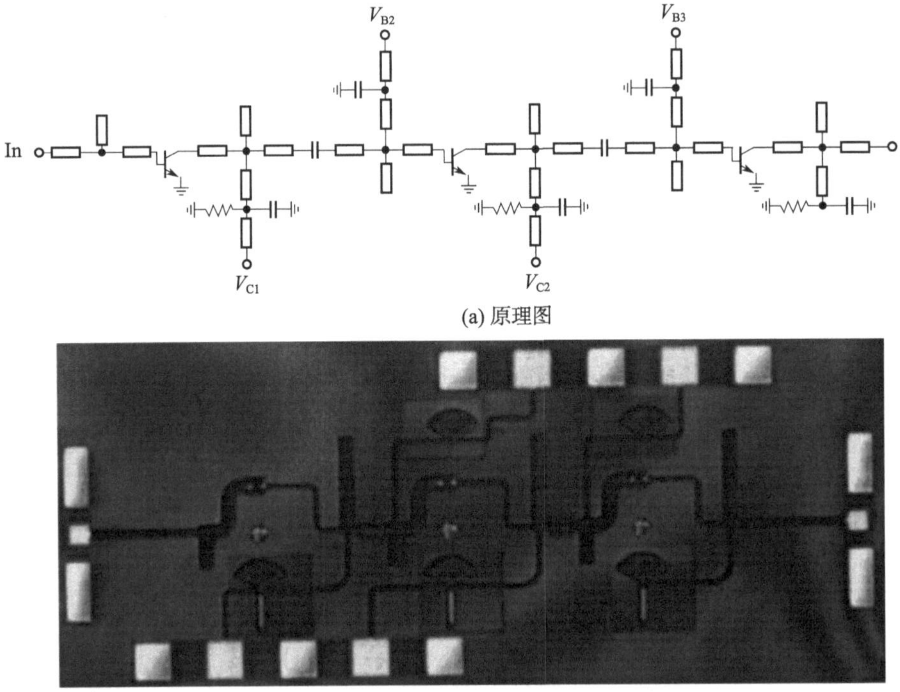

(a) 原理图

(b) 芯片

图 2-43　美国 UCSB G 波段 InP HBT 放大器

2008 年，美国 NG 公司联合喷气动力实验室基于 InP HBT 工艺研制出 255 GHz 单级放大器[51]，是当时报道的最高频率 InP HBT 放大器。该放大器采用共发射极拓扑，如图 2-45 所示，峰值增益为 3.5 dB。

2019 年，美国 Teledyne Scientific Company 采用 250nm InP HBT 工艺研制出 140 GHz 放大器[52]。该放大器采用五级共发射极拓扑，每一级放大器由两路放大器通过威尔金森功率合成器实现功率合成，如图 2-46 所示，工作频率为 115～150 GHz，增益为 29.5 dB，饱和输出功率为 21 dBm，功率附加效率≥6.7%，尺寸为 1.78 mm×0.42 mm。

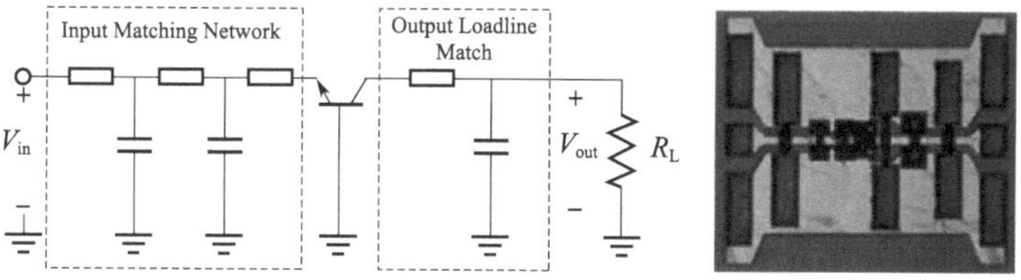

(a) 单级放大器原理图和芯片

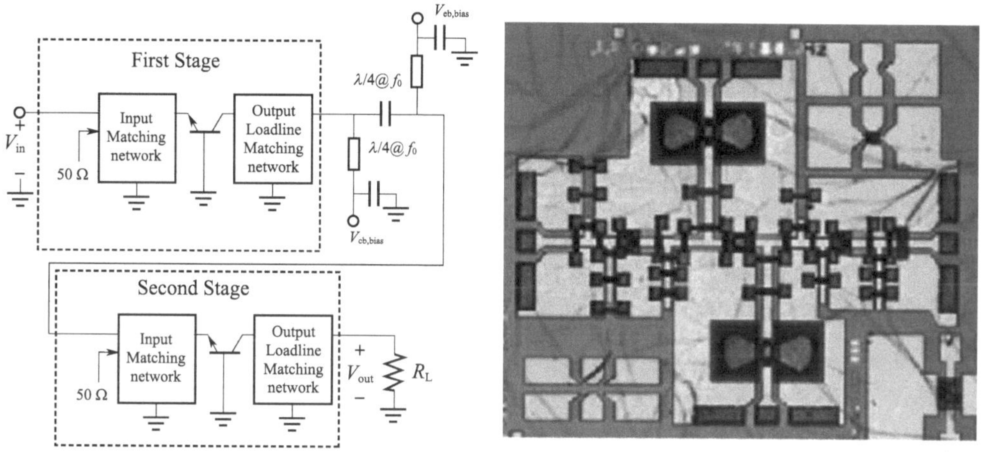

(b) 双级放大器原理图和芯片

图 2－44　美国 UCSB 176 GHz 放大器

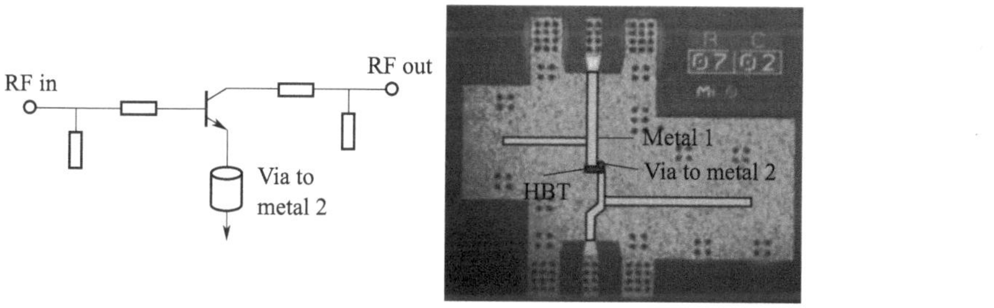

(a) 原理图　(b) 芯片

图 2－45　美国 NG 公司 255 GHz InP HBT 放大器

③ GaN HEMT 放大器

2018 年，美国 QuinStar Technology Inc 公司研制出 110 GHz GaN 功率放大器[53]，如图 2－47 所示。该放大器采用 HRL Laboratories 的 140nm GaN HEMT 工艺，电路拓扑为五级级联共源结构，并在末端采用八路片上功率合成，工作频率为 102～118 GHz，输出功率为 28～29 dBm，功率附加效率为 8%，增益为 19.7～20.9 dB，芯片尺寸为 3.3 mm×1.94 mm。基于该芯片的四路功率芯片实现的功率合成源，在 102～116 GHz 频段内的输出功率大于 2 W，最大输出功率为 2.75 W@114 GHz，功率附加效率为 6%，最大功率附加效率为 7.4%@114 GHz。

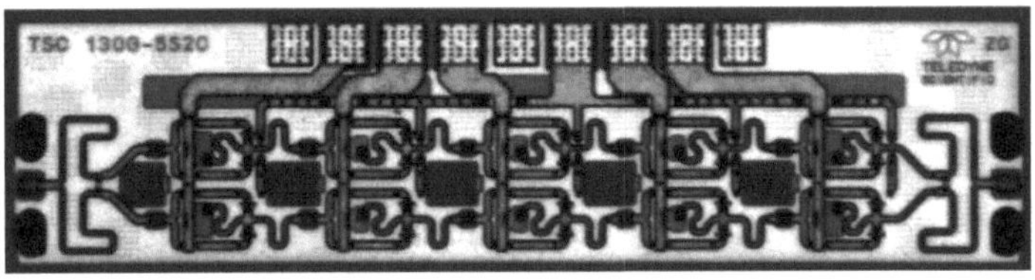

(a) 芯片

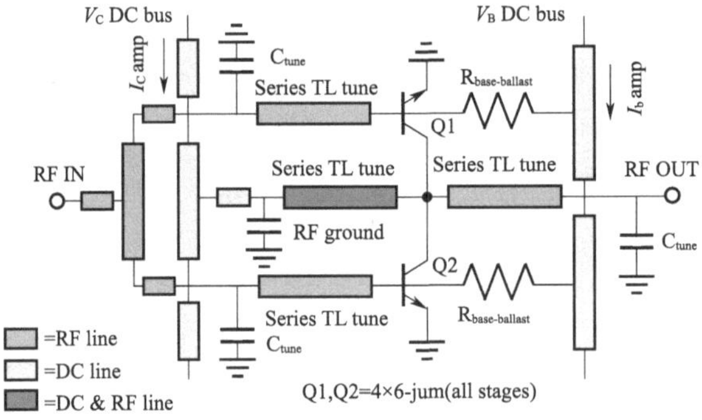

(b) 单级放大器拓扑

图 2-46　美国 TSC 140 GHz InP HBT 放大器

2019 年，德国弗劳恩霍夫应用固体物理研究所（IAF：Fraunhofer Institute for Applied Solid State Physics）基于 100 nm GaN HEMT 工艺研制出 180 GHz 放大器芯片[54]，如图 2-48 所示。该放大器芯片采用 5 级共源级联拓扑，工作频率为 150～189 GHz，增益为 10～13 dB，最大输出功率为 15.8 dBm，最大功率附加效率为 2.4%。

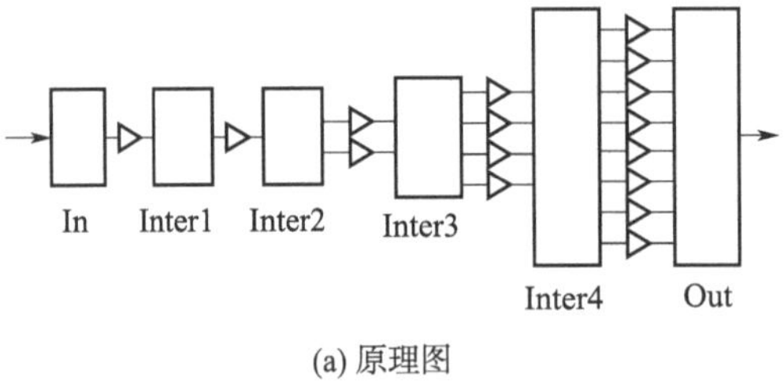

(a) 原理图

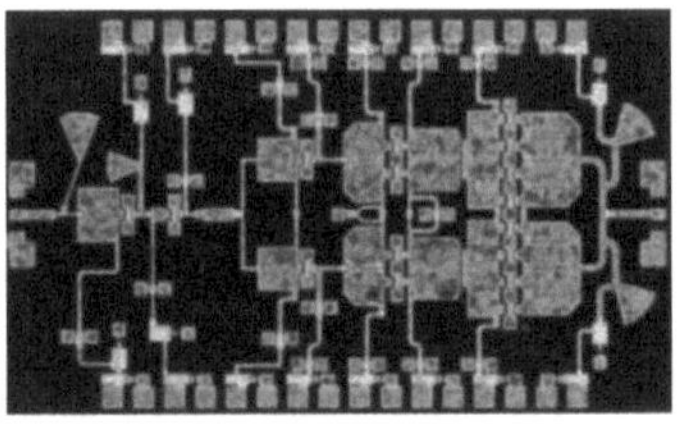

(b) 芯片

(c) 四路功率合成源

图 2-47　美国 QuinStar Technology Inc 公司 110 GHz 功率放大器

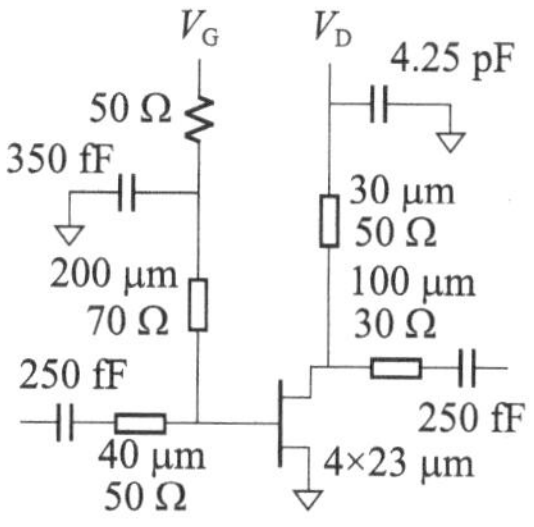

(a) 单级共源放大器拓扑

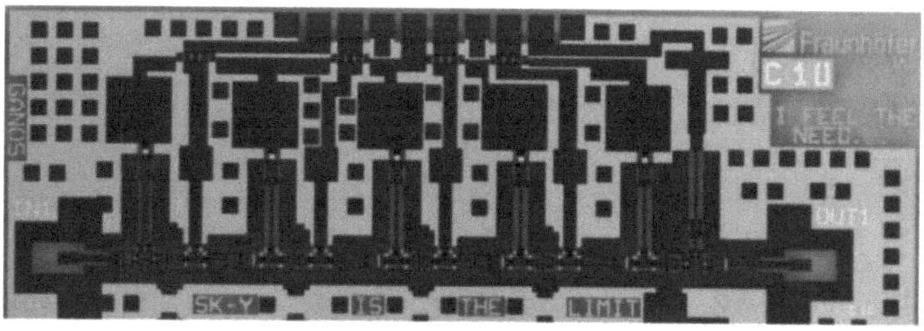

(b) 芯片

图 2-48 德国 IAF 180 GHz GaN HEMT 放大器芯片

2022 年，美国加州大学圣芭芭拉分校基于 40 nm GaN HEMT 工艺研制出 135 GHz 放大器芯片[55]，其工作频率为 130～140 GHz，饱和输出功率为 18.5 dBm，最大功率附加效率为 6.5%@133 GHz。

④ SiGe HBT

2014 年，美国加州大学圣第亚哥分校（UCSD：University of California at San Diego）基于 90 nm SiGe HBT 研制出 120 GHz 放大器[56]，采用四级共发射极拓扑，如图 2-49（a）所示，在 114～130 GHz 内的饱和输出功率为 12.5～13.8 dBm；通过八路片上功率合成，如图 2-49（b）和（c）所示，在 114～126 GHz 内的饱和输出功率为 20～20.8 dBm，功率附加效率为 6.3%～7.6%，是当时输出功率最高的硅基 D 波段放大器。

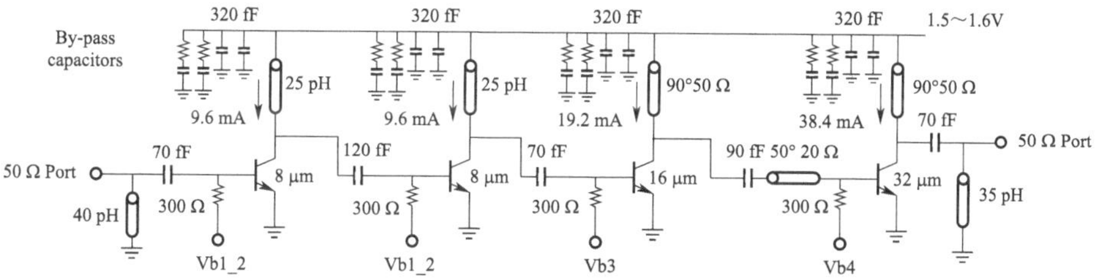

(a) 四级共发射极拓扑

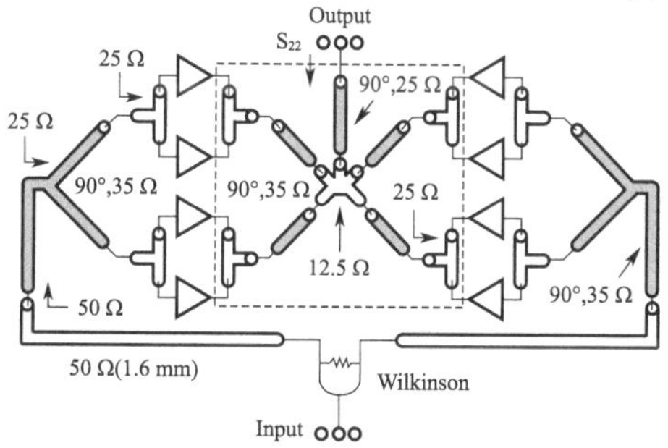

(b) 八路片上功率合成

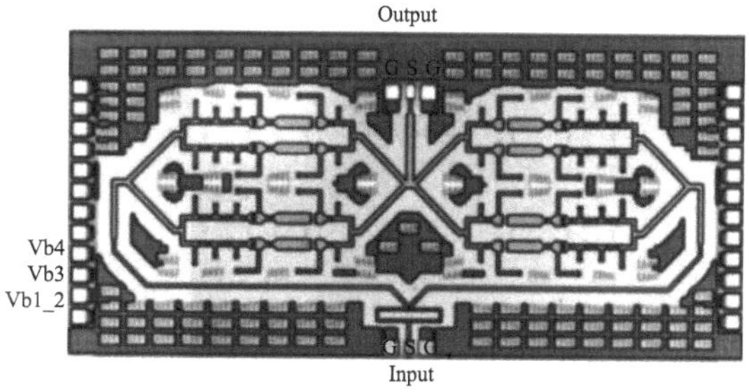

(c) 芯片

图 2-49 美国 UCSD 120 GHz 放大器

2022 年，德国基于 130 nm SiGe 工艺研制出 130 GHz 放大器[57]，采用四路片上功率合成，在 125～133 GHz 内的饱和输出功率≥18.75 dBm，最大功率附加效率≥8%，芯片尺寸为 1.43 mm×1.3 mm。

⑤对比分析

表 2－3 对比了 InP HEMT、InP HBT、GaN HBT、SiGe HBT 四种晶体管的典型指标。

表 2－3 晶体管放大器典型指标对比

晶体管类型	最高输出频率典型值	D 波段典型功率	G 波段典型功率
InP HEMT	～1 THz	——	18.8 dBm@220 GHz
InP HBT	～255 GHz	21 dBm@140 GHz	10.3 dBm@170 GHz
GaN HEMT	～190 GHz	18.5 dBm@135 GHz	15.8 dBm@180 GHz
SiGe HBT	～130 GHz	20 dBm@120 GHz	——

2.6 功率合成技术

2.6.1 功率合成基本原理

由于转换效率受限，单个太赫兹振荡器或放大器的输出功率有限。因此，通常采用功率合成技术提升太赫兹源的总输出功率。功率合成是指把两个以上的振荡器或放大器通过一定方式组合在一起，从而产生更大的输出功率。

合成效率 η 是衡量功率合成水平的指标，定义为功率合成器输出功率 P_{OUT} 与所有单路功率 P_i 的代数和之比，$\eta = P_{OUT}/\sum_{i=1}^{N} P_i$ 。

根据功率合成技术途径不同，功率合成技术可以分为管芯级功率合成和模组级功率合成。模组级功率合成又根据信号传输路径特点分为电路型功率合成和空间型功率合成。功率合成技术途径分类如图 2－50 所示。

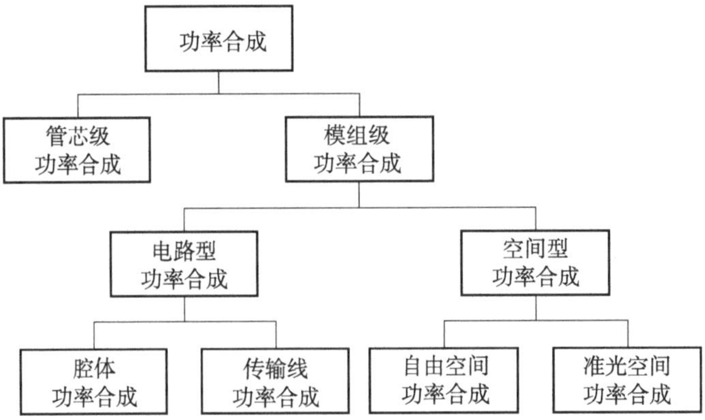

图 2－50 功率合成技术途径分类

2.6.2　管芯型功率合成

管芯型功率合成又称为“器件级功率合成”，通常用于固态电子放大器中，在同一芯片上将具有相同性能的管芯串联或并联起来形成单一管芯结构。其优点在于电路性能稳定、频带宽、效率高、集成度高。其难点在于：1）随着管芯合成数量增多，阻抗匹配难度加大；2）随着工作频率提高，各管芯之间的距离与波长相比拟，相位一致性受到影响，合成效率降低。

管芯型功率合成的典型案例是德国 IAF 于 2020 年研制的 300 GHz 功率放大器芯片[58]。该芯片采用共源共栅（cascode）结构实现晶体管并联以提升单级放大器增益，并且末级采用威尔金森功率合成结构实现两个放大器的功率合成，如图 2－51 所示。

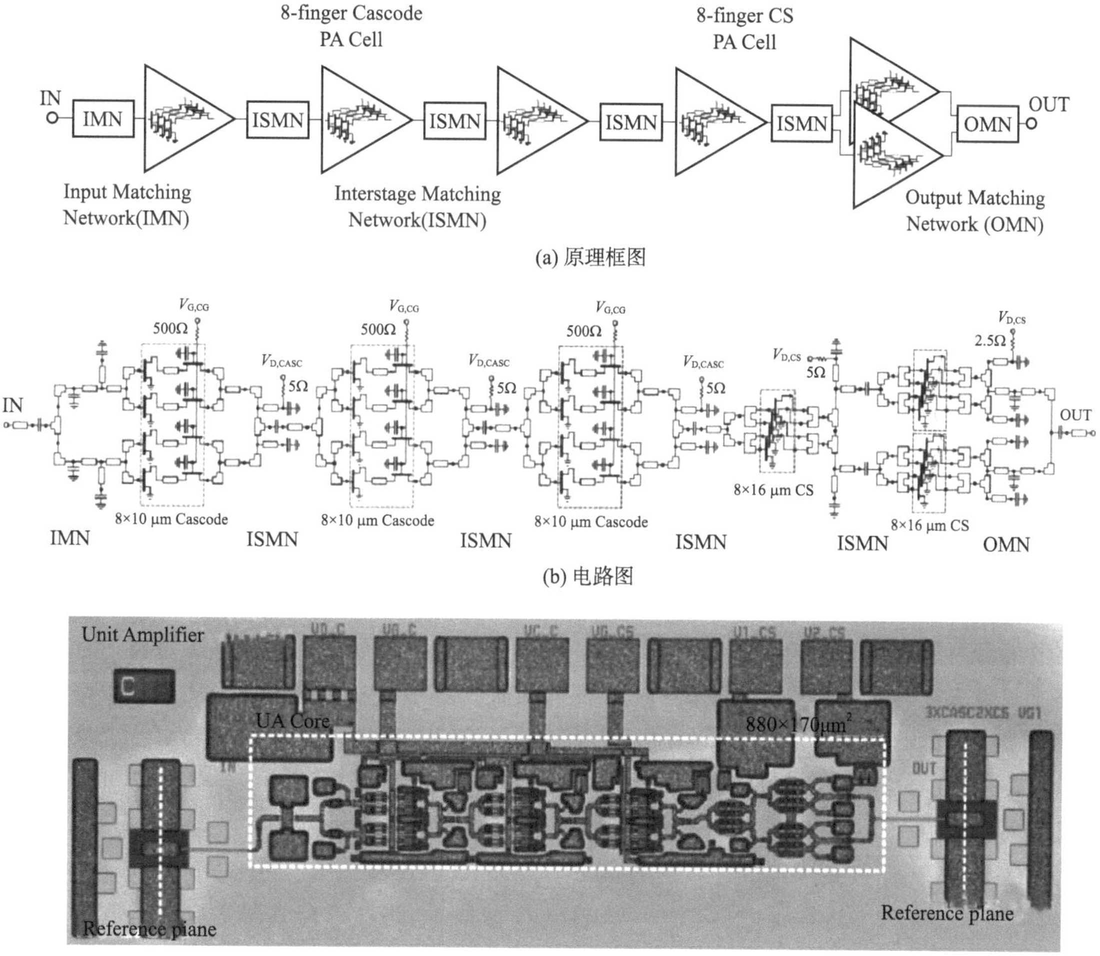

(a) 原理框图

(b) 电路图

(c) 芯片实物

图 2－51　德国 IAF 300 GHz 功率放大器芯片

2.6.3 电路型功率合成

电路型功率合成通过谐振腔或传输线实现功率分配和合成，可以分为腔体功率合成和传输线功率合成。

（1）腔体功率合成

腔体功率合成将各支路源的输出功率通过耦合方式馈入合成腔体内进行功率合成。其优点在于传输损耗小、合成效率高，不足在于工作频带窄。此外，可用于合成的器件数量受腔体模式限制，随着合成器件数量增多或频率提高，腔体空间会减小，各种不连续边界所产生的模式将变得越来越复杂，严重影响合成器工作的稳定性。

腔体功率合成的典型案例是美国密歇根大学于 1998 年研制出的两路 136 GHz InP Gunn 振荡器功率合成器[59]，如图 2－52 所示，两路振荡器的输出功率分别为 50 mW 和 101 mW，合成后输出功率为 130 mW，合成效率为 86%。

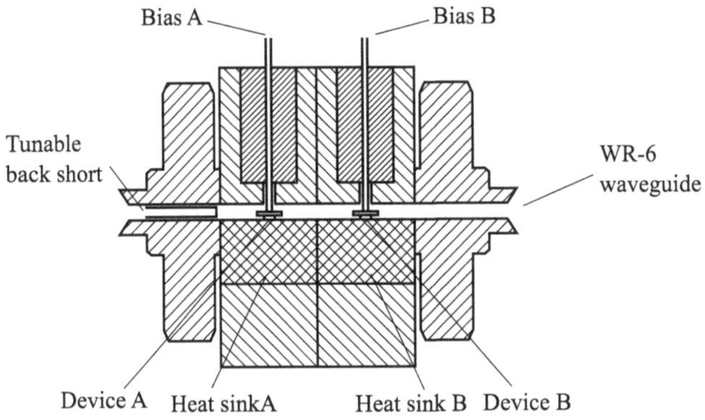

图 2－52 美国密歇根大学 136 GHz 两路 InP Gunn 振荡器功率合成结构

（2）传输线功率合成

传输线式功率合成先将输入信号通过功率分配器分到各支路上，各支路信号通过放大器放大后再通过功率合成器输出，通常用于放大器的功率合成。其优点是带宽宽，且各支路之间隔离度好，基本消除了互耦引起的不稳定性。其不足在于传输线损耗随着频率提高更加明显，影响合成效率。总体来说，传输线式功率合成器的合成效率主要由各合成单元输出信号之间的幅度、相位以及合成电路传输线损耗决定。根据传输线类型，又可以分为波导功率合成、微带功率合成等。

波导功率合成的典型案例是美国 NUVOTRONICS，INC. 公司于 2015 年采用 Polystrata 工艺（一种镀铜增材工艺）研制出 G 波段 16 路功率合成器并应用于放大模块开发[60]，如图 2－53 所示，放大模块在 200～230 GHz 内输出功率超过 25.5 dBm，在 216 GHz 处达到最大输出功率 820 mW。

微带功率合成的典型案例是电子科技大学徐锐敏教授团队于 2019 年研制的 220 GHz InP DHBT 功率放大器芯片[61]，如图 2－54 所示。该芯片采用“集成平面空间功率合成器”（IPS）结构[62]，实现了四路放大器的功率合成。

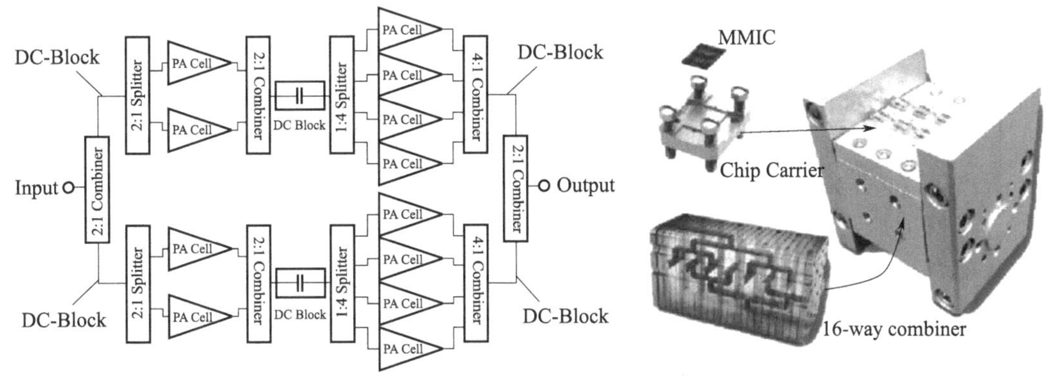

(a) 原理框图　　(b) 实物和内部结构示意图

图 2－53　美国 NUVOTRONICS，INC. 公司 G 波段功率放大合成模块

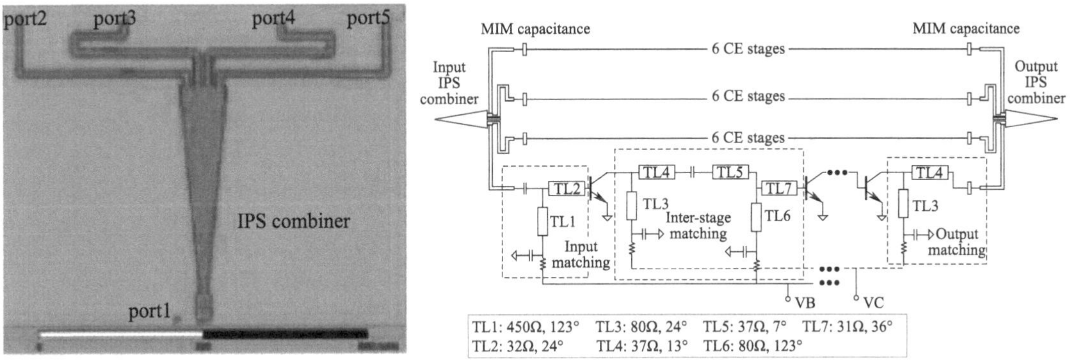

(a) 功率合成器结构　　(b) 放大器功率合成原理框图

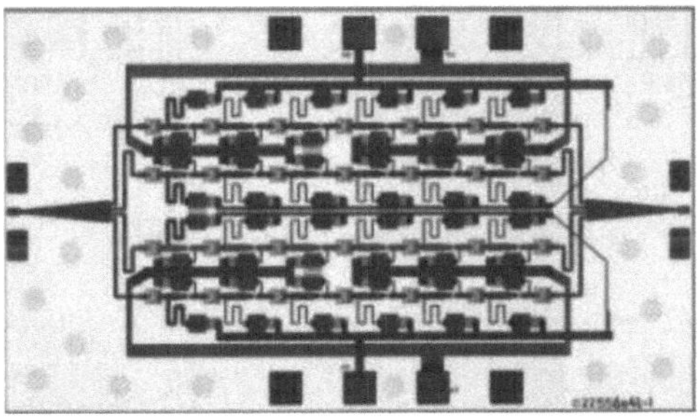

(c) 放大器芯片

图 2－54　电子科技大学 220 GHz 功率放大器芯片

2.6.4　空间型功率合成

空间型功率合成先将输出信号转变为辐射信号，利用信号的特定相位关系实现功率合成。根据信号在空间中是否受到约束分为自由空间功率合成和准光空间功率合成两类。

（1）自由空间功率合成

自由空间功率合成利用天线的辐射和互耦特性，将各支路信号辐射到自由空间中进行功率合成，当各支路可以进行相位调控时还可以实现空间功率合成波束的主瓣方向控制（即“相控阵”原理）。自由空间功率合成的优点是合成支路数量可以很大。

自由空间功率合成的典型案例是日本佳能公司于 2022 年研制出的 450 GHz 有源辐射天线阵列[63]，如图 2－55 所示，该阵列中的辐射单元由贴片天线和谐振隧穿二极管组成，阵列规模为 6×6，输出功率为 11.8 mW，3 dB 波束宽度为 13°。

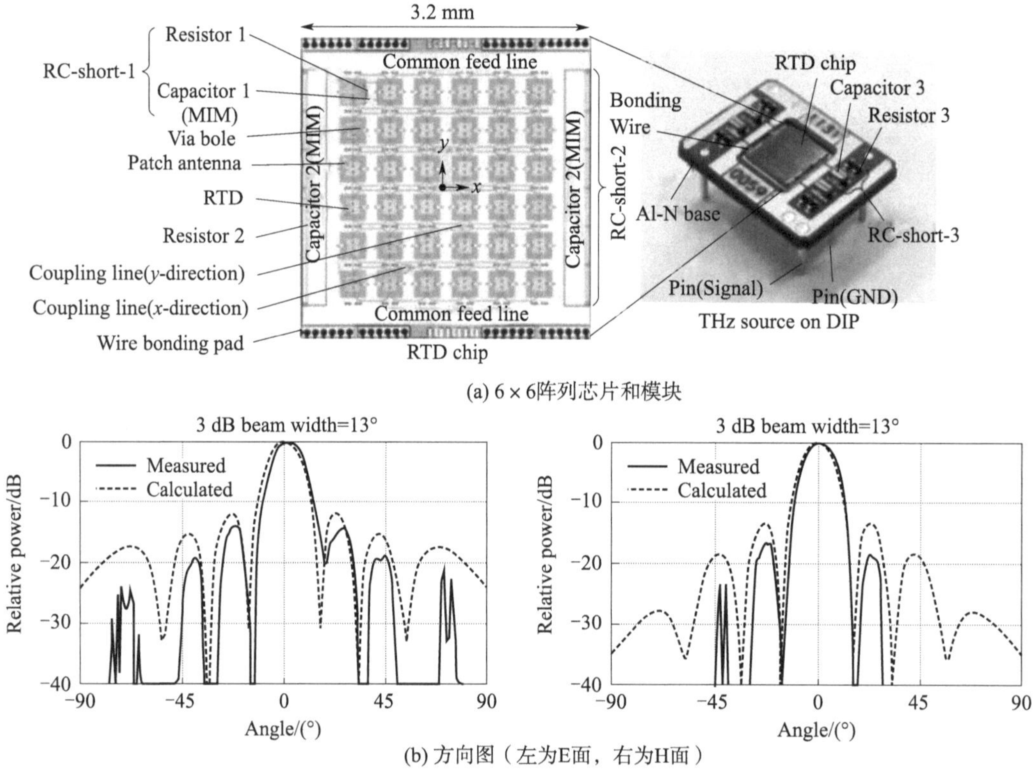

图 2－55 日本佳能公司 450 GHz 有源辐射天线阵列

（2）准光空间功率合成

准光空间功率合成利用准光学器件约束各支路辐射信号在空间的传播路径，在波束匹配条件下能够实现信号的低损耗空间传输。其优点在于更加适合高频工作；其不足在于体积大，集成度低。

准光空间功率合成的典型案例是德国汉堡工业大学于 2005 年提出的 150 GHz 准光功率合成器[64]，如图 2－56 所示。每一路源由 IMPATT 振荡器和喇叭天线组成，周期介质相位栅将喇叭天线的近场球面波转换成准平面波，偏置反射面将平面波转换成高斯波束后被接收端天线接收。五路合成在自由振荡时的输出功率为 78 mW，合成效率为 66.5%；在注入锁相振荡时的输出功率为 83.5 mW，合成效率为 71.2%。

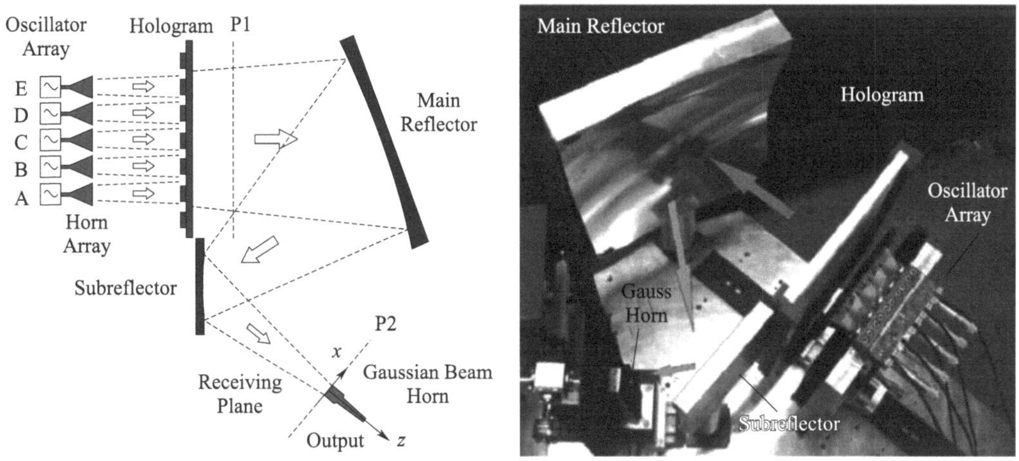

(a) 原理图　(b) 实物

图 2-56　德国汉堡工业大学研制的 150 GHz 准光功率合成结构

2.7　小结

本章主要介绍基于固态电子学途径实现的太赫兹固态源技术，首先，2.2 节介绍了太赫兹源的原理与指标体系，为本章和后续章节的讨论打下基础；其次，2.3～2.5 节分别介绍了固态源的三大分类：固态振荡器、固态倍频器、固态放大器；最后，2.6 节从管芯级、电路型、空间型三个方面介绍了功率合成技术。

参考文献

[1] Kai Chang, W F Thrower, G M Hayashibara. Millimeter - Wave Silicon IMPATT Sources and Combiners for the 110 - 260 - GHz Range [J]. In IEEE Transactions on Microwave Theory and Techniques, 1981, 29 (12): 1278 - 1284.

[2] Wenger J. 140 GHz 70 mW CW output power with n - type silicon single - drift impatt diodes [J]. Electronics Letters, 1983, 19 (22): 908 - 909.

[3] Wollitzer M, Buechler J, Schäffler F, et al. D - band Si - IMPATT diodes with 300 mW CW output power at 140 GHz [J]. Electronics Letters, 1996, 32 (2): 122 - 123.

[4] M Luschas, R Judaschke, J - F Luy. Measurement results of packaged millimeter - wave silicon IMPATT diodes [J]. Twenty Seventh International Conference on Infrared and Millimeter Waves, 2002: 135 - 136.

[5] https: //terasense. com/products/terahertz - sources/.

[6] H Eisele, G I Haddad. High - performance InP Gunn devices for fundamental - mode operation in D - band (110 - 170 GHz) [J]. In IEEE Microwave and Guided Wave Letters, 1995, 5 (11): 385 - 387.

[7] H Eisele, A Rydberg, G I Haddad. Recent advances in the performance of InP Gunn devices and GaAs TUNNETT diodes for the 100 - 300 - GHz frequency range and above [J]. In IEEE Transactions on Microwave Theory and Techniques, 2000, 48 (4): 626 - 631.

[8] H Eisele, R Kamoua. Submillimeter - wave InP Gunn devices [J]. In IEEE Transactions on Microwave Theory and Techniques, 2004, 52 (10): 2371 - 2378.

[9] H Eisele, R Kamoua. High - performance oscillators and power combiners with InP Gunn devices at 260 - 330 GHz [J]. In IEEE Microwave and Wireless Components Letters, 2006, 16 (5): 284 - 286.

[10] E R Brown, W D Goodhue, T C L G Sollner. Fundamental oscillations up to 200 GHz in resonant tunneling diodes and new estimates of their maximum oscillation frequency from stationary - state tunneling theory [J]. Journal of Applied Physics, 1988 (64): 1519 - 1529.

[11] E R Brown, T C L G Sollner, W D Goodhue, et al. Millimeter - band oscillations based on resonant tunneling in a double - barrier diode at room temperature [J]. Appl Phys Lett, 1987 (50): 83 - 85.

[12] E R Brown, T C L G Sollner, C D Parker, et al. Oscillations up to 420 GHz in GaAs/AlAs resonant tunneling diodes [J]. Appl Phys Lett, 1989 (55): 1777 - 1779.

[13] E R Brown, J R Söderström, C D Parker, et al. Oscillations up to 712 GHz in InAs/AlSb resonant - tunneling diodes [J]. Appl Phys Lett, 1991 (58): 2291 - 2293.

[14] N Orihashi, S Suzuki, M Asada, et al. One THz harmonic oscillation of resonant tunneling diodes [J]. Appl Phys Lett, 2005 (87): 233501.

[15] Safumi Suzuki, Masahiro Asada, Atsushi Teranishi, et al. Fundamental oscillation of resonant tunneling diodes above 1 THz at room temperature [J]. Appl Phys Lett, 2010 (97): 242102 .

[16] S Suzuki, M Shiraishi, H Shibayama, et al. High - Power Operation of Terahertz Oscillators With Resonant Tunneling Diodes Using Impedance - Matched Antennas and Array Configuration [J]. In IEEE Journal of Selected Topics in Quantum Electronics, 2013, 19 (1): 8500108 - 8500108.

[17] R Izumi, S Suzuki, M Asada. 1. 98 THz resonant - tunneling - diode oscillator with reduced conduction loss by thick antenna electrode [C]. Proc 42nd Int Conf Infrared Millimeter Terahertz Waves, 2017: 1 - 2.

[18] Kouhei Kasagi, Safumi Suzuki, Masahiro Asada. Large - scale array of resonant - tunneling - diode terahertz oscillators for high output power at 1 THz [J]. Journal of Applied Physics 125, 151601 (2019) https: //doi. org/10. 1063/1. 5051007.

[19] V Radisic, et al. Demonstration of Sub - Millimeter Wave Fundamental Oscillators Using 35 - nm InP HEMT Technology [J]. In IEEE Microwave and Wireless Components Letters, 2007, 17 (3): 223 - 225.

[20] V Radisic, et al. Demonstration of a 311 - GHz Fundamental Oscillator Using InP HBT Technology [J]. In IEEE Transactions on Microwave Theory and Techniques, 2007, 55 (11): 2329 - 2335.

[21] V Radisic, et al. A 330 - GHz MMIC oscillator module [J]. 2008 IEEE MTT - S International Microwave Symposium Digest, 2008: 395 - 398.

[22] M Seo, et al. InP HBT IC Technology for Terahertz Frequencies: Fundamental Oscillators Up to 0. 57 THz [J]. In IEEE Journal of Solid - State Circuits, 2011, 46 (10): 2203 - 2214.

[23] N Landsberg, E Socher. 240 GHz and 272 GHz Fundamental VCOs Using 32 nm CMOS Technology [J]. In IEEE Transactions on Microwave Theory and Techniques, 2013, 61 (12): 4461 - 4471.

[24] S Jameson, E Socher. High Efficiency 293 GHz Radiating Source in 65 nm CMOS [J]. In IEEE Microwave and Wireless Components Letters, 2014, 24 (7): 463 - 465.

[25] J Yun, D Yoon, H Kim, et al. 300 - GHz InP HBT Oscillators Based on Common - Base Cross - Coupled Topology [J]. In IEEE Transactions on Microwave Theory and Techniques, 2014, 62 (12): 3053 - 3064.

[26] D Kim, S Jeon. A WR - 3 Band Fundamental Voltage - Controlled Oscillator With a Wide Frequency Tuning Range and High Output Power [J]. In IEEE Transactions on Microwave Theory and Techniques, 2019, 67 (7): 2759 - 2768.

[27] F Ahmed, M Furqan, B Heinemann, et al. 0. 3 - THz SiGe - Based High - Efficiency Push - Push VCOs With > 1 - mW Peak Output Power Employing Common - Mode Impedance Enhancement [J]. In IEEE Transactions on Microwave Theory and Techniques, 2018, 66 (3): 1384 - 1398.

[28] L Gao, C H Chan. A 0. 47 - THz Ring Scalable Coupled Oscillator - Radiator Array With Miniature Patch Antennas [J]. In IEEE Transactions on Microwave Theory and Techniques, 2022, 70 (8): 3964 - 3974.

[29] Z Peng, J Chen, H Wang, et al. A 300 GHz Push - Push Coupling VCO Employing T - Embedded Network in CMOS Technology [J]. In IEEE Transactions on Terahertz Science and Technology, 2022, 12 (4): 426 - 429.

[30] Cohen L D, Nussbaum S, Kraemer E, et al. Varactor frequency doublers and triplers for the 200 to 300 GHz range [C]. IEEE MTT - S International Microwave Symposium, Palo Alto, USA,

1975：274 - 276.

[31] Erickson N. High efficiency submillimeter frequency multipliers [C]. IEEE MTT - S Int. Microwave Symp. Dig. 1990 (111)：1301 - 1304.

[32] E Schlecht，et al. 200，400 and 800 GHz Schottky diode substrateless "multipliers：design and results，" 2001 IEEE MTT - S International Microwave Sympsoium Digest (Cat. No. 01CH37157)，2001 (3)：1649 - 1652.

[33] Chattopadhyay G，et al. An all - solid - state broad - band frequency multiplier chain at 1500 GHz [J]. IEEE Transactions on Microwave Theory and Techniques，2004，52 (5)：1538 - 1547.

[34] Siles J V，Cooper K B，Lee C，et al. A New Generation of Room - Temperature Frequency - Multiplied Sources With up to 10× Higher Output Power in the 160 - GHz - 1. 6 - THz Range [J]. IEEE Transactions on Terahertz Science and Technology，2018，8 (6)：596 - 604.

[35] Maestrini A，Ward J S，Gill J J，et al. A frequency - multiplied source with more than 1 mW of power across the 840 - 900 - GHz band [J]. IEEE Transactions on Microwave Theory and Techniques，2010，58 (7)：1925 - 1932.

[36] Maestrini A，Mehdi I，Siles J V，et al. Design and characterization of a room temperature all - solid - state electronic source tunable from 2. 48 to 2. 75 THz [J]. IEEE Transactions on Terahertz Science and Technology，2012，2 (2)：177 - 185.

[37] Malko A，Bryllert T，Vukusic J，et al. A 474 GHz HBV frequency quintupler integrated on a 20 μm thick silicon substrate [J]. IEEE Transactions on Terahertz Science and Technology，2015，5 (1)：85 - 91.

[38] D Moro - Melgar，O Cojocari，I Oprea. High Power High Efficiency 270 - 320 GHz Source Based on Discrete Schottky Diodes [C]. 2018 15th European Radar Conference (EuRAD)，2018：337 - 340.

[39] D Moro - Melgar，V Laín Rubio，O Cojocari，et al. 600 - 900 GHz Frequency Sources with up to 4 mW Output Power based on Flip - Chip Schottky Barrier Diodes Technology [C]. 2022 47th International Conference on Infrared，Millimeter and Terahertz Waves (IRMMW - THz)，2022：1 - 1.

[40] Viegas C，Powell J，Liu H R，et al. On - chip integrated backshort for relaxation of machining accuracy requirements in frequency multipliers [J]. IEEE Microwave and Wireless Components Letters，2021，31 (2)：188 - 191.

[41] 李凯，黄建，唐宗熙 . D 频段三倍频器研制 [C]. 全国微波毫米波会议论文集（上册），宁波，中国，2007：674 - 676.

[42] Ren T H，Zhang Y，Yan B，et al. A 330 - 500 GHz zero - biased broadband tripler based on terahertz monolithic integrated circuits [J]. Chinese physics letters，2015，32 (2)：31 - 34.

[43] Liang L X，et al. A 177 - 183 GHz High - Power GaN - Based Frequency Doubler with Over 200 mW Output Power [J]. IEEE Electron Device Letters，2020，41 (5)：669 - 672.

[44] Tian Y，Huang K，He Y，et al. A Novel Balanced Frequency Tripler with Improved Power Capacity for Submillimeter - Wave Application [J]. IEEE Microwave and Wireless Components Letters，2021，31 (8)：925 - 928.

[45] C W Pobanz，et al. A high - gain monolithic D - band InP HEMT amplifier [J]. In IEEE Journal of Solid - State Circuits，1999，34 (9)：1219 - 1224.

[46] W R Deal, et al. Demonstration of a 0.48 THz Amplifier Module Using InP HEMT Transistors [J]. In IEEE Microwave and Wireless Components Letters, 2010, 20 (5): 289 - 291.

[47] Xiaobing Mei, Wayne Yoshida, Mike Lange, et al. First Demonstration of Amplification at 1 THz Using 25 - nm InP High Electron Mobility Transistor Process [J]. IEEE Electron Device Letters, 2015, 36 (4): 327 - 329.

[48] H Hamada, T Tsutsumi, H Matsuzaki, et al. 475 - GHz 20 - dB - Gain InP - HEMT Power Amplifier Using Neutralized Common - Source Architecture [C]. 2020 IEEE/MTT - S International Microwave Symposium (IMS), 2020: 1121 - 1124.

[49] M Urteaga. G - band (140 - GHz) InP - based HBT amplifiers [J]. IEEE J Solid - State Circuits, 2003, 38 (9): 1451 - 1456.

[50] V K Paidi, Z Griffith, W Yun, et al. G - band (140 - 220 GHz) and W - band (75 - 110 GHz) InP DHBT medium power amplifiers [J]. IEEE Trans. Microwave Theory Tech, 2005, 53 (2): 598 - 605.

[51] V Radisic, et al. Demonstration of 184 and 255 - GHz Amplifiers Using InP HBT Technology [J]. In IEEE Microwave and Wireless Components Letters, 2008, 18 (4): 281 - 283.

[52] Z Griffith, M Urteaga, P Rowell. A compact 140 - GHz 150 - mW high - gain power amplifier MMIC in 250 - nm InP HBT [J]. IEEE Microw. Wireless Compon. Lett., 2019, 29 (4): 282 - 284.

[53] E Camargo, J Schellenberg, L Bui, et al. F - band GaN power amplifiers [J]. In IEEE MTT - S Int. Microw. Symp. Dig., Philadelphia, PA, USA, 2018: 753 - 756.

[54] Maciej Ćwikliński, Peter Brückner, Stefano Leone, et al. D - Band and G - Band High - Performance GaN Power Amplifier MMICs [J]. IEEE Transactions on Microwave Theory and Techniques, 2019, 67 (12): 5080 - 5089.

[55] Everett O'Malley, James F Buckwalter. Coupled Embedding Networks for 7 - dB Gain - per - Stage at 130 - 140 GHz in a 20 - dBm Gallium Nitride Power Amplifier [J]. IEEE Journal of Microwaves, 2022, 2 (4): 669 - 677.

[56] H - C Lin, G M Rebeiz. A 110 - 134 - GHz SiGe Amplifier With Peak Output Power of 100 - 120 mW [J]. In IEEE Transactions on Microwave Theory and Techniques, 2014, 62 (12): 2990 - 3000.

[57] İ K Aksoyak, M Möck, M Kaynak, et al. A D - Band Power Amplifier With Four - Way Combining in 0.13 - μm SiGe [J]. In IEEE Microwave and Wireless Components Letters, 2022, 32 (11): 1343 - 1346.

[58] L John, A Tessmann, A Leuther, et al. Broadband 300 - GHz Power Amplifier MMICs in InGaAs mHEMT Technology [J]. In IEEE Transactions on Terahertz Science and Technology, 2020, 10 (3): 309 - 320.

[59] H Eisele, G I Haddad. Efficient power combining with D - band (110 - 170 GHz) InP Gunn devices in fundamental - mode operation [J]. IEEE Microwave and Guided Wave Letters, 1998, 8 (1): 24 - 26.

[60] J - M Rollin, D Miller, M Urteaga, et al. A Polystrata © 820 mW G - Band Solid State Power Amplifier. 2015 IEEE Compound Semiconductor Integrated Circuit Symposium (CSICS), 2015: 1 - 4.

[61] Chen Yapei, Zhang Yong, Sun Yan, et al. A 220 GHz InP DHBT power amiplifier with integrated

planar spatial power combiner [J]. IEEE Microwave and Wireless Components Letters. 2019, 29 (3): 225 - 227.

[62] L Li, K Wu. Integrated planar spatial power combiner [J]. IEEE Trans Microw Theory Techn, 2006, 54 (4): 1470 - 1476.

[63] Koyama Y, Kitazawa Y, Yukimasa K, et al. A High - Power Terahertz Source Over 10 mW at 0.45 THz Using an Active Antenna Array With Integrated Patch Antennas and Resonant - Tunneling Diodes [J]. IEEE Transactions on Terahertz Science and Technology, 2022, 12 (5): 510 - 518.

[64] Judaschke R, Hoft M, Schunemann K. Quasi - optical 150 GHz power combining oscillator [J]. IEEE Microwave and Wireless Components Letters, 2005, 15 (5): 300 - 302.

第 3 章　太赫兹真空源技术

3.1　引言

太赫兹源是太赫兹探测感知系统中的重要组成，用于产生发射信号或本振信号，其功率水平直接影响系统作用距离或混频式探测器灵敏度。根据探测机理不同，太赫兹源可以分为电学源和光学源。其中，电学太赫兹源是指通过电子与高频电场换能、电子运动状态调控等方式产生或放大太赫兹信号的器件。根据物理机理不同，电学太赫兹源可进一步分为固态电子源和真空电子源。真空电子源的物理机理为：真空电子源中的电子运动在真空管中，通过运动电子与高频电场换能产生或放大太赫兹波。本章将重点介绍真空电子源，即基于电真空途径实现的太赫兹信号源技术，此外将简单介绍星载电真空源需要突破的重点技术。

太赫兹真空电子源主要包括行波管（放大器）、返波管（振荡器）、扩展互作用速调管（放大器或振荡器）和回旋管（放大器或振荡器）。根据电子注的形状，可以分为线性电子注管（即电子注沿直线运动）和螺旋电子注管（即电子注沿螺旋线运动）；根据是否改变电磁波相速度分为慢波管和快波管。行波管、返波管和扩展互作用速调管属于线性电子注慢波管，回旋管属于螺旋电子注快波管。

3.2　行波管放大器

（1）基本原理

最早的行波管（TWT：Traveling Wave Tube）由英国科学家 Rudoff Kompfner 于 1943 年研制出。行波管是利用慢波结构将电磁波的相速度降低，从而实现与同方向的线性电子注同步进而实现能量交换的器件。所谓“行波”，是指电磁波沿着慢波结构行进，而非驻留在器件内。所谓“同步”，是指当电子运动速度与电磁波相速度相等或接近时，电磁波能够调控电子速度，实现电子的速度调制。所谓“能量交换”是指当电子被电磁场加速时，电子从电磁波中吸取能量；当电子被电磁场减速时，电磁波从电子中吸收能量。

图 3－1（a）是行波管的原理框图，主要包括电子枪、慢波结构、衰减器、磁聚焦系统、输入输出结构、收集极等部分。这些部分可以归结为电子光学和高频两个分系统。电子光学分系统包括电子枪、磁聚焦系统和收集极三个部分。电子枪用于产生电子束，磁聚焦系统用于保持电子束不发散地穿过慢波结构，收集极用于回收完成能量交换的电子。高频分系统包括输入输出结构、慢波结构和衰减器。慢波结构是一种周期性结构，能够降低

高频电磁波的相速度，从而实现电磁波与电子行进速度同步，从而实现能量交换，如图 3－1（b）所示。早期的慢波结构通常为螺旋线，随着工作频率提高到太赫兹波段，慢波结构通常采用折叠波导结构。衰减器用于避免内部振荡，确保行波管稳定工作在放大状态。

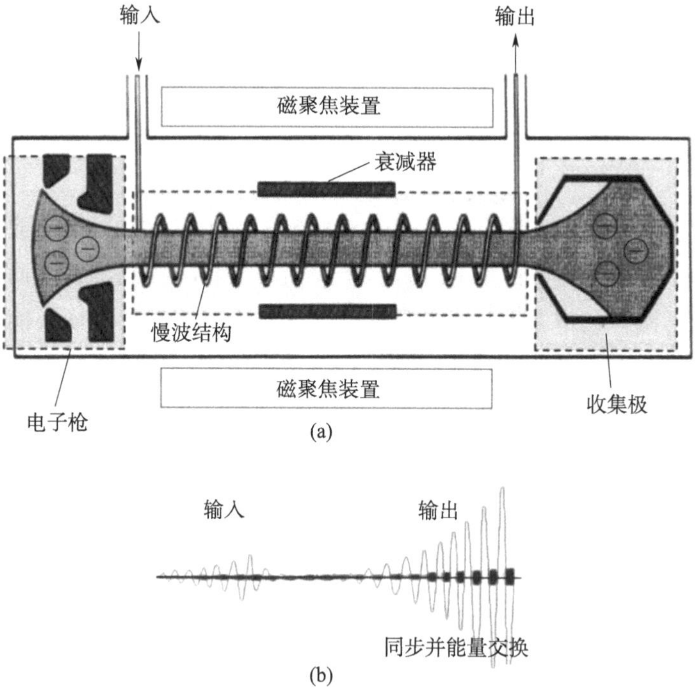

图 3－1　行波管原理框图

（2）主要指标

衡量行波管的主要指标包括中心频率和带宽、增益、工作比、输出功率、效率等。

①中心频率和带宽

行波管的中心频率和带宽主要由慢波结构所决定。中心频率 f_0 定义为 $f_0=(f_{min}+f_{max})/2$，带宽 B 定义为 $B=f_{min}+f_{max}$ 。其中，f_{min} 和 f_{max} 分别为最小工作频率和最大工作频率。

②工作比

影响行波管工作比的因素包括散热等。工作比 D 定义为 $D=\tau/T$ 。其中，τ 和 T 分别为脉宽和脉冲重复周期。

③输出功率

输出功率包括平均功率 P_{avg} 和峰值功率 P_{peak} ，两者的关系为 $P_{avg}=D\cdot P_{peak}$ 。通常，采用功率计测试所得到的功率为平均功率 P_{avg} ，再根据工作比 D 得到峰值功率 P_{peak} 。

④增益

行波管的增益主要由电子枪产生电子注电流、慢波结构耦合阻抗和长度等因素决定。增益 G 定义为 $G=P_{out}/P_{in}$ ，也可以表示为 $G(\mathrm{dB})=P_{out}(\mathrm{dBW})-P_{in}(\mathrm{dBW})$ 。其中，P_{out} 和 P_{in} 分别为输出功率和输入功率。

⑤效率

行波管的效率主要是指输出峰值功率与直流功率之间的比值，效率 η 定义为 $\eta = P_{peak}/P_{dc}$，P_{dc} 为直流功耗。

（3）典型案例

在太赫兹行波管研制方面具有明显优势的国外单位包括美国诺思罗普·格鲁曼公司（Northrop Grumman，后续简称“NG 公司”）、美国 L3 公司（L3Harris Technologies，简称“L3 公司”）、美国海军实验室（Navy Research Laboratory，简称“NRL”），国内单位主要有北京真空电子技术研究所、中国科学院空天信息创新研究院和中国工程物理研究院应用电子学研究所。

①美国 NG 公司研制的系列 TWT

美国 NG 公司在美国 DARPA 太赫兹焦平面成像阵列（TIFT：Terahertz Imaging Focal Plane Array Technology）、高频集成真空电子计划（HiFIVE：High Frequency Integrated Vacuum Electronics）、太赫兹电子学（TerahertzE：Terahertz Electronics）等项目资助下，研制出 200 GHz～1 THz 系列行波管放大器。

在 200 GHz 频段行波管放大器方面，2012 年，美国 NG 公司研制出的 220 GHz 行波管放大器[1]，如图 3－2（a）所示，通过五路功率合成实现增益为 38.5 dB，当输入功率为 26 mW 时可以输出 186 W 功率，平均每路输出功率为 37.2 W，工作比可以达到 50%～100%。图 3－2（b）所示的慢波结构采用硅基深反应离子刻蚀（DRIE：Deep Reactive Ion Etching，一种干法刻蚀工艺）并电镀无氧高导电性铜（OFHC Copper：Oxygen Free High Conductivity Copper）加工而成。

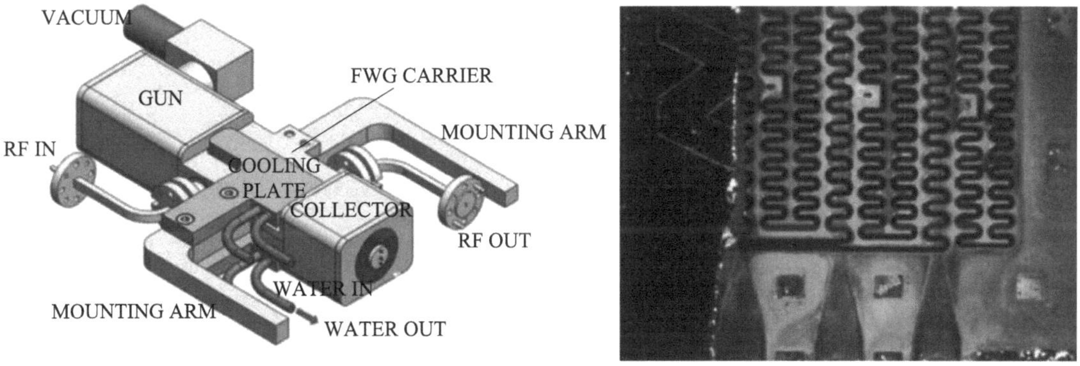

(a) 结构示意图　　(b) 折叠波导慢波结构

图 3－2　美国 NG 公司 220 GHz 行波管放大器

2013 年，美国 NG 公司研制出的 220 GHz 行波管放大器[2]，同样采用五路功率合成，增益为 31.2 dB，当输入功率为 69 mW 时可以输出 91 W 功率，效率为 4.6%。相比于参考文献［1］，虽然增益有所下降，但带宽提升到 3.5 GHz。2016 年，美国 NG 公司采用 LIGA 工艺（LIGA：Lithographie，Galvanoformung & Abformung，德文，一种电铸工艺）加工出慢波结构，研制出 233 GHz 行波管放大器[3]，如图 3－3 所示。相比于前期采用的硅基干法刻蚀和电镀工艺，LIGA 工艺能够实现全金属材料的微观结构制作，从而确保行波管放大器具有更好的散热特性，能够有效提升峰值功率和工作比。该行波管放大器在 232.6～234.6 GH（2 GHz 带宽）内的输出功率≥79 W，效率为 3.3%，工作比高达 50%，直径和长度分别为 86 mm 和 165 mm。

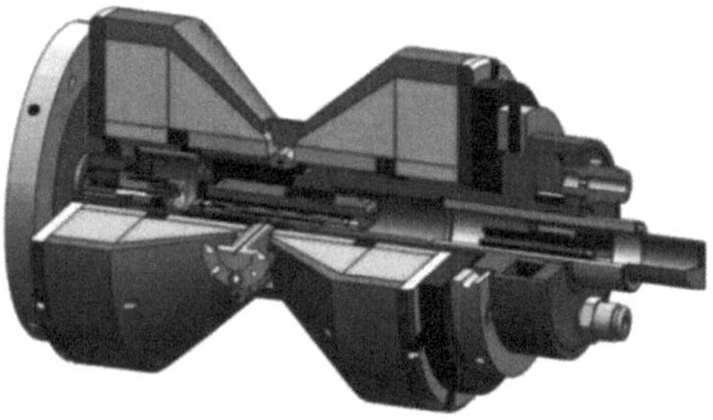

(a) 整体结构

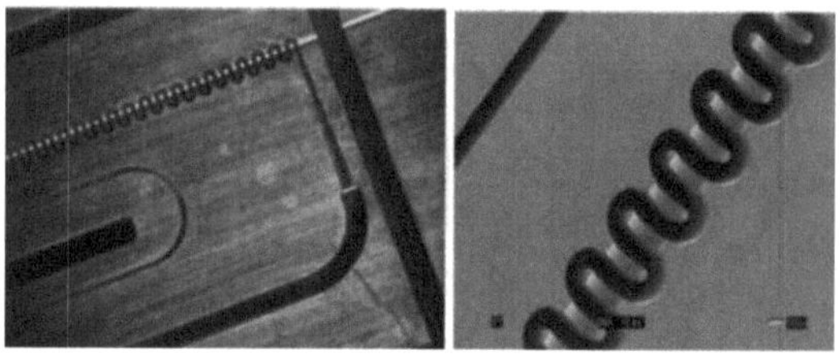

(b) 慢波结构

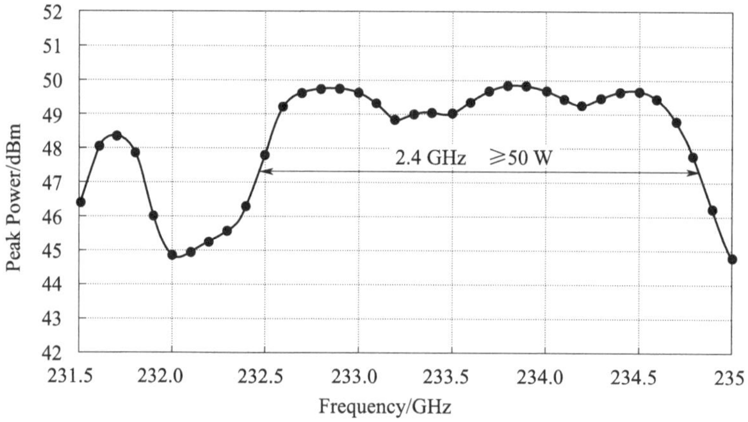

(c) 输出功率随频率变化

图 3-3 美国 NG 公司 233 GHz 行波管放大器

（在 20.95 kV、113 mA 工作电流条件下，HPA 输出功率在 2.4 GHz 带宽上达到 50 W 或更高）

在 600 GHz 频段行波管放大器方面，美国 NG 公司于 2012 年研制出 656 GHz 行波管放大器[4]，如图 3-4 所示。该行波管的慢波结构仍然采用硅基干法刻蚀和电镀工艺[1] 实现。放大器的最高输出功率＞100 mW@656 GHz，最大增益为 21.5 dB@656 GHz，带宽为 15 GHz，效率为 0.44%。

在 800 GHz 行波管放大器方面，美国 NG 公司于 2014 年研制出的 850 GHz 行波管放大器[5]，如图 3-5 所示。其最大输出功率＞50 mW，典型输出功率为 39.4 mW@850 GHz，带宽为 11 GHz，调低阴极电压时可以提高行波管放大器的中心频率。

在 1 THz 行波管放大器方面，美国 NG 公司于 2016 年研制出 1.03 THz 行波管放大器[6]，如图 3-6 所示。该放大器的增益为 20 dB，输出功率为 29 mW，带宽为 5 GHz，工作比为 0.3%，效率为 0.1%。

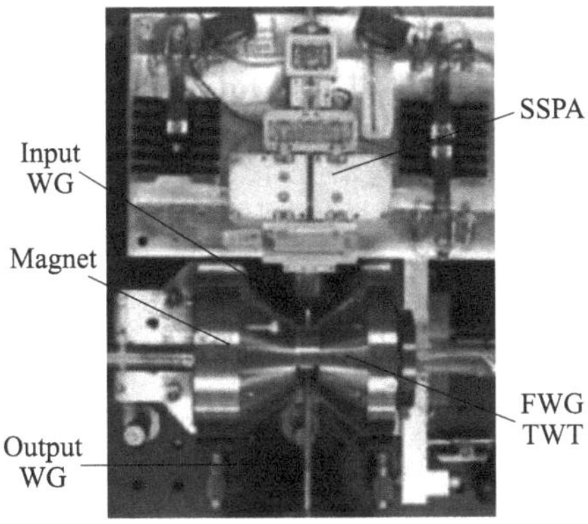

(a) 整体结构（包含输入端驱动源）

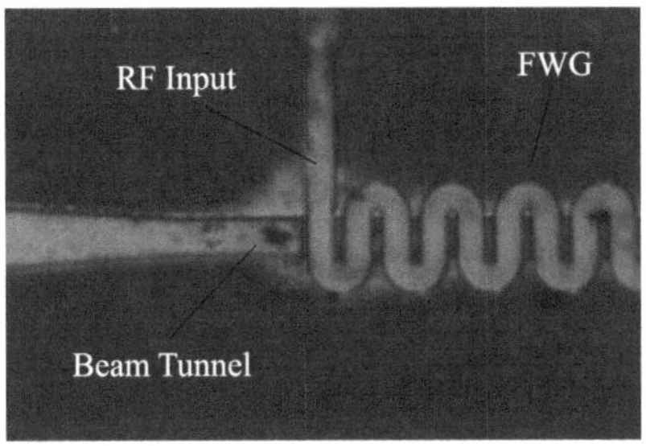

(b) 慢波结构

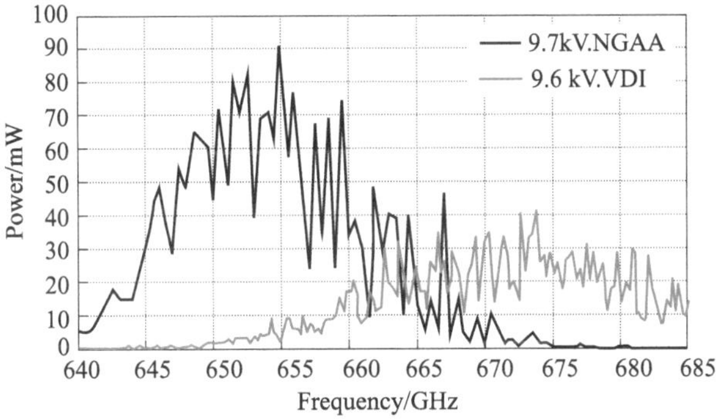

(c) 输出功率

图 3-4　美国 NG 公司 656 GHz 行波管放大器

(a) 实物测试

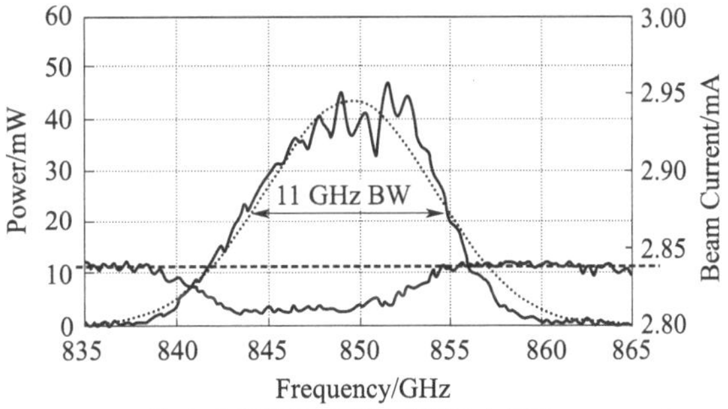

(b) 输出功率随频率变化（阴极电压为11.45 kV）

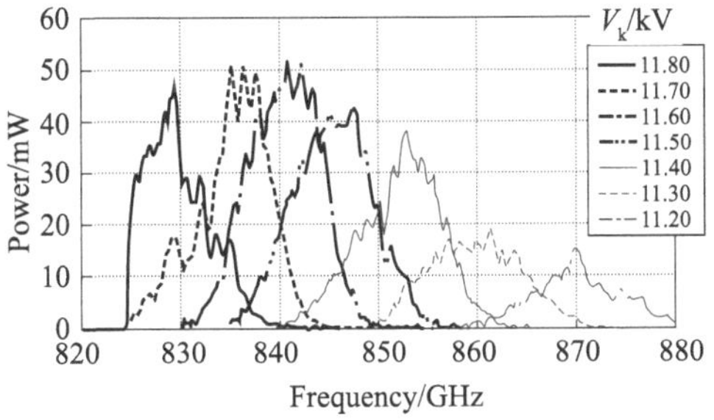

(c) 不同阴极电压下的输出功率

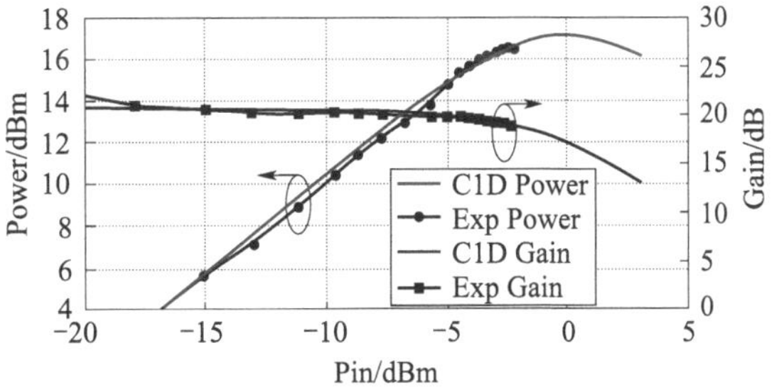

(d) 输出功率和增益随输入功率变化

图 3-5　美国 NG 公司 850 GHz 行波管放大器

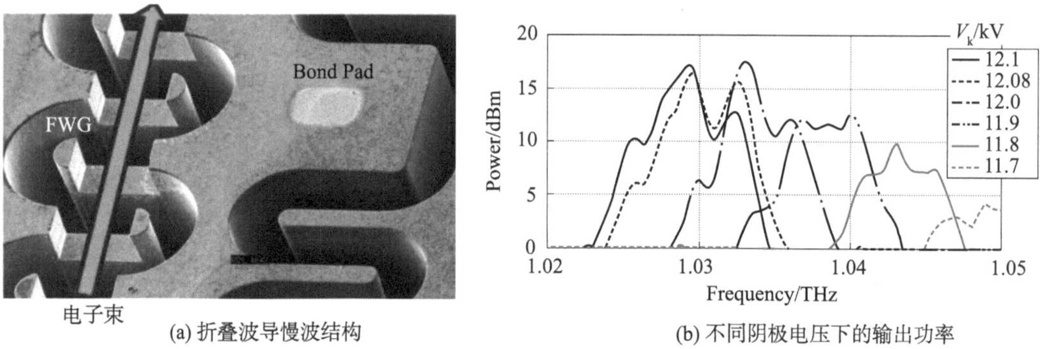

(a) 折叠波导慢波结构　　(b) 不同阴极电压下的输出功率

图 3－6　美国 NG 公司 1.03 THz 行波管放大器

②其他单位研制的 TWT

美国海军实验室（NRL）于 2014 年研制出 214 GHz 行波管放大器[7]，如图 3－7 所示，其慢波结构采用 UV－LIGA 工艺加工，输出功率为 60 W，带宽为 15 GHz，效率为 4.2%。

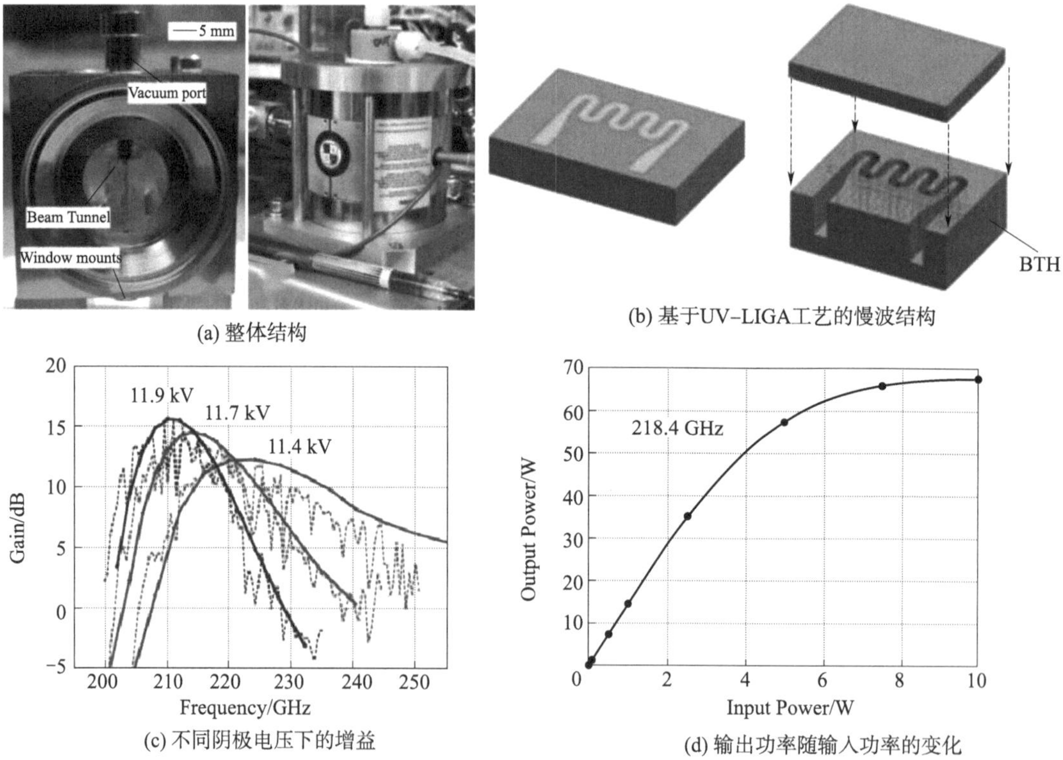

(a) 整体结构　　(b) 基于UV-LIGA工艺的慢波结构

(c) 不同阴极电压下的增益　　(d) 输出功率随输入功率的变化

图 3－7　美国海军实验室 214 GHz 行波管放大器

美国 L3 公司于 2018 年研制出 233 GHz 行波管放大器[8]，如图 3－8 所示，工作频段为 231.5～235 GHz，最大功率为 32 W，效率为 1.6%。

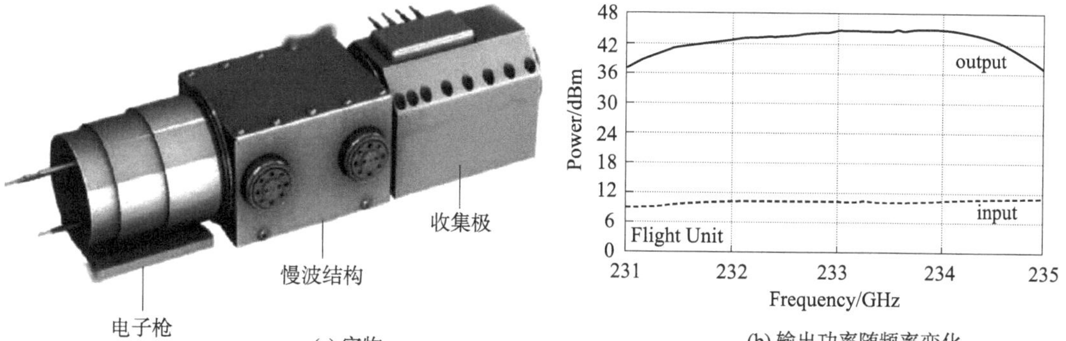

(a) 实物　　(b) 输出功率随频率变化

图 3-8　L3 公司 G 波段行波管放大器

中科院空天创新研究院于 2021 年采用两级级联行波管架构研制出 G 波段行波管放大器[9]，其最大功率为 60 W，工作比为 20%，工作频段为 210 GHz～216 GHz，如图 3-9 所示。

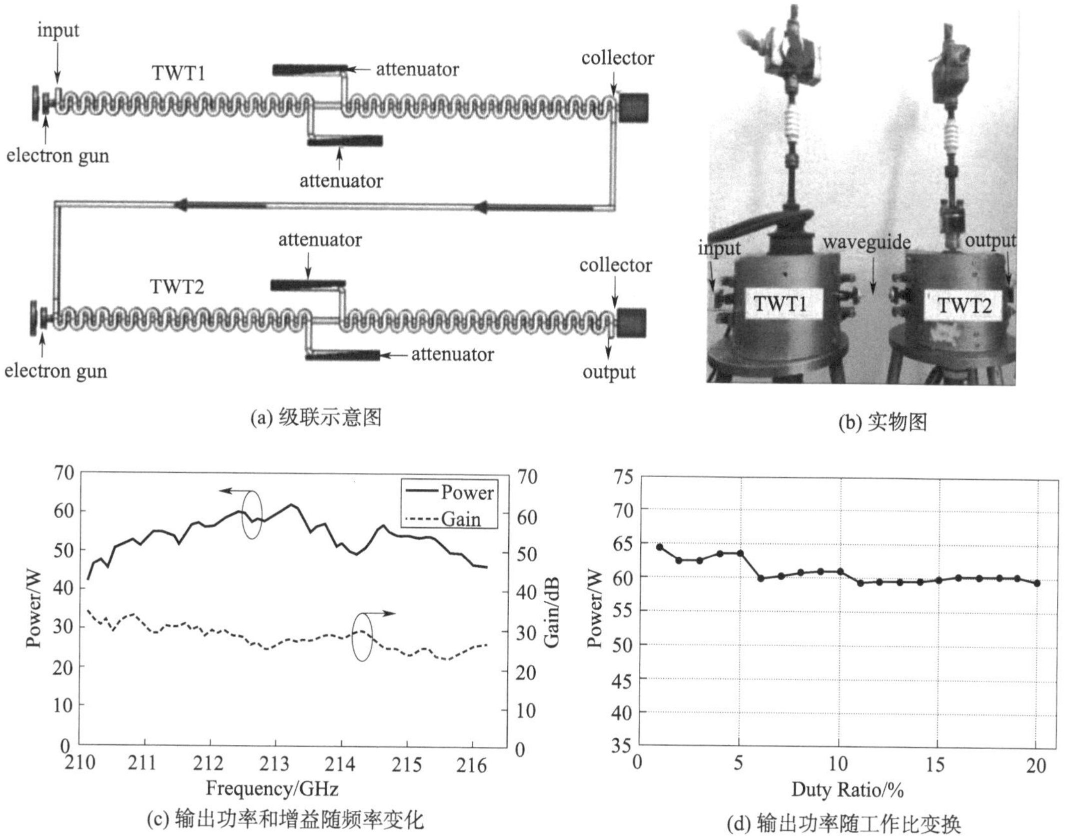

(a) 级联示意图　　(b) 实物图

(c) 输出功率和增益随频率变化　　(d) 输出功率随工作比变换

图 3-9　中科院空天院 G 波段级联行波管放大器

北京真空电子技术研究所于2021年研制出G波段行波管放大器[10]，通过精密机械铣削工艺加工慢波结构，最大输出功率为56.7 W@217.1 GHz，在215.4～219 GHz内功率不低于50 W，增益为39 dB，效率为4%，如图3-10所示。

(a) 实物

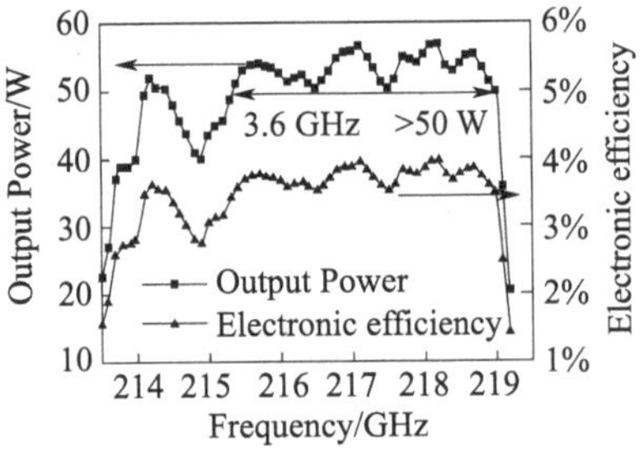

(b) 输出功率随频率变化

图3-10 北京真空电子技术研究所G波段行波管放大器

中国工程物理研究院于2019年研制出340 GHz行波管放大器[11]，其最大输出功率为3.17 W，增益为26 dB，如图3-11所示。

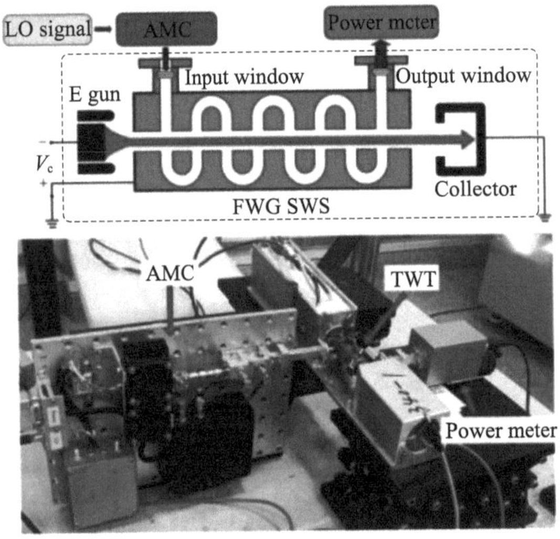

(a) 原理框图和实物

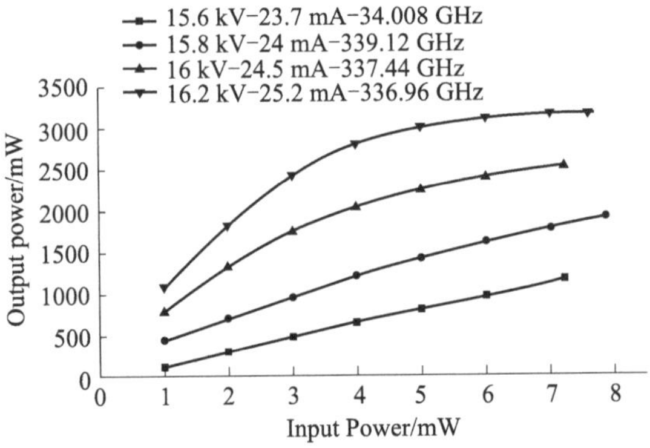

(b) 输出功率

图3-11 中国工程物理研究院340 GHz行波管放大器

③对比分析

表3-1总结了典型的太赫兹行波管放大器，可以看出太赫兹行波管能够实现高达1 THz以上的信号放大，并且具有带宽宽、功率大等优点。

表3-1 典型的太赫兹行波管放大器

中心频率/GHz	带宽/GHz	峰值输出功率/W	年份	机构	文献
213	6	60 （两级级联）	2021	中科院	[9]

续表

中心频率/GHz	带宽/GHz	峰值输出功率/W	年份	机构	文献
214	15	60	2014	NRL	[7]
217	4.6	>50	2021	北京真空电子技术研究所	[10]
233	3.5	32	2018	L3	[8]
233	>2	79	2016	NG	[3]
340	2	3.17	2019	中国工程物理研究院	[11]
656	15	0.1	2008	NG	[4]
850	11	0.05	2014	NG	[5]
1 030	5	0.029	2016	NG	[6]

3.3　返波管振荡器

(1) 基本原理

返波管是利用慢波结构上存在的返波与电子注相互作用的器件。最早的返波管由行波管的发明者 Rudoff Kompfner 于 1951 年研制出。返波管的结构主要包括电子枪、磁聚焦系统、慢波结构、匹配吸收负载、收集极、输出端口，如图 3-12 所示。与行波管类似，返波管的结构可以归结为电子光学和高频两个分系统。电子光学分系统包括电子枪、磁聚焦系统、收集极，属于电子注传输回路。高频分系统包括慢波结构、匹配吸收负载和输出端口，属于电磁波传输回路。两个回路在慢波结构中发生相互作用，实现电磁波对电子注的速度调制（同步）和能量交换。

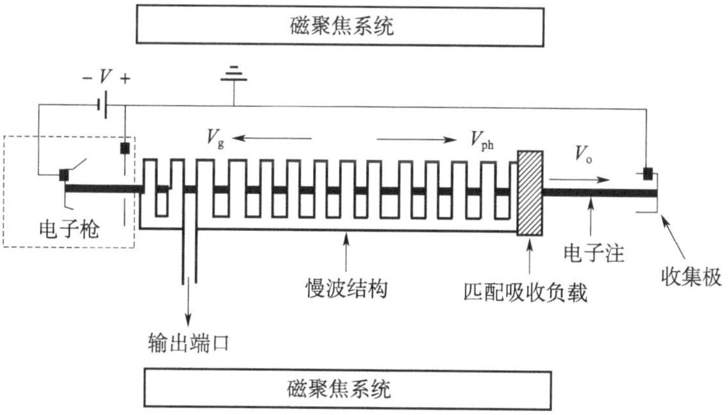

图 3-12　返波管振荡器原理框图

相比于行波管，返波管有三个方面不同点。

首先，从功能角度分析，返波管通常作为振荡器使用，即产生电磁波，是单端口器件，即仅有输出端口；而行波管通常作为放大器使用，即放大电磁波，是双端口器件，有输入端口和输出端口。这里需要说明的是，当返波管的工作电流低于起振电流，则返波管可以工作于放大模式，当有信号输入时可以实现信号放大，此时是双端口器件，但是返波放大的增益不易稳定，因此实际应用中通常还是作为振荡器使用。

其次，从组成角度分析，返波管的慢波结构区域没有衰减器，有助于形成振荡；而行波管的慢波结构区域有衰减器，有助于避免振荡产生，确保行波管稳定工作于放大状态。另外，在返波管慢波结构靠近收集极一端附近加载了匹配吸收负载，从而有效吸收了该端的电磁波，进而避免了由于反射导致返波管非正常工作。从电磁波传播角度看，匹配吸收负载的作用是确保电磁波在行波管内处于行波而非驻波状态。

最后，从机理角度分析，返波管的电磁波传播方向与电子注行进方向相反（这也是称为“返波”管的原因），即电磁波的群速度 v_g 和电子注的速度 v_o 相反；而行波管则相同。需要注意的是电磁波的相速度 v_p 仍然与电子注的速度 v_o 相同，因而能够有效实现同步（速度调制）和能量交换。这就导致了返波管中电子注群聚的密度最大值和电磁波的电场强度最大值分别处于收集极一侧和电子枪一侧，如图 3－13 所示；而行波管中两者均处于收集极一侧。因此，返波管的输出端口靠近电子枪一侧，而行波管的输入端口靠近电子枪一侧；并且返波管的效率低于行波管，即在相同直流功率条件下的输出功率低。

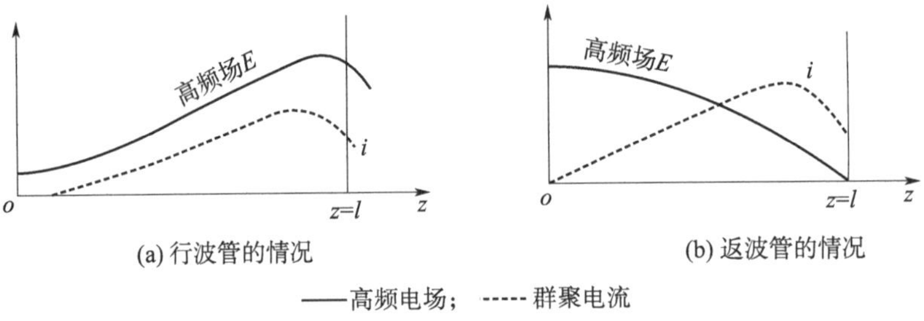

图 3－13　慢波结构中电子群聚的密度分布与电磁波的电场强度分布示意图

在返波管中，从阴极发射的电子注具有速度和密度起伏，体现为噪声。当电子注沿着慢波结构行进时会感应起宽频带噪声的电磁波。这些噪声电磁波将以不同模式存在于慢波结构中，其中有一种模式即为“返波”。从反馈振荡角度看，电子注能够被该“返波”调制进而实现密度调制，此时形成了电子密度沿电子注行进方向不断增大的“空间点电荷波”，可以看做正向放大器；而慢波结构中的返波可以看做是正向放大器的输出端（收集极一侧）到输入端（电子枪一侧）形成了反馈回路。因此，返波管也可以看做是内部形成反馈回路的行波管放大器。通过设计慢波结构可以控制“返波”相位从而与电子注的相位之间构成满足振荡的相位条件；通过增加电子注电流，使电子交换给电磁波的能量足以抵挡振荡系统的消耗能量，从而构成满足振荡的幅度条件。

由于慢波结构的返波有色散，所以当改变电子注的速度时，满足相位条件的振荡频率就会相应改变。因此，返波管是一种电压调谐振荡器，可以在较宽频段内实现压控频率调节（目前产品化太赫兹返波管的相对带宽通常为 30％～50％），其振荡频率随电压增加而提高。

（2） 主要指标

衡量返波管的主要指标包括中心频率和带宽、输出功率和效率等，此外还包括电子调谐带宽、电子调谐斜率、相位噪声、频率稳定性和起振电流等指标。其中，中心频率和带宽、输出功率和效率的定义与行波管的相应指标定义类似，详见 3.2 节；相位噪声的定义详见 2.2 节。

①电子调谐带宽

电子调谐带宽是指返波管在偏置电压改变时刻连续调谐的频率范围，与带宽的定义相似，但有时也会用频率覆盖度 $D=f_{max}/f_{min}$ 来描述，其中 f_{max} 和 f_{min} 分别为最大和最小振荡频率。

②电子调谐斜率

电子调谐斜率是指在规定的工作频带范围内，工作频率 f 随偏置电压 U_0 变化的曲线所对应的斜率，定义为 $S=\mathrm{d}f/\mathrm{d}U_0$。电子调谐斜率主要取决于慢波结构的色散特性。在应用中，若希望频率稳定，则要求电子调谐斜率小一些；若希望实现快速扫频，则要求电子调谐斜率大一些，即在相对较小的偏置电压范围内实现较大范围的频率变化。需要注意的是，在实际研制过程中，非理想因素会导致返波管的电子调谐曲线并非理想平滑的曲线，存在一定的波动性。

③频率稳定性

频率稳定性是返波管输出信号的中心频率随时间变化的衡量指标。其定义为实际输出频率在标称值 f_0 附近某一频带内变化 Δf 的相对值，即 $\Delta f/f_0$。

④起振电流

起振电流是指返波管在某一频率下开始振荡所需的最小电流。不同振荡频率的起振电流有所不同。

（3） 典型案例

俄罗斯 ISTOK 公司和美国 Microtech Instruments 已经形成系列化的太赫兹返波管产品。典型的太赫兹返波管振荡器实物如图 3－14 所示，其尺寸在分米量级。

(a) 实物

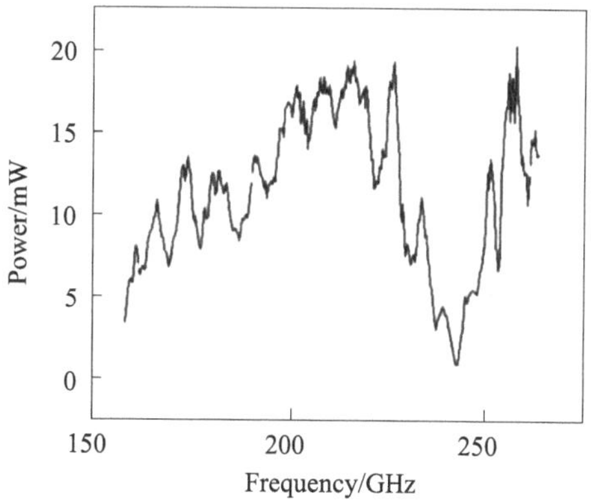

(b) 输出功率随频率变化

图 3－14　美国 Microtech Instruments BWO 及其典型输出功率

① ISTOK BWO

俄罗斯 ISTOK 公司的系列太赫兹返波管产品性能总结见表 3-2，最高工作频率可以达到 1.4 THz。

表 3-2 俄罗斯 ISTOK 太赫兹返波管振荡器系列产品（ISTOK BWO）

型号	频率/GHz	功率/mW	质量/kg	磁聚焦类型
OB-86	118～178	6～20	1	永磁
OB-24	177～260	6～15	1	永磁
OB-30	258～375	1～10	0.3	线包(0.7T)
OB-32	370～535	1～5	0.3	线包(0.9T)
OB-80	530～714	1～5	0.3	线包(1.0T)
OB-81	690～850	1～5	0.3	线包(1.0T)
OB-82	790～970	0.5～5	0.3	线包(1.1T)
OB-83	900～1 100	0.5～3.0	0.3	线包(1.1T)
OB-84	1 070～1 200	0.5～2.0	0.3	线包(1.1T)
OB-85	1 170～1 400	0.5～2.0	0.3	线包(1.1T)

② Microtech Instruments BWO

美国 Microtech Instruments 公司的系列太赫兹返波管产品性能总结见表 3-3，最高工作频率可以达到 710 GHz，通过倍频可以达到 2.34 THz。

表 3-3 美国 Microtech Instruments 太赫兹返波管振荡器系列产品（简称“MI BWO”）

型号	频率/GHz	最高功率/mW	倍频次数	冷却方式
QS2-180-HP	100～180	50	无	空冷
QS1-260	160～260	20	无	空冷
QS1-370	220～370	10	无	水冷
QS1-710	500～710	5	无	水冷
QS1-260-500	320～520	0.5	×2	水冷
QS1-260-750	480～780	0.5	×3	水冷
QS1-260-1500	960～1 560	0.02	×6	水冷
QS1-260-2100	1 440～2 340	0.005	×9	水冷

③对比分析

从工作频率角度分析，BWO 工作频率可以高达 1.4 THz 以上。ISTOK BWO 最高频率可以达到 1.4 THz；Microtech Instruments BWO 最高频率可以达到 700 GHz，通过倍频可以达到 2.3 THz。

从输出功率角度分析，BWO 在太赫兹频段的最大输出功率为 mW 量级。Microtech Instruments BWO 在 300 GHz 以下频段输出功率有明显优势，而 ISTOK BWO 在 300 GHz 以上频段输出功率有明显优势。

3.4　扩展互作用速调管

(1) 基本原理

扩展互作用速调管（EIK：Extended Interaction Klystron）是在速调管基础上发展起来的器件。速调管由美国发明家 Russel Varian 和 Sigurd Varian（简称“Virian 兄弟”）于 1937 年研制出，是最早的可以工作于微波频段的真空电子管。1948 年，Virian 兄弟成立 Varian Associates 公司，即 CPI 公司（Communications & Power Industries LLC）的前身，实现了速调管产品化。

传统速调管的结构如图 3 - 15 所示，主要包括电子枪、输入谐振腔、磁聚焦装置、输出谐振腔和收集极五个部分，同样可以归结为电子光学和高频两个分系统。电子学分系统包括电子枪、磁聚焦装置和收集极，构成了电子注回路；高频分系统包括输入谐振腔和输出谐振腔，构成了电磁波回路。电子与电磁波仅在输入谐振腔和输出谐振腔中发生相互作用，并且两个谐振腔之间没有电磁波的耦合。在输入谐振腔中，电磁波对电子注进行速度调制，然后电子注在渡越过程（即电子从电子枪一侧向收集极一侧的运动过程）中实现密度调制。在输出谐振腔中，电子注向电磁波交出能量，从而产生或放大电磁波。由于谐振腔属于高 Q 值、窄带宽器件，因此速调管的工作带宽很窄。

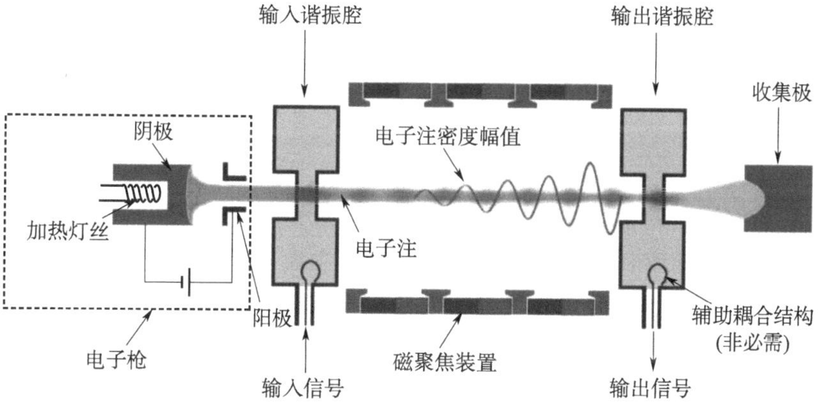

图 3 - 15　速调管的原理图

扩展互作用速调管在传统速调管基础上，通过在腔体中引入慢波结构，从而突破传统谐振腔带宽约束，如图 3 - 16 所示。扩展互作用速调管与传统速调管的区别主要体现在两个方面。首先，从电子注的调制过程看，扩展互作用速调管在腔体中加载慢波结构后，可以降低电磁波的相速度，从而使电子注与电磁波同步，在腔体内实现速度调制和密度调制。而传统速调管中，电子注的速度调制和密度调制分别发生在输入谐振腔的内外。其次，从电子注与电磁波相互作用的空间看，扩展互作用速调管几乎全程发生电子注与电磁波的相互作用；而传统速调管仅在输入和输出谐振腔中发生电子注与电磁波的相互作用。综上，扩展互作用速调管的速度调制、密度调制和换能过程相互关联、不可分割，而传统速调管的速度调制、密度调制和换能过程相对独立，这也是被称为“扩展互作用”的主要原因。

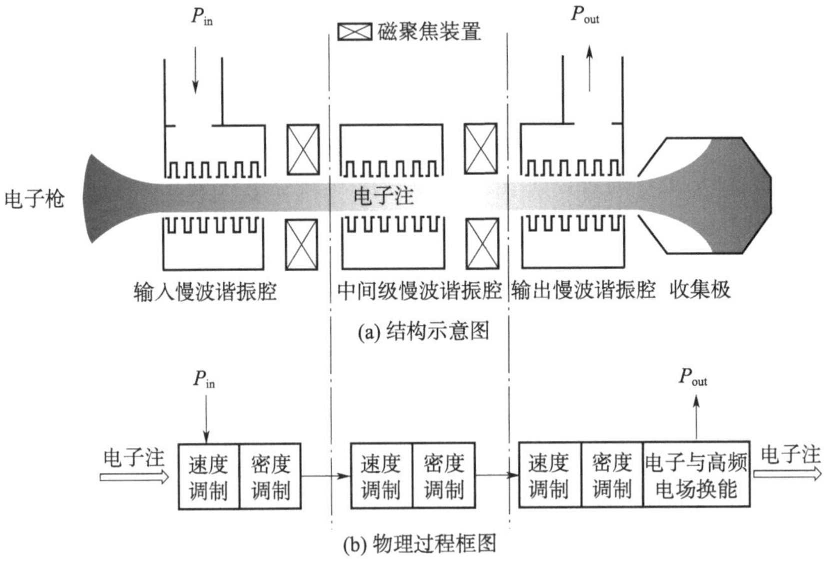

图 3－16　扩展互作用速调管

扩展互作用速调管既可以作为放大器使用，也可以作为振荡器使用，分别称为扩展互作用放大器（EIA：Extended Interaction Amplifier）和扩展互作用振荡器（EIO：Extended Interaction Oscillator）。此外，扩展互作用速调管既可以工作于连续波模式，也可以工作于脉冲模式。

（2）主要指标

衡量扩展互作用速调管的主要指标有两类。一类用于衡量扩展互作用放大器，包括中心频率和带宽、输出功率和效率等，定义与行波管主要指标基本类似，可以参见 3.2 节。另一类用于衡量扩展互作用振荡器，包括中心频率和带宽、输出功率、效率、相位噪声、频率稳定性等，定义与返波管主要指标基本类似，可以参见 3.3 节。

（3）典型案例

太赫兹扩展互作用速调管已经有成熟的产品。CPI 公司的扩展互作用速调管包括扩展互作用放大器和扩展互作用振荡器两种。

扩展互作用放大器和扩展互作用振荡器均可工作到太赫兹波段，尺寸通常在分米量级，如图 3－17 和图 3－18 所示。

① CPI EIA

CPI 扩展互作用放大器的典型产品如图 3－17 所示。EIA 有连续波和脉冲两种模式，其系列产品性能总结见表 3－4 和表 3－5。连续波 EIA 的最高工作频率为 220 GHz，输出功率为 9 W；脉冲 EIA 的最高工作频率为 264 GHz，峰值功率为 10 W。

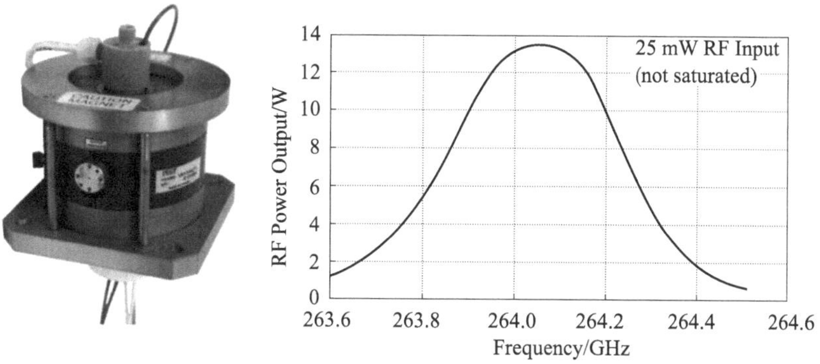

(a) 实物　　(b) 输出功率随频率变化

图 3-17　CPI 公司 264 GHz 连续波 EIA（型号为 VKY2492）

表 3-4　CPI 连续波 EIA

型号	最小频率/GHz	最高频率/GHz	功率/W	增益/dB	1 dB 带宽/MHz
VKT2480	110	140	20	30	200
VKY2444	170	220	9	23	200

表 3-5　CPI 脉冲 EIA

型号	最小频率/GHz	最高频率/GHz	峰值功率/W	工作比/(%)	增益/dB	3 dB 带宽/MHz
VKT2467	110	145	300	4	30	300
VKY2462	220	220	100	5	26	350
VKY2492	263	264	10	1	24	800

② CPI EIO

CPI 扩展互作用振荡器的典型产品如图 3-18 所示。EIO 有连续波和脉冲两种模式，其系列产品性能总结见表 3-6 和表 3-7。连续波 EIO 的最高工作频率为 270 GHz，输出功率为 5 W；脉冲 EIO 的最高工作频率为 220 GHz，峰值功率为 40 W。

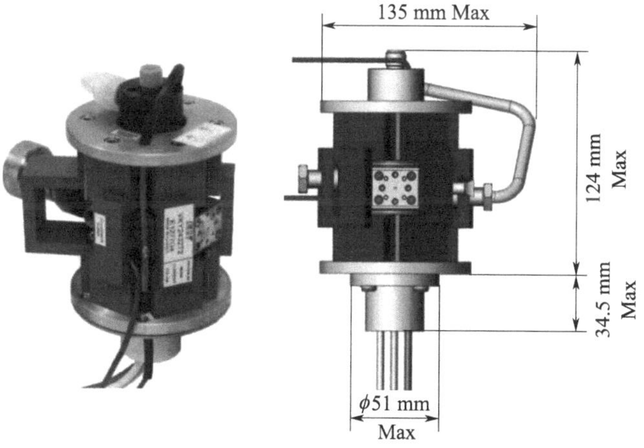

(a) 实物　　(b) 输出端前视图

图 3-18　CPI 公司 264 GHz 连续波 EIO（型号为 VKY2432）

表 3-6　CPI 连续波 EIO

型号	最小频率/GHz	最高频率/GHz	功率/W	带宽	
				机械调节范围/GHz	3 dB 电调方式
VKT2427	110	145	5	3.0	0.20%
VKT2427L	110	145	10	0	0.20%
VKT2438P	120	140	20	2	0.20%
VKT2440L	145	170	10	0	0.20%
VKY2441	170	220	9	4.0	0.20%
VKY2441L	170	220	1	0	0.20%
VKY2432	220	270	5	2	0.10%

表 3-7　CPI 脉冲 EIO

型号	最小频率/GHz	最高频率/GHz	脉冲功率/W	工作比/(%)	带宽	
					机械调节范围/GHz	3 dB 电调方式
VKT2432	100	110	400	10/3/1.2	0/2	0.20%
VKY2461T	155	220	40	1.2	0	0.20%

3.5　回旋管

(1) 基本原理

最早的回旋管由俄罗斯科学院应用物理研究所于 1964 年研制出。回旋管的工作机理与前面介绍的行波管、返波管和扩展互作用速调管等线性电子注慢波结构器件不同，属于螺旋电子注快波器件。

回旋管通常作为振荡器使用。回旋管振荡器由电子枪、磁体、谐振腔、准光模式变换器、输出窗口和收集极组成，如图 3-19 所示。与行波管等器件的换能过程一样，回旋管中的电子与电磁波也需要同步后，发生速度调制、密度调制，进而实现能量交换。

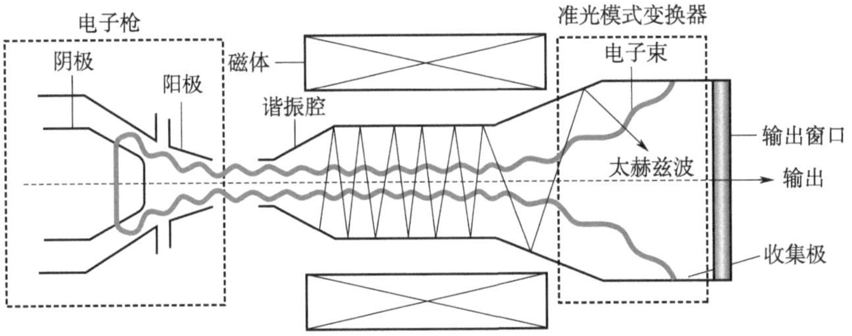

图 3-19　回旋管组成

但回旋管在结构和原理上与行波管等线性电子注慢波结构器件完全不同，主要体现在四个方面。

首先，从电子注形状角度分析，回旋管中的电子注为螺旋电子注，如图 3－20 所示，即沿着螺旋线运动，既有旋转动能又有轴向动能，并且旋转动能远大于轴向动能；行波管等器件中的电子注为线性电子注，只有轴向动能。

其次，从磁体作用角度分析，回旋管的磁体使电子注产生旋转动能并且决定了振荡频率；而行波管等器件中的磁体用于使电子注聚焦。因此，回旋管的磁场强度高达几个 T 以上，而行波管等器件的磁场强度通常小 1～2 个数量级。

再次，从电磁波相速度角度分析，回旋管中的电子将会被加速至光速，从而与电磁波发生相互作用，并不会通过其他手段降低电磁波的相速度，属于快波结构；而行波管需要通过慢波结构使电磁波的相速度降低下来，再与电子注发生相互作用，属于慢波结构。因此，回旋管的体积通常远大于行波管等器件的体积，其长度是行波管的 5 倍以上。

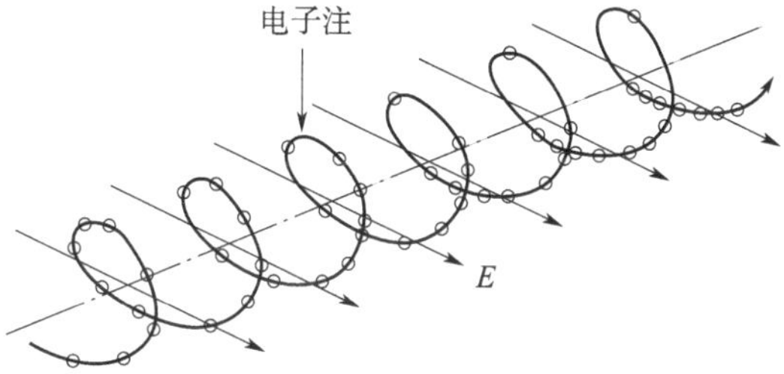

图 3－20　回旋管中的螺旋电子注

最后，从电子注角度分析，回旋管中的电子密度调制、换能是在旋转向（角向）进行的，并且仅与电子波的横向电场发生作用；而行波管中的电子是在轴向发生电子密度调制。因此，回旋管产生的电磁波为横电波模式，通常为圆波导 TE_{0n} 或 TE_{mn} 模。需要说明的是，在大多数应用中，由于衍射和极化损耗的存在，通常将圆波导 TE 模再变换为高斯模或低阶线极化模（HE_{11}），这也是模式变化器的主要作用。

回旋管中电子的回旋角频率 ω_c 由磁通密度 B 决定，即 $\omega_c=(e/m)\cdot B$ 。其中，e 为电子的电荷量，m 为电子质量。因此，通过增加磁通密度可以提高回旋管的工作频率。例如，若要求回旋管的工作频率为 220 GHz，则磁通密度需要为 7.8 T；若要求回旋管的工作频率为 340 GHz，则磁通密度需要为 12 T。

（2）主要指标

回旋管振荡器的主要指标包括中心频率、输出功率等，相关指标均在前面有所介绍，详细定义可以参见 3.2 和 3.3 节。

（3）典型案例

美国麻省理工学院（MIT）于 1992 年研制出 140 GHz 回旋管，工作于基波状态，其输出连续波功率为 20 W，脉冲功率为 200 W，工作电压和电流分别为 12.3 kV 和 25 mA，输出模式为 $TE_{0,3}$[12]。2014 年，该校研制出 527 GHz 回旋管，工作在二次谐波状态，输出功率为 9.3 W，工作电压和电流分别为 16.7 kV 和 110 mA，输出模式为 TE_{11}[13]，如图 3－21 所示。

图 3-21 MIT 527 GHz 回旋管

美国 CPI 公司的 263 GHz、395 GHz、527 GHz 和 593 GHz 频率可调回旋管已经产品化。263 GHz 回旋管工作在基波状态，输出功率为 20～90 W，工作电压和电流分别为 12 kV 和 25～75 mA，输出模式为 $TE_{0,3}$[14]，如图 3-22 所示。395 GHz 回旋管工作在二次谐波状态，输出功率为 160 W，工作电压和电流分别为 14.3～15.8 kV 和 5～57 mA，输出模式为 $TE_{10,3}$[15]。527 GHz 回旋管工作在二次谐波状态，输出功率大于 50 W，工作电压和电流分别为 17.5 kV 和 140 mA，输出模式为 $TE_{15,3}$[16]。593 GHz 回旋管工作在二次谐波状态，输出功率为 50 W，工作电压和电流分别为 17～19 kV 和 220 mA，输出模式为 $TE_{14,3}$[17]。

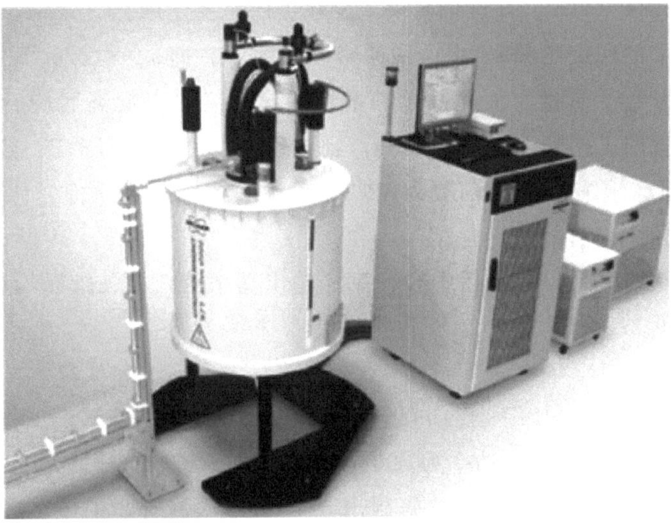

图 3-22 CPI 263 GHz 回旋管

表 3－8 总结了 MIT 和 CPI 典型回旋管的指标。

表 3－8 回旋管典型指标总结

研究机构	频率/GHz	模式	谐波次数	连续波功率/W	电压/kV	电流/mA
MIT	140	$TE_{0,3}$	1	14	12.3	25
	250	$TE_{5,2}$	1	≥10	9.82	137
	330	$TE_{4,3}$	2	18	10.1	190
	460	$TE_{11,2}$	2	16	13	100
	527	$TE_{11,3}$	2	>20	<15	<190
CPI	263	$TE_{0,3}$	1	>75	13.4	70
	395	$TE_{10,3}$	2	5～57	14.3～15.8	160
	527	$TE_{15,3}$	2	40	18.4	180
	593	$TE_{14,3}$	2	50	17～19	220

3.6 对比分析

表 3－9 对比了行波管、返波管、扩展互作用速调管和回旋管的典型指标。可以看出，返波管的最高工作频率最高（但带宽极窄），返波管的相对带宽最大，回旋管的输出功率最高且效率最高，行波管的相对带宽和效率综合最优；另外，行波管、返波管和扩展互作用速调管的集成度明显优于回旋管。

表 3－9 四类真空管指标对比（典型指标均为 G 波段）

类型	最高工作频率	工作状态	工作模式	输出功率(单路)	相对带宽	效率	尺寸
行波管	～1 THz	放大器	脉冲	50 W	3%	3%	分米级
返波管	～3 THz	振荡器	连续波	10 mW	30%	<1%	分米级
扩展互作用速调管	～300 GHz	放大器	脉冲	100 W	0.2%	3%	分米级
			连续波	9 W			
		振荡器	脉冲	40 W			
			连续波	5 W			
回旋管	～600 GHz	振荡器	连续波	200 W	极窄	8%	米级

3.7 星载电真空源技术

星载电真空源技术是指在航天器或卫星上使用电力驱动装置来产生和维持真空环境的技术，主要用于航天器的推进系统、姿态控制系统、仪器仪表系统等需要真空环境的部件。下面介绍星载电真空源技术的主要组成和工作原理。

星载电真空源技术主要由以下几个部分组成。真空室：用于容纳和维持真空环境的密封空间。泵浦系统：用于抽取真空室中的气体，维持低压或高真空环境的装置，常用的泵浦系统包括离心泵、分子泵和机械泵等。电源系统：提供电能供应，驱动泵浦系统和其他相关设备。控制系统：用于监测和控制真空室内的压力、温度和其他参数，以确保系统的正常运行。

星载电真空源技术的工作原理主要包括以下几个步骤。泵浦系统启动：通过电源系统提供的电能，启动泵浦系统，开始抽取真空室中的气体。真空室抽气：泵浦系统根据设定的参数，抽取真空室中的气体，使压力逐渐降低。压力监测和控制：控制系统监测真空室内的压力，根据设定的阈值进行控制，以保持所需的真空环境。温度控制：控制系统还可以监测和控制真空室内的温度，以确保系统在所需的温度范围内运行。

星载电真空源技术的优点：可靠性高、体积小、重量轻、能耗低等。它在航天器和卫星的推进系统、姿态控制系统和仪器仪表系统等方面有广泛的应用。

3.8　小结

本章主要介绍基于电真空途径实现的太赫兹固态源技术，3.2～3.5 节分别介绍了一些常见的电真空固态源器件：行波管放大器、返波管振荡器、扩展互作用速调管、回旋管；3.6 节对这些电真空固态源器件的指标进行了对比分析；3.7 节对星载电真空源技术进行了简要介绍。

参考文献

[1] J C Tucek, M A Basten, D A Gallagher, et al. 220 GHz power amplifier development at Northrop Grumman [C]. IVEC 2012, 553 - 554.

[2] M A Basten, J C Tucek, D A Gallagher, et al. G - band power module development at Northrop Grumman [C]. 2013 IEEE 14th International Vacuum Electronics Conference (IVEC), 1 - 2.

[3] M A Basten, J C Tucek, D A Gallagher, et al. 233 GHz high Power amplifier development at Northrop Grumman [C]. 2016 IEEE International Vacuum Electronics Conference (IVEC), 1 - 2.

[4] J C Tucek, et al. A 100 mW, 0.670 THz power module [C]. IVEC 2012, 31 - 32.

[5] J C Tucek, M A Basten, D A Gallagher, et al. 0.850 THz vacuum electronic power amplifier [C]. IEEE International Vacuum Electronics Conference, 2014: 153 - 154.

[6] J C Tucek, M A Basten, D A Gallagher, et al. Operation of a compact 1.03 THz power amplifier [C]. 2016 IEEE International Vacuum Electronics Conference (IVEC), 1 - 2.

[7] C D Joye, et al. Demonstration of a High Power, Wideband 220 - GHz Traveling Wave Amplifier Fabricated by UV - LIGA [J]. In IEEE Transactions on Electron Devices, 2014, 61 (6): 1672 - 1678.

[8] C M Armstrong, et al. A Compact Extremely High Frequency MPM Power Amplifier [J]. In IEEE Transactions on Electron Devices, 2018, 65 (6): 2183 - 2188.

[9] W Liu, et al. Demonstration of a High - Power and Wide - Bandwidth G - Band Traveling Wave Tube With Cascade Amplification [J]. In IEEE Electron Device Letters, 2021, 42 (4): 593 - 596.

[10] X Bian, et al. Demonstration of a Pulsed G - Band 50 - W Traveling Wave Tube [J]. In IEEE Electron Device Letters, 2021, 42 (2): 248 - 251.

[11] P Hu, et al. Demonstration of a Watt - Level Traveling Wave Tube Amplifier Operating Above 0.3 THz [J]. In IEEE Electron Device Letters, 2019, 40 (6): 973 - 976.

[12] C D Joye, R G Griffin, M K Hornstein, et al. Operational characteristics of a 14 - W 140 - GHz gyrotron for dynamic nuclear polarization [J]. IEEE Transactions on Plasma Science IEEE Nuclear & Plasma Sciences Society, 2006, 34 (3): 518.

[13] S K Jawla, W C Guss, M A Shapiro, et al. Design and experimental results from a 527 GHz gyrotron for DNP - NMR spectroscopy [C]. International Conference on Infrared, Millimeter, and Terahertz Waves (IRMMW - THz), Tucson, AZ, 2014, 1 - 2.

[14] M Rosay, L Tometich, S Pawsey, et al. Solid - state dynamic nuclear polarization at 263 GHz: spectrometer design and experimental results [J]. Physical Chemistry Chemical Physics, 2010, 12 (22): 5850 - 5860.

[15] M Blank, P Borchard, S Cauffman, et al. High - frequency CW gyrotrons for NMR/DNP applications [C]. IEEE Vacuum Electronics Conference (IVEC), Monterey, CA, 2012, 327 - 328.

[16] K Felch, M Blank, P Borchard, et al. First tests of a 527 GHz gyrotron for dynamic nuclear polarization [C]. International Vacuum Electronics Conference (IVEC), Paris, 2013, 1-2.

[17] M Blank, P Borchard, S Cauffman, et al. Demonstration of a 593 GHz gyrotron for DNP [C]. International Conference on Infrared, Millimeter, and Terahertz Waves (IRMMW-THz), Nagoya, 2018: 1-2.

第 4 章　太赫兹光学源和激光器技术

4.1　引言

第 2 章和第 3 章主要介绍基于电子学途径的太赫兹源技术，本章主要介绍基于光学途径的太赫兹源，即太赫兹光学源。太赫兹光学源是利用光束或电子束作为输入信号，产生太赫兹辐射的一种光源，根据产生太赫兹波段的电磁辐射原理不同，可将太赫兹光学源分为光泵气体太赫兹源、太赫兹量子级联激光器（QCL）、基于飞秒激光的太赫兹源、非线性光学频率变换太赫兹源和自由电子激光器太赫兹源五大类。

转动频率处于太赫兹频段的极性气体分子，在受到具有特定频率的泵浦光激励作用时，就可能在分子的两个转动能级间形成粒子数反转，从而产生太赫兹激光辐射，这类太赫兹源即为光泵气体太赫兹源。太赫兹量子级联激光器（QCL）是只有电子参与的单极型激光器，受激辐射跃迁过程发生在材料导带中的子带之间，这种子带间跃迁存在于具有微小能带偏移的两种半导体材料形成的多量子阱结构中。以飞秒激光脉冲为泵浦光源驱动光学器件，可产生宽带太赫兹辐射脉冲，这种基于飞秒激光的太赫兹源可根据原理不同分为光电导天线与光整流太赫兹源两种。光电导天线利用具有飞秒脉宽的超短激光脉冲触发光电半导体材料，在材料的表面瞬间激发出自由载流子，并在半导体表面外加偏置电场使自由载流子被加速，从而辐射出太赫兹波。光整流太赫兹源利用飞秒脉冲激光和二次非线性光学材料在相互作用下产生低频电极化场，该电极化场随时间变化，从而辐射出位于太赫兹频段的电磁波。差频产生太赫兹源与太赫兹参量源是基于非线性光学频率变换的典型代表。差频产生太赫兹源主要是利用两束频率相近的激光，经过非线性介质，在满足相位匹配的条件下，产生频率为两泵浦激光频率之差的相干辐射，差频过程没有阈值，通过改变泵浦波长或差频材料可以实现宽调谐窄线宽的太赫兹波输出。太赫兹参量振荡器主要是利用受激电磁耦子散射实现可调谐的太赫兹波输出，与差频过程相比，该方法仅需要一束泵浦光，对泵浦光的要求较低，但振荡过程需要腔镜反馈，装置相对复杂。自由电子激光器（FEL）是一种将电子学与光子学技术相结合的太赫兹源，即将粒子加速器与激光技术相结合的新型激光器，不同于传统的激光器利用气体、液体或固体材料作为增益介质，它主要是利用高速运动的自由电子产生太赫兹辐射。

表 4 - 1 给出了太赫兹光学源的分类及特点。

表 4－1　光学途径太赫兹源的分类

类别		调谐度	功率量级	体积（典型值数量级）	工作温度
光泵气体太赫兹源		不连续的一系列频率	100 mW	10 m^3	常温
量子级联激光太赫兹源		5.2 THz	10 mW	10 mm^3	低温冷却
基于飞秒激光的太赫兹源	光电导天线	30 THz	1 μW	10 cm^3	常温
	光整流太赫兹源	100 THz	1 μW	10 cm^3	常温
线性光学频率变换太赫兹源	差频产生太赫兹波	5 THz	100 μW	1 m^3	常温
	太赫兹参量源	2 THz	100 μW	1 m^3	常温
自由电子激光太赫兹源		10 THz	100 W	体积巨大	常温

4.2　指标体系

为了系统描述太赫兹光学源的性能特点，本节将建立如图 4－1 所示完备的技术指标体系。技术指标可分为系统级与硬件级两部分，在系统级指标部分，将按照脉冲太赫兹源与连续太赫兹源的类别进行划分，分别建立指标体系并将各指标与电子学太赫兹源的指标进行对照。

4.2.1　系统级指标

（1）光谱功率分布

光谱功率分布是太赫兹源最为关注的性能指标参数，它反映了源的工作频段与对应的输出功率分布情况。以波长 λ 为中心的微小波长宽度内的辐射功率值为 $P_\lambda=\dfrac{\mathrm{d}P}{\mathrm{d}\lambda}$ 时，单位波长宽度内所对应的辐射功率称为光谱密度 P_λ ，且 $P_\lambda=\dfrac{\mathrm{d}P}{\mathrm{d}\lambda}$ 。辐射体输出的功率与光谱中的谱线分布有关，即与太赫兹辐射的波长有关，将其称之为太赫兹光谱的功率分布。用函数表示光源的光谱密度与波长之间的关系，将该函数称为光谱功率分布 $P_\lambda(\lambda)$ 。对于辐射单频太赫兹波的光源，其功率分布图由谱线组成。对于带状光谱源来说，频谱宽度是不可忽略的性能参数。典型太赫兹光谱功率分布有四种常见形态：1）线状光谱源，又称单频光源，如太赫兹激光器；2）带状光谱源，如光开关模式的太赫兹源；3）连续光谱源，如标准黑体；4）复合光谱源，通常由线状、带状与连续光谱源组合构成，目前该种光谱在太赫兹波段应用并不广泛。

在实际测量过程中，通常采用高莱探测器（Golay Cell）、锁相放大器和光学斩波器来测量太赫兹源辐射功率大小。高莱探测器由探头（图 4－2 黑色部分）和电源（图 4－2 银色部分）构成。

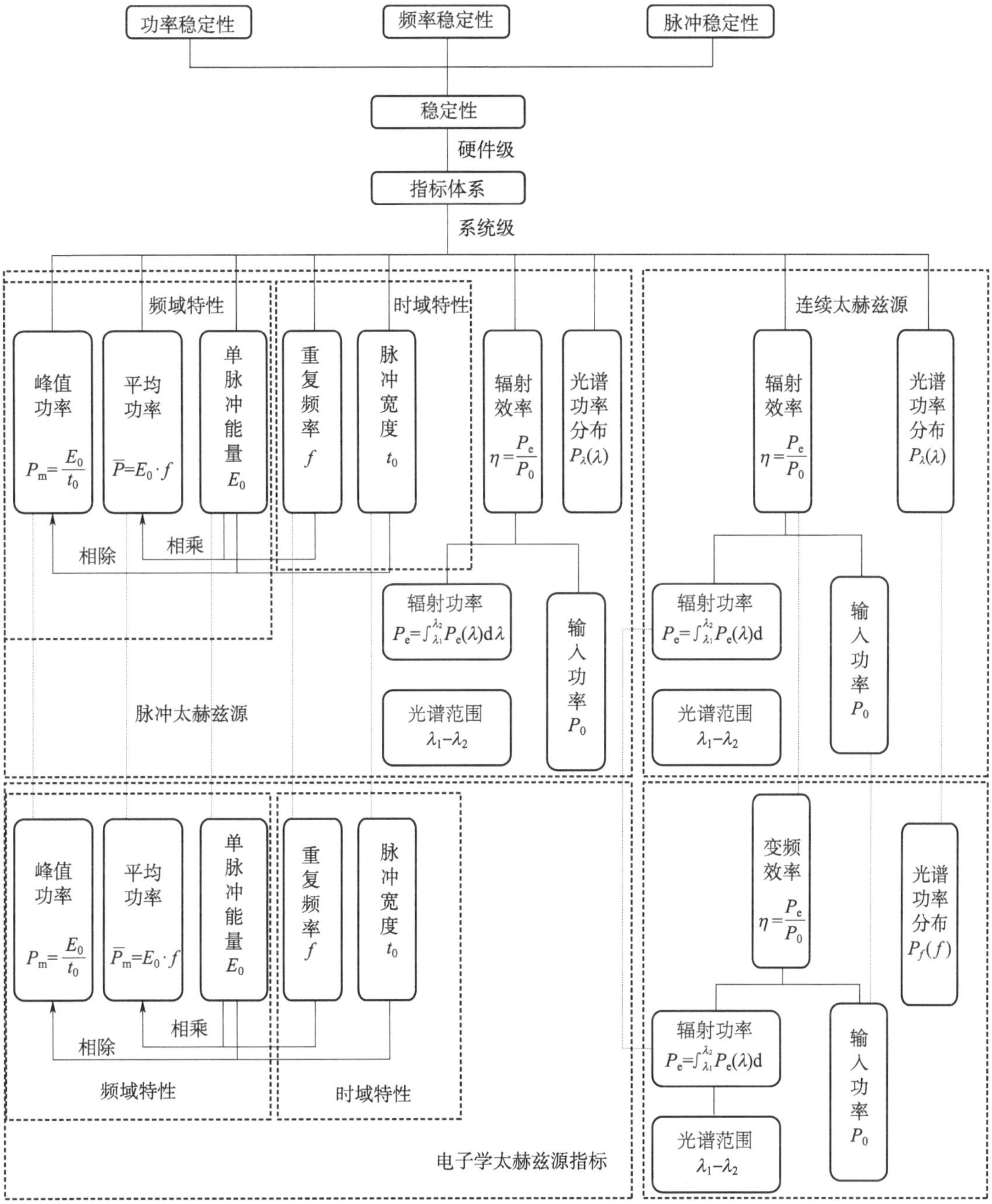

图 4－1　太赫兹源技术指标体系

高莱探测器作为一种精密仪器在使用过程中应该注意以下几个方面。

1）高莱探测器应该固定在稳定的光学平台上，不能有振动，以此来保持其气室内气体的稳定性。因此，在实验中需要将光学平台气泵打开使其进行自动调整以保证其稳定性。

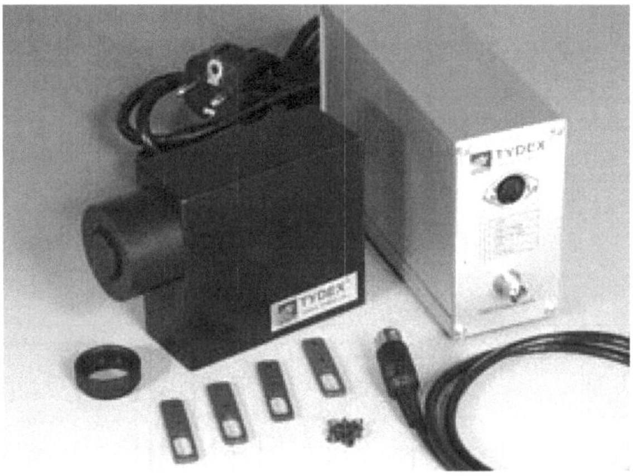

图 4-2　高莱太赫兹波探测器

2）因高莱探测器的最大功率非常低，所以要注意控制实验室的温度（20 ℃）和湿度（40%）。

3）为尽可能地减少杂散光的影响，在高莱探测器探头前端放置一个太赫兹低通滤波片（T@0.1～3 THz>80% &T@750～850 nm<0.01% &T@>975 nm<0.1%）。

4）为尽可能地减小噪声的影响，在实验时需要将整个光路密封在自制的黑色隔音罩中。

5）为尽可能地减少空气中水蒸气等对太赫兹波的吸收，需要向黑色隔音罩中持续充入高纯氮气。

由于太赫兹能量计的探测面元较小，实验中需采用离轴抛物面镜（图 4-3）准直系统对输出的太赫兹辐射进行聚焦，使太赫兹辐射能量能够完全被太赫兹能量计收集。

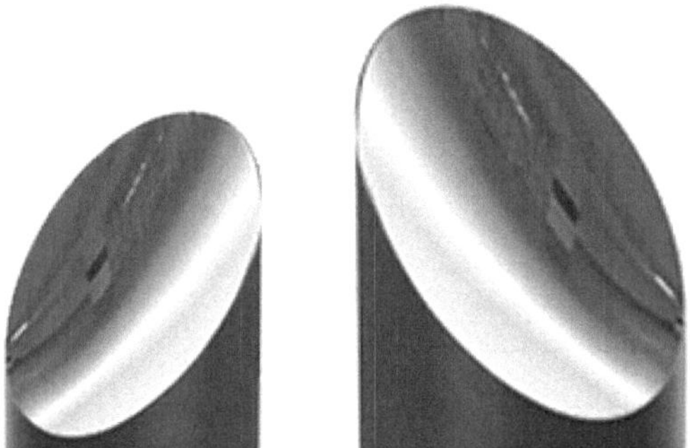

图 4-3　离轴抛物面镜

实验中使用数字锁相放大器（图 4-4）对由高莱太赫兹波探测器得到的微弱信号进行积分与放大检测。锁相放大器实际上是一个模拟的傅里叶变换器。锁相放大器输出的是一个直流电压，正比于输入信号中某一特定频率（参考输入频率）的信号幅值，而输入信号中其他的频率成分将不会对输出电压产生任何影响。只有与参考信号频率完全一致的信号才能在乘法器输出端得到直流偏量，其他频率的信号在输出端都是交流信号。如果在乘法器的输出端再加上一个低通滤波器，那么所有的交流信号分量都将被全部过滤掉，剩下的直流分量就只是正比于输入信号中的某一特定频率的信号分量的幅值。即使有用信号被淹没在噪声信号里面，哪怕是噪声信号比有用信号大很多，只要知道有用信号的频率值，便可以利用锁相放大器准确地测出这个信号的幅值。

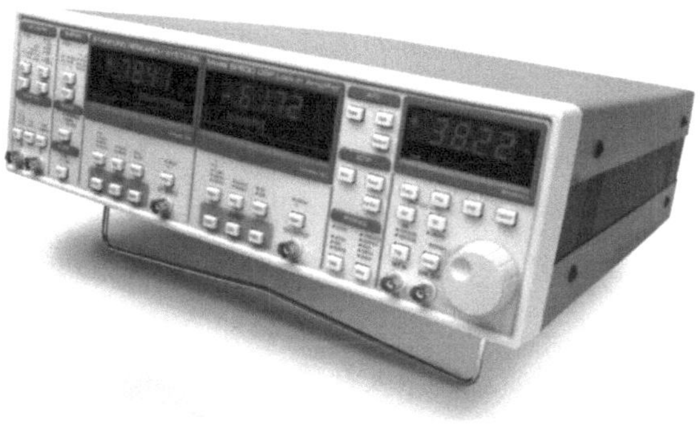

图 4 - 4　数字锁相放大器

实验中使用光学斩波器（实物如图 4 - 5 所示）对产生的太赫兹波进行调节，为锁相放大器提供参考信号。

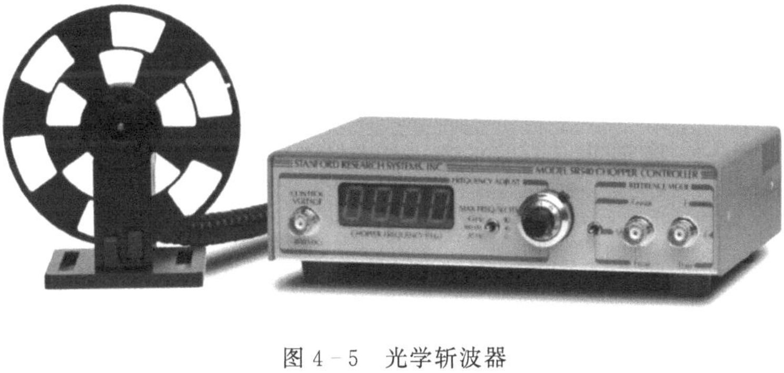

图 4 - 5　光学斩波器

（2）辐射效率

在给定波长范围内，太赫兹光源所发出辐射的功率 P_e 与产生该辐射功率所需要的输入功率 P_0 之比，称为太赫兹辐射源的辐射效率 η_e ，表示为

$$\eta_e=\frac{P_e}{P_0}=\frac{\int_{\lambda_1}^{\lambda_2}P_e(\lambda)\mathrm{d}\lambda}{P_0}$$

式中，$\lambda_1\sim\lambda_2$ 为光谱范围，辐射效率高的太赫兹源通常具有体积小、能量转换效率高等优势，更容易获得实际应用。

(3) 脉冲宽度

脉冲太赫兹源表示输出脉冲太赫兹波的辐射源，在工作时间内有规律地间歇性输出太赫兹辐射。脉冲宽度是用于描述脉冲太赫兹源的技术指标。脉冲宽度是指激光发射功率维持在一定值时所持续的时间。不同的激光脉冲宽度有所差异，在太赫兹源领域常见的脉冲宽度范围一般是从纳秒级（ns，$1\ ns=10^{-9}s$）到飞秒级（fs，$1\ fs=10^{-15}s$）。

(4) 重复频率

重复频率是用于描述脉冲太赫兹源的技术指标。太赫兹源的重复频率是指在单位时间内，脉冲太赫兹源有规律地输出脉冲辐射的次数，也就是一秒内脉冲重复出现的次数，单位为赫兹（Hz）。

(5) 单脉冲能量

单脉冲能量是用于描述脉冲太赫兹源的技术指标。太赫兹源的单脉冲能量是指脉冲太赫兹源发射单个脉冲所包含的能量大小，常用单位为微焦（μJ）。

(6) 峰值功率与平均功率

峰值功率与平均功率是用于描述脉冲太赫兹源的技术指标。峰值功率与平均功率用于表示脉冲太赫兹源的功率时间分布情况。平均功率＝单脉冲能量×重复频率，是指在一个重复周期，单位时间所输出的激光能量。峰值功率＝单脉冲能量/脉冲宽度，是指单个脉冲达到的最高功率。

可采用太赫兹脉冲波形探测器输出电信号，由示波器采集测得太赫兹源的时域脉冲波形，从而得到其单脉冲能量、脉冲宽度、重复频率等参数，并计算得到其峰值功率与平均功率。常用的脉冲波形探测器为肖特基二极管探测器，探测器响应度的典型值为 200 V/W，响应时间为亚纳秒量级，可以探测脉冲宽度为几十纳秒的太赫兹脉冲。

4.2.2 硬件指标——稳定性

(1) 功率稳定性

辐射源的稳定性主要考虑输出功率的稳定性。对于需要使用太赫兹源辐射功率和光强等参数作参考的探测系统而言，对辐射源的功率稳定性要求更高。例如，用于雷达成像，尤其是相干成像的太赫兹源，对其输出激光的频率和功率稳定性要求都较高。

(2) 频率稳定性

辐射源的稳定性还包括辐射频率的稳定性，这一技术指标是针对线状光谱的辐射源来说的。例如，用于表征物质吸收光谱的太赫兹源，对其在频率方面的稳定性要求极高。

(3) 脉冲稳定性

脉冲激光太赫兹源还具有一项特有的技术指标——辐射源的脉冲稳定性，用于描述输出脉冲光的稳定性。辐射源的脉冲稳定性是描述脉冲激光太赫兹源的脉冲宽度、重复频率、单脉冲能量等参数的稳定性。不同的太赫兹光电测量系统对辐射源的稳定性要求不一样，时常对脉冲宽度、重复频率、单脉冲能量等参数中，一两项参数的稳定性要求提出较高要求，具体则根据被测量对象来确定。例如，针对太赫兹源脉冲的脉冲宽度、重复频率等参数的测量系统，对太赫兹源的单脉冲能量稳定性的要求就比较低，只要确保不因光源工作状态的波动产生假脉冲或者漏脉冲即可。

4.3 光泵气体太赫兹源

4.3.1 工作原理

光泵气体太赫兹源是当今太赫兹光谱区域中最重要的相干辐射源，并且越来越多地在多个物理领域得到广泛应用。光泵气体太赫兹源的基本原理与有源介质中基于粒子数反转的典型激光系统相似，在外部泵浦源激励下，气体分子具有较大的永久偶极矩，在太赫兹区具有较强的转动跃迁谱。当这些分子在低气压下被较短的波长光泵浦到接近振动态极限的转动能级时，激发能级和与其相邻的其他旋转能级之间很容易产生跃迁，如图 4-6 所示，进而产生频率位于太赫兹频段的激光辐射。

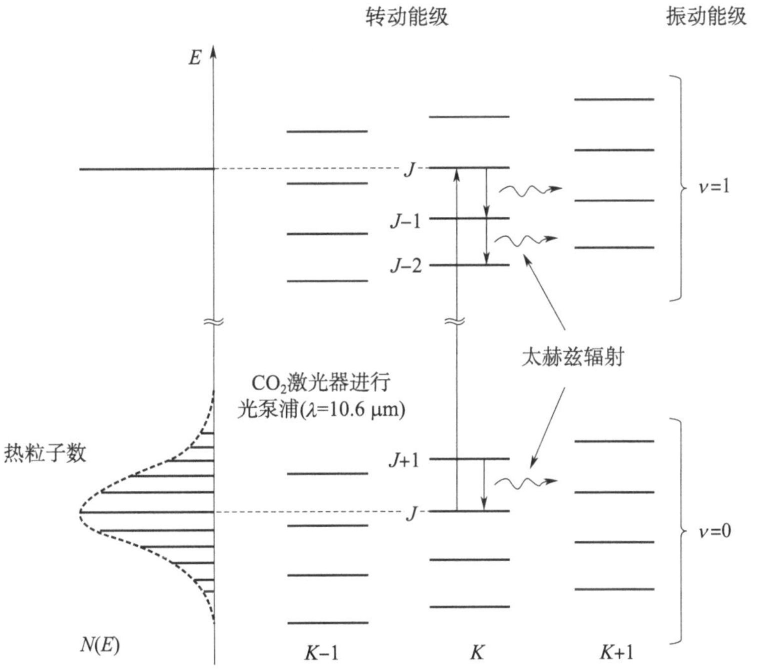

图 4-6　光泵气体太赫兹源中光激发和太赫兹辐射的能级图

光泵气体太赫兹源的基本结构为充满甲烷、氨气、氰化氢或甲醇等气体的激光谐振腔，由于这些气体分子的转动和振动能级间的跃迁频率正好处于太赫兹频段，可以在受到泵浦激光照射时产生太赫兹频率的受激辐射，从而在激光器中直接辐射出太赫兹激光。光泵气体太赫兹激光器通常采用波长在 9～11 μm 波段内的 CO_2 激光激励这些气体介质分子，使处于基态的分子受激跃迁到激发振动态上，并在激发振动态的转动能级之间形成粒子数反转，实现太赫兹光子的受激辐射。在光学谐振腔的作用下，受激辐射的光子被不断放大，从而形成强的太赫兹激光。典型光泵气体太赫兹激光器的原理示意图如图 4-7 所示，CO_2 激光经由泵浦入射窗 M_1 对太赫兹气体介质进行激励，M_1 和太赫兹出射窗 M_2 组成太赫兹谐振腔，二者均需要提供一定的反馈作用使太赫兹辐射不断放大，最终太赫兹激光经由 M_2 镜辐射出腔外。

由于 CO_2 激光的谱线宽度很窄，通过调谐波长使泵浦支线与太赫兹增益介质的能级跃迁谱线相对应，很容易实现气体介质分子的受激吸收跃迁。相比于传统的放电激励方式，光泵气体太赫兹激光器的泵浦效率更高。实际上，泵浦激光的中心波长并不需要与增益介质的吸收谱线中心严格对准。研究结果表明，当 CO_2 激光波长处于增益介质吸收谱线的近共振区，即二者的频率差小于 100 MHz 时，就可以实现有效的泵浦作用。甚至当 CO_2 激光波长不在增益介质吸收谱线的近共振区时，可以利用斯塔克效应略微改变增益介质的能级结构，使泵浦光频率与增益介质的吸收谱线处于近共振区，实现高效的泵浦作用。此外，在一些基于受激拉曼散射机理的光泵气体太赫兹激光器中，当泵浦激光频率与增益介质吸收谱线中心频率的频差大于 1 GHz 时仍可以实现高效的泵浦作用，该结果进一步降低了对泵浦激光性能的要求，从而使得光泵气体太赫兹激光器成为获取相干太赫兹光源的一种简单而有效的方法。

图 4-7 光泵气体太赫兹激光器的原理示意图

光泵气体太赫兹源输出的太赫兹激光功率较高且稳定，光束质量较好，可以在连续或脉冲模式下工作。通过改变激光谐振腔内的气体种类、比例和泵浦激光波长，可以获得数千条太赫兹谱线。表 4-2 列出了一些在太赫兹范围内较强的激光线，其中，甲醇产生辐射的谱线范围涵盖 0.245～8.0 THz，源最大输出功率超过 100 mW；氨气及其同位素标记化合物的谱线分别为 3.68 THz 与 1.96 THz，源均具有 100 mW 以上的输出功率；卤代甲烷气体的谱线范围覆盖 1.27～2.46 THz 的低频太赫兹频段，源输出功率均在 10～100 mW 范围内。

表 4-2 光泵气体太赫兹源激光线

频率/THz	分子	输出功率/mW
8.0	CH_3OH	约 10
7.1	CH_3OH	约 10
4.68	CH_3OH	＞20
4.25	CH_3OH	约 100

续表

频率/THz	分子	输出功率/mW
3.68	NH_3	约 100
2.52	CH_3OH	>100
2.46	CH_2F_2	约 10
1.96	$^{15}NH_3$	约 200
1.81	CH_2F_2	<100
1.27	CH_2F_2	约 10
0.86	CH_3Cl	约 10
0.59	CH_3I	约 10
0.525	CH_3OH	约 40
0.245	CH_3OH	约 10

光泵气体太赫兹源的缺点有三方面。首先，能量转换效率低，总辐射效率的理论值不超过 1%，即输入 100 W 的二氧化碳激光进行激励，只能产生 1 W 以内的太赫兹激光，其他 99 W 功率都由热辐射消耗了，导致散热问题成为光泵气体太赫兹源必须考虑的问题。其次，由于气体转动能级的离散性，输出的太赫兹激光频率不能连续调谐，只能输出分布离散的、频点相对固定的线状谱信号。最后，光泵气体太赫兹源体积庞大且笨重，包含真空泵、二氧化碳激光器、气瓶、谐振腔等大型设备，不适于在对空间约束较严格的平台中应用。

4.3.2　典型案例

1970 年，贝尔电话实验室公司 T. Chang 等人通过采用 CO_2 激光器产生各种辐射频率激光对甲基氟、氯乙烯及甲醇气体进行光泵浦，在气体产生的连续波辐射中，甲基氟有 2 条谱线、氯乙烯有 3 条谱线、甲醇有 23 条谱线位于太赫兹频段[1]。这些谱线的激光波长为 70～700 μm，其中甲醇是产生强太赫兹辐射的重要来源。同年，他们还发现氟甲烷可被泵浦产生波长分别为 452 μm、469 μm 及 541 μm 的连续太赫兹辐射波[2]。此后的研究重点逐渐转为采用 CH_3OH 同位素分子以提高太赫兹激光谱线的丰富度。自 20 世纪 70 年代以来，太赫兹气体激光器的各种增益介质，如 CH_3F、CH_3OH、NH_3COOH 和 CH_2F_2，在 0.1～8 THz 范围内产生了数千条频率位于太赫兹波段的谱线。他们还研究了新的太赫兹谱线中含有常规介质同位素元素的一些新材料。1973 年，美国航空航天公司的 D. T. Hodges 等人首次利用石英管作为 OPTL 的太赫兹激光谐振腔[3]，使激光器结构更加紧凑，装置如图 4-8 所示，与相同腔长下的开腔式 OPTL 相比，具有更大的输出功率和更高的工作气压。

1987 年，意大利大学 G. Carelli 等人用 CW 波导 CO_2 激光器泵浦替代传统 CO_2 激光

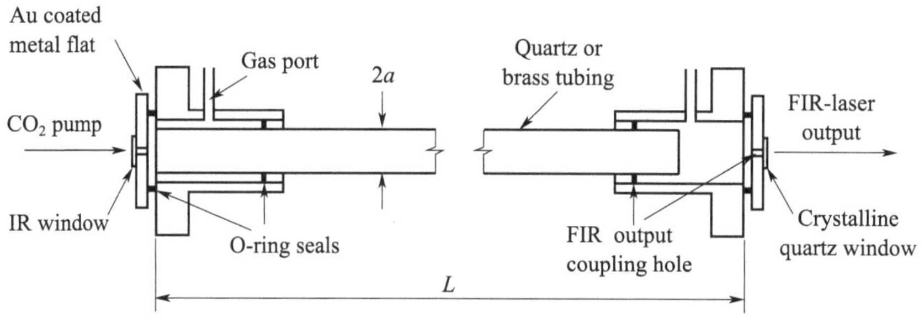

图 4-8　光泵气体波导太赫兹激光器结构

器，增加了泵浦源的可调谐性（300 MHz），结果发现了 CD_3OH 的 108 条新的激光线，波长为 42.9～1 155 μm，这使 CD_3OH 与 CH_3OH 一起，成为可辐射位于太赫兹波段谱线最多的分子[4]。同年，美国加州理工学院 J. Farhoomand 等人采用连续 9P（36）支 CO_2 激光泵浦 CH_3OH 气体[5]，实验装置如图 4-9 所示，太赫兹激光谐振腔部分加入了水冷结构，并向增益气体中混入缓冲气体氦气，利用 125 W 连续 CO_2 激光泵浦得到了 1.25 W 左右的太赫兹激光输出，能量转换效率达到了 1%，是迄今为止输出功率及能量转换效率最高的光泵气体太赫兹源。

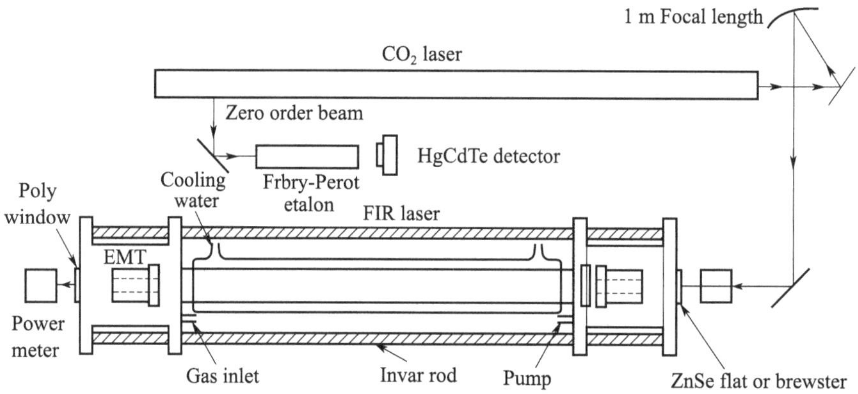

图 4-9　高功率 OPTL 结构

随着国内外对光泵气体太赫兹源的研究不断深入，相关泵浦光源技术不断发展，光泵气体太赫兹源的体积在不断缩小，单脉冲能量和重复频率不断提高，已出现商用的光泵气体太赫兹源并在实际中应用。美国 Coherent-DEOS 公司的 SIFIR-50 光泵气体太赫兹源，辐射频率为 0.3～7 THz，平均输出功率为 50 mW。该太赫兹源已经在美国国家航空航天局的先兆卫星上投入使用，用于执行大气监测任务。英国爱丁堡仪器公司的 FIRL-100 一体化光泵气体太赫兹源，在 9～11 μm 单线高功率 CO_2 激光器的泵浦下，可输出 100 mW 以上的 0.25～7.5 THz 的相干太赫兹波，并且拥有很高的转换效率（10^{-3}～10^{-2}）。虽然以上太赫兹源不是连续可调的，但它们的高功率和良好的亮度使其在干涉测量、极化测量、扫描成像、安全检查、雷达建模等领域得到了广泛的应用。

国内光泵气体太赫兹源研究起步较晚，20 世纪 90 年代后期，中山大学研究人员对光泵气体太赫兹源进行了初步研究。近年来，华中科技大学对 TEA - CO_2 激光器泵浦的甲醇气体和氨气太赫兹源进行了研究，在 10.7 μm 波长处得到了最大单脉冲输出能量为 300 mJ 的脉冲太赫兹波，该实验设备的原理图如图 4 - 10 所示。2010 年，天津大学何志红等人对 TEA - CO_2 激光泵浦重水气体的太赫兹源进行了理论与实验研究[8]，得到了中心频率为 0.78 THz、脉冲宽度为 100 ns 且单脉冲能量达 450 mW 的脉冲太赫兹波。2016 年，哈尔滨工业大学信息光电子研究所研制了结构简单、体积小的光泵气体太赫兹源[9]，并讨论了工作气压、泵浦能量和增益介质长度等工作参数对太赫兹辐射能量的影响；在泵浦能量为 600 mJ、工作气压为 1 350 Pa、增益介质长度为 185 cm 的条件下，获得了单脉冲能量为 0.48 mJ 的 192 μm 太赫兹辐射输出。

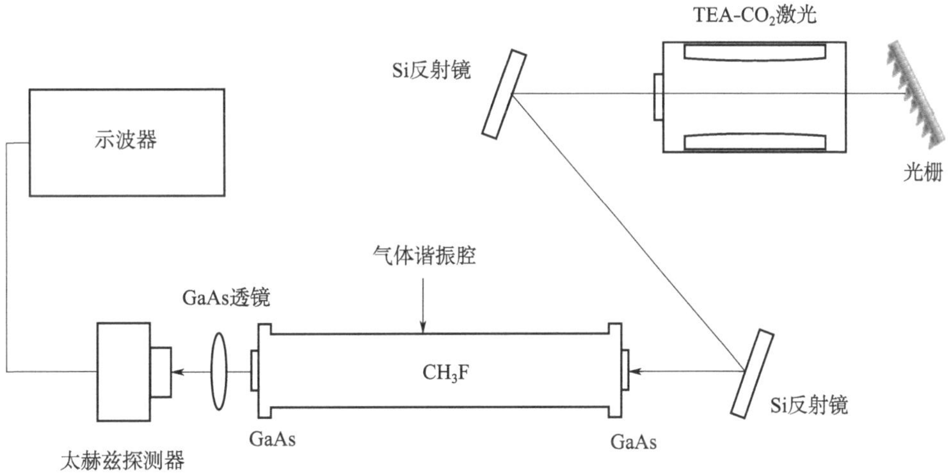

图 4 - 10　最大单脉冲输出能量为 300 mJ 的光泵气体太赫兹源实验装置

2016 年，浙江省电磁波信息技术与计量重点实验室 Dexian Yan 针对光泵气体太赫兹源体积较大这一缺点，研究了一种由空心光纤和光子晶体光纤（PCFs）作为反应气体池的紧凑结构，这些光纤具有光学效应、柔性和低损耗的特点。激光器结构示意图和 PCFs 形成的充满 CH_3OH 气体的反应池截面如图 4 - 11 所示。图中 L 表示 ZnSe 聚光透镜，M1 和 M2 表示太赫兹光栅，BFA 表示 PCFs 的裸光纤适配器。

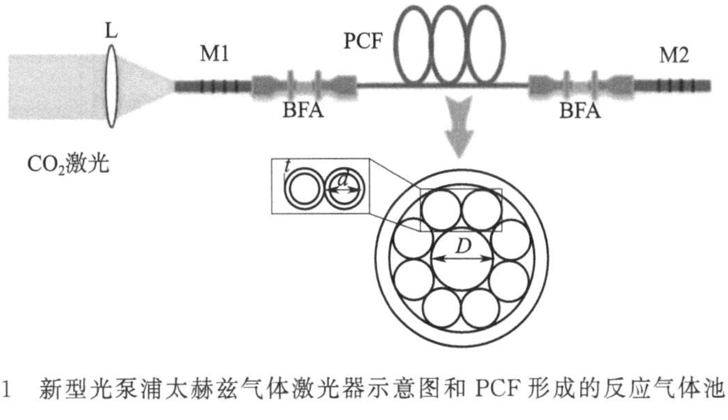

图 4 - 11　新型光泵浦太赫兹气体激光器示意图和 PCF 形成的反应气体池截面图

光泵气体太赫兹激光器能够输出高能量、高光束质量的太赫兹激光，在太赫兹相干探测、太赫兹光谱学以及等离子体诊断等领域具有重要应用价值。

4.4 太赫兹量子级联激光器（QCL）

4.4.1 工作原理

太赫兹量子级联激光器（QCL）的研制成功是半导体固态太赫兹辐射源发展的一个里程碑，它是一种半导体异质结构激光器。QCL 的基本运转依赖两个必要过程：内部次能带跃迁和级联效应。不同于常规二极管激光器中电子和空穴对的辐射复合，内部次能带的跃迁仅涉及电子，因此它被称为单级过程。QCL 利用异质结构形成不同半导体周期性轮换层的超晶格，在超晶格的一个周期内一个电子经历一次内部次能带跃迁，接着同样的电子被注入下一个周期且服从另一个内部次能带跃迁。这个过程不断重复直到电子到达超晶格的末端。术语“级联效应”反映了这个多次内部次能带跃迁的重复性。值得注意的是，级联过程打破量子效率的转换限制，即多个光子可以由一个单一电子产生。

量子级联激光器是只有电子参与的单极型激光器。电子从较高的能量状态跃迁到较低的能量状态，发射出光子，以激光的形式辐射出来，如图 4－12 所示。激光波长取决于由量子限制效应决定的量子阱两个激发态之间的能量差，而与半导体材料的能隙无关。激光媒质是由多层具有同样能级差的异质结构级联而成的，电子在通过量子级联激光器时会发射多个太赫兹光子，具有高电光转换效率。为了减轻热弛豫对粒子数反转的影响，这种激光器要工作在低温环境中。

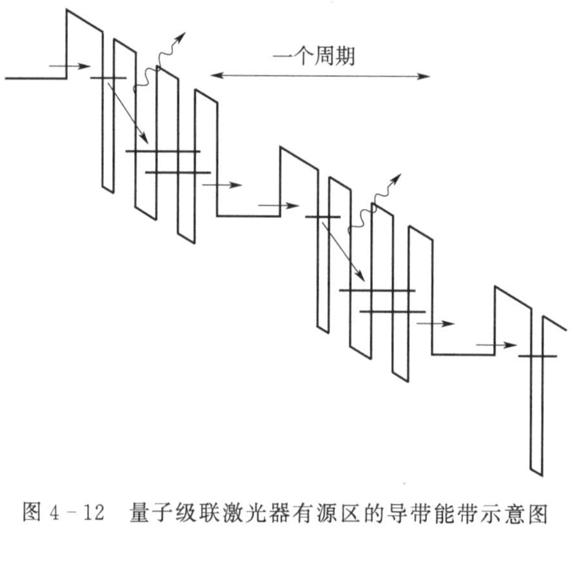

图 4－12 量子级联激光器有源区的导带能带示意图

QCL 中发射激光和级联效应的原理如图 4－13 所示。QCL 超晶格的一个周期结构包含一个注入器、一个注入势垒和一个作用区。在由多重量子阱组成的作用区中内部次能带发生跃迁，从而产生太赫兹辐射。典型 QCL 中激光作用是建立在三级系统上的，在 3 级和 2 级间产生粒子数反转。静态电场对超晶格结构进行偏置。为了实现级联，调整偏置电压使作用区的 1 级与下一个周期的 3 级一致。接着一个作用区中用过的电子被注入下一个周期并循环使用。有效的激光作用需要大规模的粒子数反转，因此将粒子高效注入高能级并迅速减少低能级的粒子数是非常必要的。同样，受激发射在两个发射激光能级间必须是占主导地位的衰变过程。

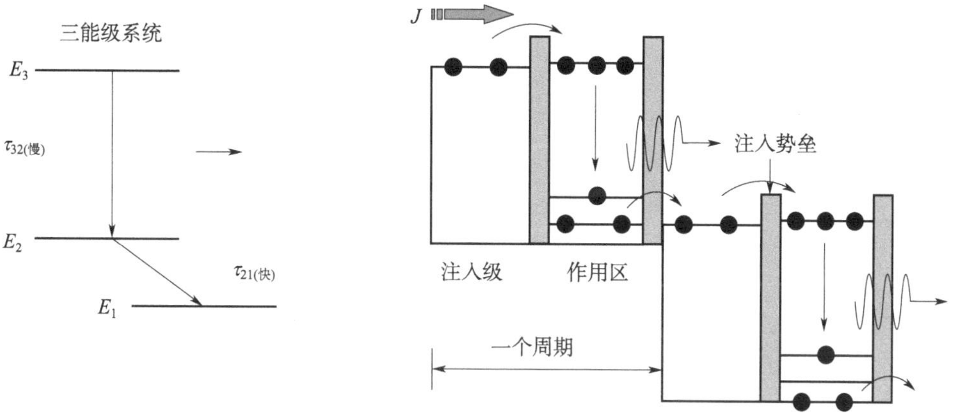

图 4-13　在 QCL 超晶格结构内激光产生和级联效应原理

对于 THz 波，介质很难进行有效的光学限制，一般采用金属层来实现。THz QCL 波导结构主要有半绝缘表面等离子体波导和双面金属波导，分别如图 4-14 (a) 和 (b) 所示[12-13]。半绝缘表面等离子体波导的有源区上表面为金属层，有源区下表面为薄的重掺杂下接触层和半绝缘衬底，激光模式通过表面金属层和重掺杂下接触层进行限制，并且很大一部分激光模式延伸到衬底中，波导限制因子小。这种波导结构激光器的制备工艺相对简单，激光光束质量好，输出效率高，大功率 THz QCL 常采用这种波导结构[14-15]。双面金属波导结构的有源区上下表面为两层金属，激光模式完全限制在两金属层之间，限制因子接近于 1。激光器具有更低的阈值电流密度，适用于高工作温度的 THz QCL[16]。然而这种结构的 THz QCL 出光孔径小，光束异常发散，且端面反射率高，激光输出效率低。得益于双面金属波导很强的限制作用，改变波导形状很容易改变激光模式，使在这种波导上实施光子工程改善激光性能成为可能。

QCL 优点在于辐射功率高出光学泵浦源和热辐射源好几个数量级，且相比庞大而昂贵的气体激光器，其在构建紧凑型太赫兹光电测试系统和应用系统方面更加具有优势。上述吸引人的特点不仅仅促使人们对基于 QCL 的实时成像系统产生极大的研究兴趣，还为进一步改进太赫兹成像技术提供了巨大帮助。表 4-3 中所示的是基于 GaAs/AlGaAs 材料的 QCL 目前最好的工作性能参数。

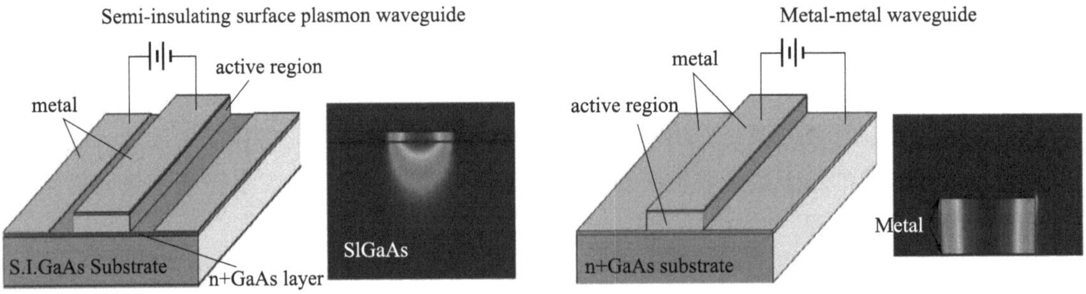

(a) 半绝缘表面等离子体波导　　(b) 双面金属波导

图 4-14　两种 THz QCL 波导结构

表 4-3　QCL 工作性能参数表

激射模式	频率/THz	最大输出功率/W	最高工作温度/K
连续波	1.2～5.2	0.23	129
脉冲	1.2～5.2	2.4	200

4.4.2　典型案例

2002 年，世界上第一个太赫兹量子级联激光器（QCL）由意大利和英国剑桥大学的科学家合作研制完成[17]。器件基于 GaAs/AlGaAs 材料体系，辐射频率为 4.4 THz，采用脉冲工作模式，输出功率大于 2 mW，阈值电流密度约为 300 A/cm^2，最高工作温度为 50 K。

2008 年，英国剑桥大学 Freeman 等人采用双有源区的设计方案实现了双频的太赫兹波发射[18]，两个有源区均采用束缚态到连续态跃迁设计，但是设计的辐射频率不同，分别为 2.6 THz 和 3.0 THz。器件的最高工作温度分别为 60 K（2.6 THz）和 91 K（3.0 THz）。该设备的优势在于不需要施加磁场即可实现不同辐射频率的转换。2010 年，苏黎世联邦理工学院 Faist 课题组研制出低发散角的 QCL[19]，既降低了器件的尺寸，又具有较小的发散角，发散角范围在 30°左右。激光器连续模式下的最高工作温度为 110 K，10 K 下功率为 1.5 mW。2013 年，维也纳工业大学提出了一种辐射功率高达 1 W 的 QCL，它采用了一种特殊的合并技术，将对称的激光结构连接在一起，从而产生多倍强度激光，激光器如图 4-15（a）所示。2016 年，麻省理工学院 Yang Yang 等人提出了一种用于宽带太赫兹光谱的 QCL[20]，该激光器仅有电脑芯片大小，如图 4-15（b）所示，可以产生 250 GHz 带宽频率均匀分布的光谱。

近年来，人们通过对 QCL 有源区结构和波导结构的不断改进与优化，使 QCL 的性能有了长足进步。截至目前，其辐射波长范围覆盖了 1.2～5.2 THz[21]；连续工作模式下，最高工作温度为 129 K[22]，最大输出功率为 1 W。输出功率为 230 mW 的 QCL 连续波功率测量设备简图如图 4-16（a）所示[23]，THz QCL 安装在液氦连续流低温恒温器上，配备 3.0 mm 厚的聚乙烯（PE）窗口。为了提高激光光刻面的收集效率，在光刻面前放置了

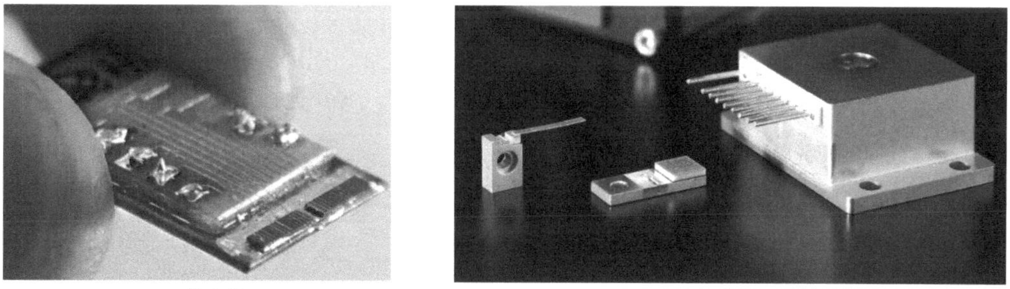

(a) 高功率QCL　　(b) 宽带QCL单元

图 4－15　QCL 实物图片

f/2.0 OC－NI 温斯顿锥。综合考虑光强空间分布，粗略估计其收集效率为 80.6%，QCL 器件的 SEM 图像如图 4－16（b）所示。脉冲工作模式下，最高工作温度为 186 K[24]，最大输出功率为 2.4 W[25]。随着磁场的引入，辐射频率进一步降低，最低可达 0.84 THz。器件工作温度也得以进一步提高，达到 225 K[26]。QCL 是目前少有的可在 1 THz 以上输出相干辐射功率超过 10 mW 的固态源。

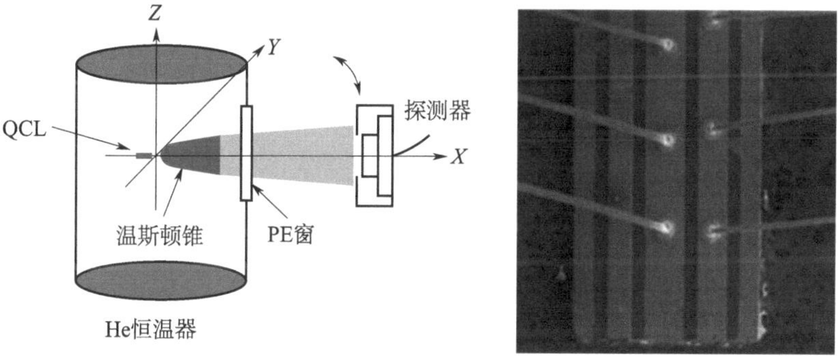

(a)　　(b)

图 4－16　测量 QCL 器件功率实验设备及 QCL 器件 SEM 图像

辐射频率与输出功率是 THz QCL 的两个基本性能衡量标准，下面将从这两个方面介绍目前极限激射频率、大功率输出和高工作温度的高性能 THz QCL。

辐射频率方面，2007 年，瑞士纳沙泰尔大学 Walther 等人研制了基于 GaAs/$Al_{0.1}Ga_{0.9}As$ 多量子阱的束缚态向连续态跃迁的有源区结构 THz QCL[27]，器件的辐射频率低至 1.2 THz，这是目前报道的无磁场辅助的最低辐射频率。基态 QCL 的原理是在多量子阱中只有基态子带参与电子的输运和辐射跃迁。基态 QCL 有更窄的势阱，高能级子带更远离基态，辐射跃迁释放的光子能量更大。为了提高 THz QCL 的激射频率，2010 年，麻省理工学院的 Chan 等人采用了基态 QCL 的有源区结构[28]，实现了 5.2 THz QCL 激射频率，这也是目前 THz QCL 最高的激射频率。谱宽方面，2015 年，苏黎世联邦理工学院 Faist 小组采用三个不同中心频率的有源区叠加而成的量子级联结构研制了超宽谱 THz QCL[29]，三个有源区的中心频率分别为 2.9、2.6 和 2.3 THz，通过优化设计获得匀质宽增益谱，激光器的辐射频率连续覆盖范围为 1.64～3.35 THz，谱宽达到 1.71 THz。该激光器的辐射频率及特点如图 4-17 所示。

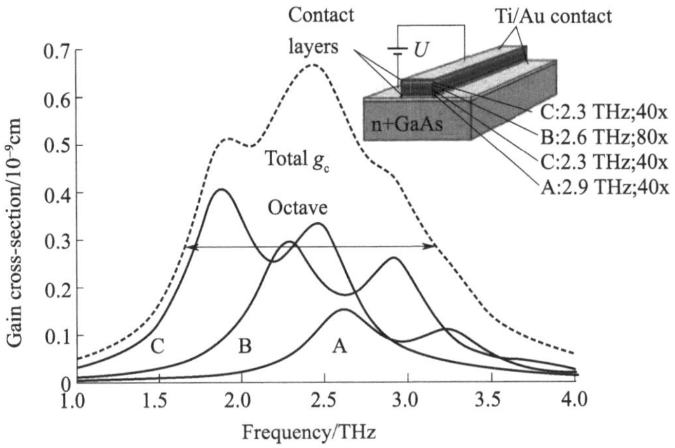

(a) 辐射频率分布与激光器中不同活跃区域分布

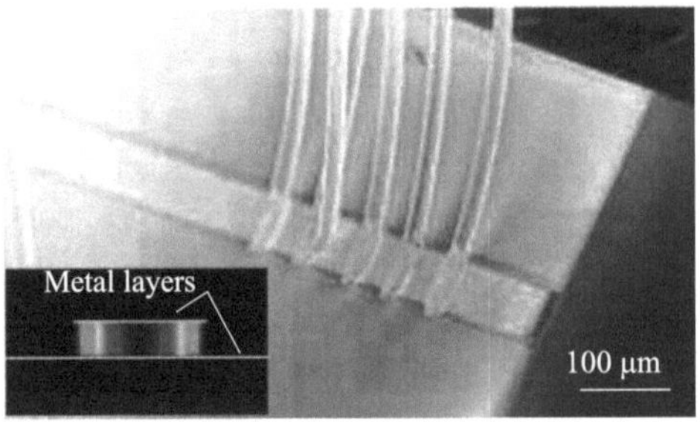

(b) 激光器的SEM图像与双面金属波导中电场强度分布

图 4-17　量子级联激光器特点

THz 光子能量低，容易受到声子的影响，有源区需要在低温条件下保持粒子数反转，降低非辐射跃迁几率，这就使得 THz QCL 通常需要在大体积低温制冷系统中工作。到目前为止，已经有很多研究致力于提高 THz QCL 的工作温度，以期实现小型化和便携式的 THz 辐射源。图 4-18 (a) 为具有代表性高工作温度的 THz QCL。2009 年，麻省理工学院 Kumar 等人采用斜跃迁的三阱共振声子散射有源区结构以增加上辐射态载流子寿命[24]，从而增加高温下的增益，通过 Cu-Cu 晶圆键合等工艺制作了双面 Cu 金属波导的 THz QCL，器件的激射频率为 3.9 THz，最高工作温度达到 186 K。对于共振隧穿注入机制的 THz QCL，最高工作温度与 $\hbar\omega/k_B$ 相当，其中 $\hbar$ 为约化普朗克常数，ω 为辐射光子角频率，k_B 为玻耳兹曼常数。2012 年，Fathololoumi 等人通过优化辐射跃迁谐振强度及提高注入隧穿耦合强度，设计了三阱共振声子的 THz QCL，器件的激射频率为 3.22 THz，最高工作温度为 199.5 K，相当于 $\hbar\omega/k_B$ 的 1.28 倍。2019 年，苏黎世联邦理工学院 Bosco 等人通过非平衡格林函数模型优化二阱有源区结构[30]，实现了基于热电致冷的 THz QCL，该器件无须使用大体积的低温制冷系统，工作温度达到 210.5 K，在 206 K 时峰值功率高达 1.2 mW，这一研究成果为实现便携式 THz QCL 辐射源铺平了道路。

水对 THz 波的吸收作用较大，实际应用中，光路系统的水汽及样品物质的水分都会衰减 THz 波的能量，因此 THz 技术对大功率 THz QCL 提出了要求。图 4－18（b）为一些代表性的大功率 THz QCL。2006 年，麻省理工学院 Williams 等[31]人采用共振隧穿和声子散射机制的四阱共振声子结构实现了激光器的 4.4 THz 辐射，脉冲最大峰值功率达到 248 mW，连续波的最大功率达到 138 mW。除了通过优化有源区结构提高增益之外，还能通过增加有源区的厚度或增大谐振腔尺寸以进一步提高器件的输出功率。2013 年，维也纳理工大学 Brandstetter 等[32]人采用对称的有源区结构将两个晶圆直接键合，使有源区厚度增加至 20 μm，制作了 3.9 THz 半绝缘表面等离子体波导 QCL 器件，实现了单端脉冲模式 470 mW 的峰值功率输出，两端输出功率为 940 mW。这种技术可行的前提是有源区结构必须为对称结构，而且对晶圆键合的质量要求很高。2014 年，英国利兹大学 Li 等人采用束缚态向连续态跃迁和共振声子杂化的有源区结构[33]，并使用更大尺寸的谐振腔以提高 THz QCL 的输出功率，器件长为 4.2 mm，宽为 425 μm。在后端面镀 SiO_2/Ti/Au/SiO_2 高反膜，实现了 3.4 THz QCL 前端面最大脉冲峰值功率 1.1 W 的输出。2017

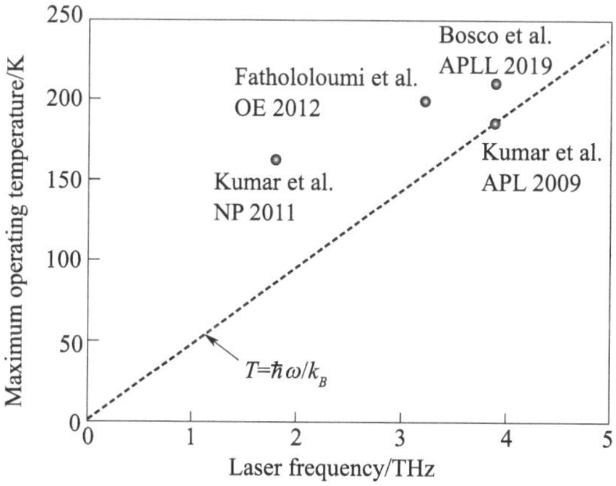

(a) 代表性的THz QCL最高工作温度与频率的关系

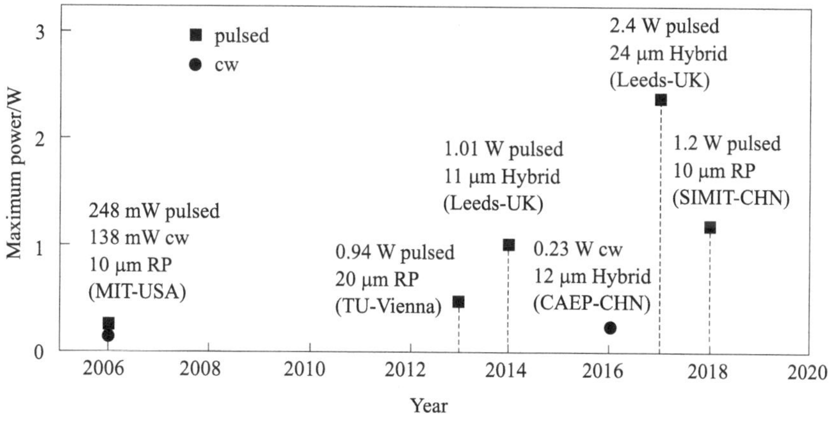

(b) 代表性的THz QCL最高输出功率随年份的变化

图 4－18　代表性的高性能 THz QCL 统计图

年，Li 等人仍采用杂化有源区结构并将有源区厚度增至 24 μm[34]，研制的 QCL 激射频率为 4.4 THz，3.6 mm 长、425 μm 宽的后端面镀高反膜器件的脉冲峰值功率高达 2.4 W。国内，中国工程物理研究院王学敏等人采用束缚态向连续态跃迁和共振声子结合的有源区结构[23]，研制了连续波工作的大功率 THz QCL，最大输出功率为 0.23 W。中国科学院上海微系统与信息技术研究所曹俊诚课题组采用四阱共振声子的有源区结构[35]，实现了激射频率 4.3 THz、脉冲峰值功率 1.2 W 的大功率 QCL。

QCL 的发展需要摆脱工作环境低温的限制。1 THz 光子的能量是 4.1 meV，这个能量太低，以至于热激发能够轻易扰乱电子组态，更为严重的是能影响 QCL 的激光发射所必需的粒子数反转过程。作为全固态的电泵浦光源，QCL 能实现高功率、窄线宽和连续发射，是目前研究的热门方向之一。

4.5　基于飞秒激光的太赫兹源

4.5.1　光电导天线

（1）工作原理

随着超短脉冲技术的逐渐革新，采用飞秒激光作为泵浦源，以光电导和光整流效应为基础的太赫兹辐射源也得到了广泛的关注与发展。

产生太赫兹波的光电导天线基本结构如图 4-19 所示：在光电半导体材料表面淀积上金属电极，制成偶极子天线结构。通过金属电极对这些光电半导体材料施加偏置电压。当超快激光（光子的能量要大于或者等于该种光电半导体材料的能隙，即 $h\upsilon \geqslant E_g$）打在两电极之间的光电半导体材料上时，会在其表面瞬间（10^{-14} s 量级）产生大量的电子-空穴对。这些光生自由载流子在外加偏置电场和内建电场的作用下做加速运动，从而在光电半导体材料的表面形成瞬变的光电流。最终，这种快速的、随时间变化的电流就会向外辐射出太赫兹波。

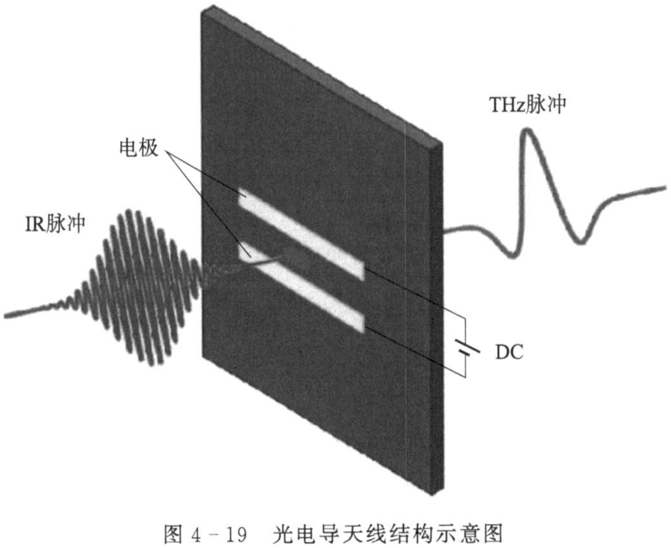

图 4-19　光电导天线结构示意图

基于光整流效应实现太赫兹波的辐射，主要是利用超短激光脉冲与非线性介质（例如 $LiNbO_3$、$LaTiO_3$、ZnTe 等电光晶体）相互作用，产生低频电极化场的过程。这个随时间变化的电极化场能够辐射出电磁波，而该电磁波的振幅强度与频率分布取决于脉冲激光的特征和介质的非线性性质，通过使用飞秒脉冲激光和二次非线性光学材料，可以使辐射的电磁波落在太赫兹波段。

光电导太赫兹源又称光电导天线、光电导开关，当脉冲激光辐照在光电导天线的两电极之间时，会使基底材料中的电子从价带跃迁到导带上，从而产生自由载流子。而在外加偏置电场的作用下，这些载流子又会在电场方向上运动形成电流，电流密度可以表示为：$J(t)=N_e(t)e\mu_e E_b+N_p(t)e\mu_p E_b$。其中，$N_e$、$N_p$ 为光自由电子、空穴的密度；e 为电子、空穴所带电荷量；μ_e、μ_p 为电子和空穴的迁移率；E_b 为偏置电场的场强。

由于电子的迁移率要远高于空穴的迁移率，因而可以忽略空穴的影响。此时，两电极之间的电流密度可以表示为：$J(t)=N_e(t)e\mu_e E_b$。当自由载流子在偏置电场中加速运动时，便会产生电磁辐射。而在激发光的脉冲宽度为飞秒量级时，光电导天线产生的电磁脉冲将是太赫兹脉冲。太赫兹辐射的场强与偏置电场强度成正比例关系，提高外加偏压可以提高太赫兹辐射的功率。与此同时，自由载流子的密度与激发光的强度有关，提高激发光强度可以提高光生载流子密度，从而提高太赫兹辐射的功率。

光电导天线太赫兹源的工作原理如图 4－20 所示。图 4－20（a）表示没有脉冲激励时（暗态）的状态。图中外围偏置电路未画出来，用电势差符号表示电极之间加载了偏置电压。图 4－20（b）表示泵浦脉冲照射和照射引起的载流子产生，泵浦脉冲为皮秒（ps）或更短时间的短脉冲。图 4－20（c）表示泵浦脉冲照射引起的载流子在电极之间的电场作用下被加速。图 4－20（d）表示加速电荷产生电磁辐射，辐射频率处于太赫兹频段，在很多方向都会有电磁辐射，但是优先在光电导体的高指数晶面耦合输出。图 4－20（e）表示电子和空穴快速复合并回到图 4－20（a）的状态。在此过程中，产生了大量的电子空穴对，同时又大量复合。在图 4－20（b）～（d）中显示了 1 对电子空穴，而图 4－20（e）显示了 2 对电子空穴。

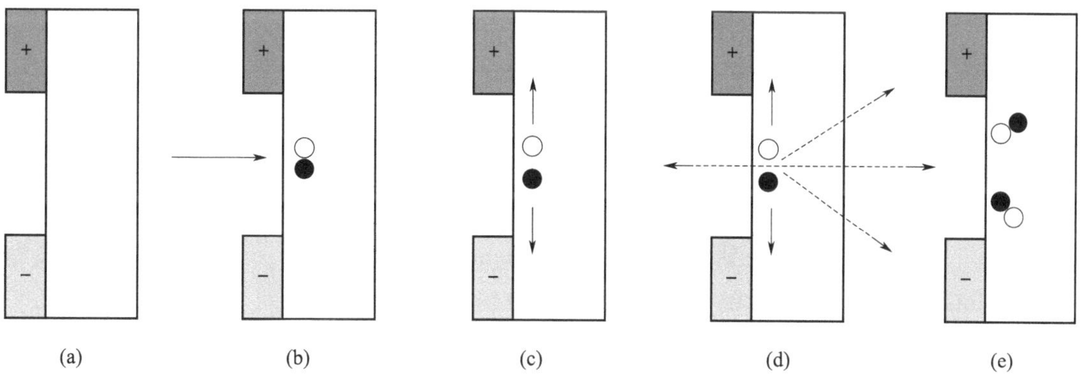

图 4－20　光电导发射器中载流子的作用过程（预备、产生、加速、辐射、复合）

光电导天线是目前常用的太赫兹源之一，可以产生超短脉冲、超宽频带的太赫兹波，用于高分辨率成像、太赫兹频谱分析等方面。光电导天线太赫兹源的主要缺点是产生的太赫兹波的能量和频率较低，其技术发展受光电材料发展的限制。半绝缘 GaAs 材料作为制作光电导天线的理想基底材料，具有良好的光电性能。常用 GaAs 材料是 LTGaAs（低温生长 GaAs）。然而，在实际应用中，LTGaAs 光电导天线所用的泵浦源是 800 nm 钛蓝宝石飞秒激光器，不仅价格非常昂贵，而且体积庞大，集成度和便携度不高，这成为制约光电导天线发展最重要的原因。采用商业 1 550 nm 光纤飞秒激光器辐照衬底材料为 LTInGaAs 的光电导天线同样可以产生太赫兹辐射。相对于 800 nm 钛蓝宝石飞秒激光器，商业 1 550 nm 光纤飞秒激光器的价格便宜得多，而且其激光器的尺寸更小。但与 LTGaAs 相比，LTInGaAs 的电阻率和迁移率都不高，所以 LTInGaAs 光电导天线的太赫兹辐射功率与 LTGaAs 光电导天线相比要弱很多。对于光电导天线衬底材料的开发和改善仍然任重道远，因此开发新的光电导体材料成为当前开发光电导天线的必由之路。

（2）典型案例

20 世纪 70 年代，IBM Grischkowsky 等人开始研究如何使用光电导天线产生太赫兹波[36]，但直到 90 年代，半导体材料和高能脉冲激光器有了较大发展，这项技术才获得实质性进展。1995 年，麻省理工学院 Brown 等人用混频的方式[37]，使得两束激光作用在 PCA 上，产生了可调且连续的 THz 波，QCL 如图 4-21 所示。

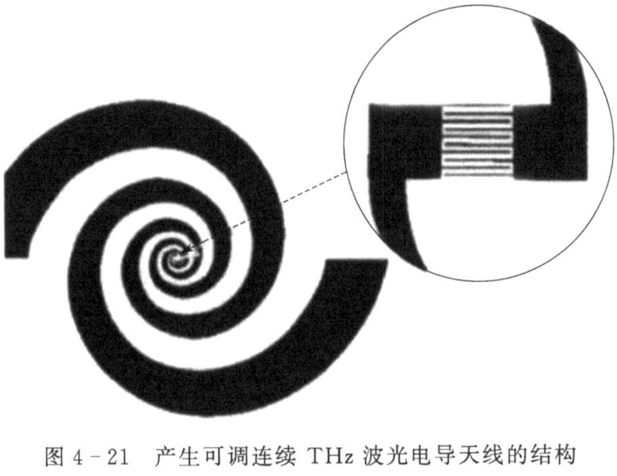

图 4-21　产生可调连续 THz 波光电导天线的结构

2004 年，西安理工大学施卫等人采用飞秒脉冲激光触发由砷化镓材料构成的光电导天线，产生了频率为 0.5 THz、频谱宽度大于 2 THz、脉冲宽度约为 1 ps 的太赫兹波。2010 年，马克斯普朗克固态研究所 A. Schwagmann 等人使用 1.55 μm 的激光照射基底为 ErAs：InGaAs 的光电导天线[38]，产生的太赫兹辐射波最大带宽达到 3.1 THz。随着光电导材料和器件制备工艺技术的发展，目前国外已有众多商业化太赫兹光电导天线产品，如灰鹰光学公司（Greyhawk Optics）出产的光电导系列产品，其光电导天线尺寸约为 2 mm×2 mm，能产生 1～1.5 THz 的太赫兹波。2014 年，美国加州大学 Shanghua Yang 等人提出了新型大面积等离子体发射器[39]，如图 4-22 所示，相对于传统光电导天线，具有更高的光-太赫兹转换效率。研究表明，接触电极可使大部分光集中在电极附近，从而提高光电导天线的转换效率。

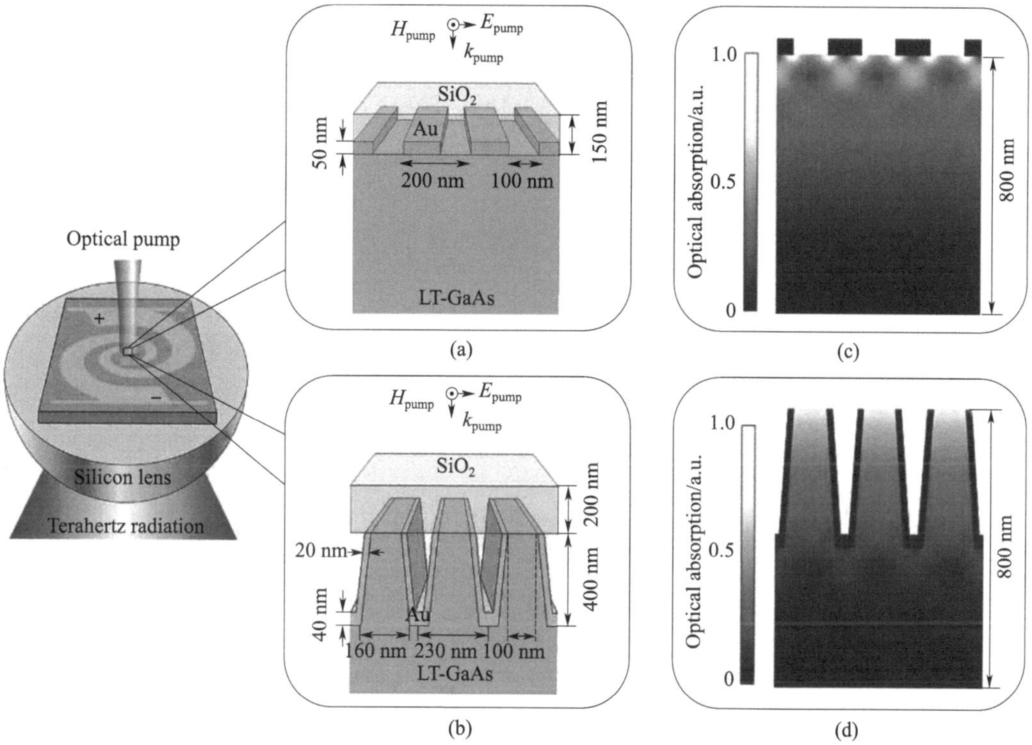

图 4－22　等离子体光电导天线的原理图

2019 年，荷兰雷达技术部 Alessandro Garufo 等人提出一种以 0.1～0.6 THz 带宽为目标的光电导天线太赫兹源[40]，该阵列结构设计方案可以产生毫瓦量级模式纯净的高效率辐射，阵列整体及单元结构如图 4－23 所示。图 4－23（a）为系统结构概图，图 4－23（b）为光电导天线阵列及其产生的太赫兹辐射简图，图 4－23（c）为光电导天线单元产生太赫兹辐射的简图。截止到现在，用光电导天线方式产生太赫兹辐射的频率可以覆盖 0.1～30 THz，通过加大偏置电压的方式，辐射的平均功率目前最高可达到毫瓦量级。2020 年伊朗大不里士大学 Anvari 等人在传统光电导天线电极之间的间隙处添加了金纳米棒阵列[41]，如图 4－24 所示，其大大增强了激光功率的表面吸收并促进太赫兹波的产生，将吸收率提高到 96%，光电流增强了 2.5 倍。因此，光电导天线具有优异的频谱性能和潜在的应用价值，是目前获得广泛应用的太赫兹辐射源之一。

光电导天线太赫兹源需要在红外激光源泵浦下工作，例如可以采用美国相关公司生产的 Verdi6/Mira－900D 钛宝石激光器，激光波长可调谐范围为 700～980 nm，重复频率为 76 MHz，两套工作系统：飞秒系统 80 fs，平均功率 1.1 W；皮秒系统 5 ps 和 15 ps 两套，平均功率 1.3 W。接下来考虑光电导天线所需要的泵浦激光有效光斑面积，由基模高斯光束在自由空间的传输规律可得[42]

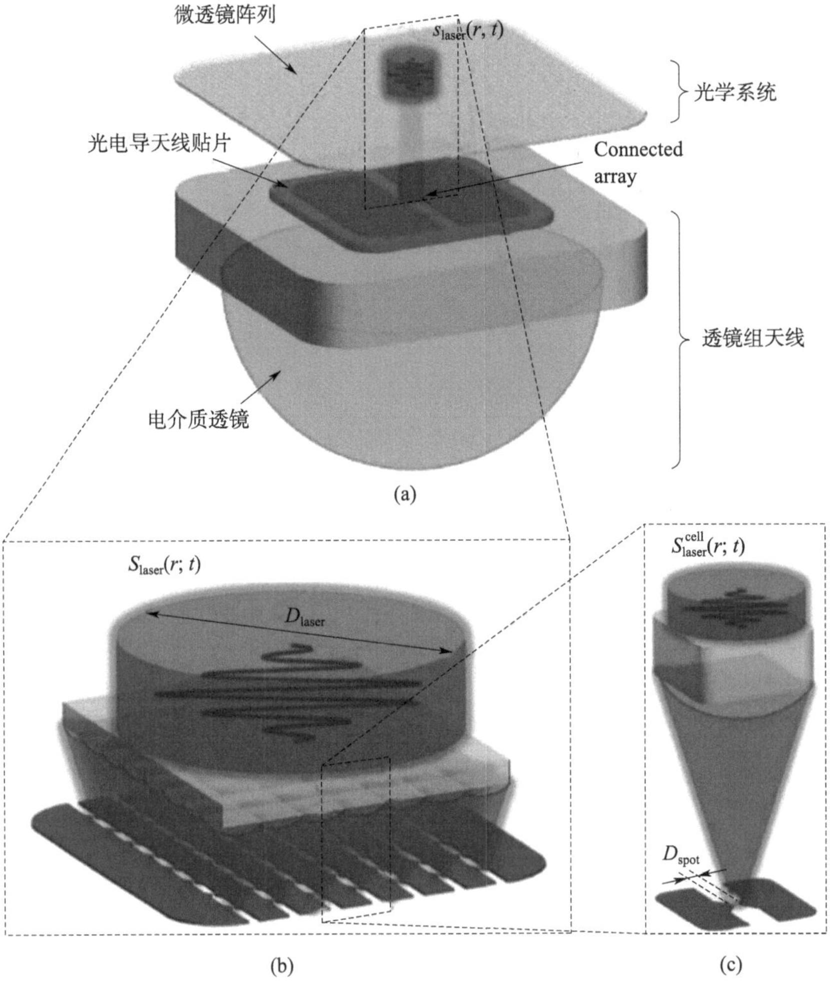

图 4-23　阵列光电导天线太赫兹源

$$\omega(z)=\omega_0\sqrt{1+\left(\frac{\lambda z}{\pi\omega_0^2}\right)^2}$$

式中，$\omega_0=\dfrac{2\lambda}{\pi\theta_0}$。

实验所用钛宝石激光器高斯光束发散全角为 θ_0，可以计算出在泵浦光中心波长处的束腰光斑半径，结合泵浦激光器在飞秒系统中输出光束半径值，可以计算出激光器输出端离光束束腰位置的距离，以取得理想的实验效果。太赫兹辐射产生后，可以使用离轴抛物面镜对光电导天线辐射的太赫兹波进行准直，并采用具有高灵敏度的探测器测量太赫兹脉冲能量大小。

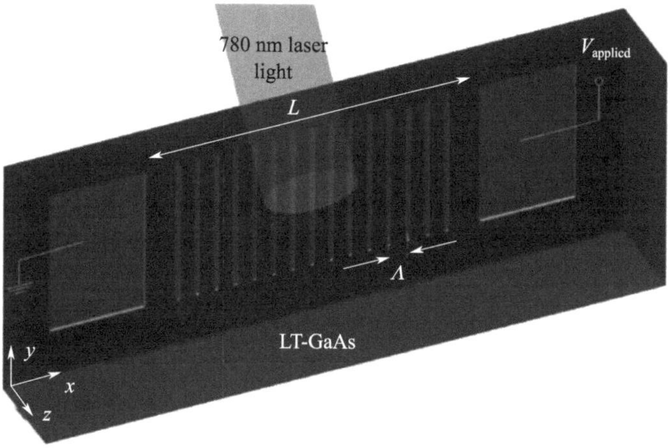

图 4 - 24　金纳米棒光电导天线

4. 5. 2　光整流太赫兹源

（1）工作原理

光整流又称光致直流电场，是产生脉冲宽谱太赫兹波的一种重要方式。光整流太赫兹源是对频率高于太赫兹波的电磁波进行频率转换，将高频电磁波降低到太赫兹频段的一种太赫兹波产生技术。其基本原理是利用宽带超短脉冲激光照射二阶非线性晶体，在晶体中由于非线性光学效应的存在，脉冲激光中的两个频率差在太赫兹波段的分量进行混频，输出差频光，即太赫兹波段的辐射。使用光整流法产生太赫兹波的过程如图 4 - 25 所示，超短脉冲照射非线性晶体，频率差为太赫兹频段的两个脉冲分量在相位匹配的条件下进行差频混频，输出太赫兹频率的脉冲。

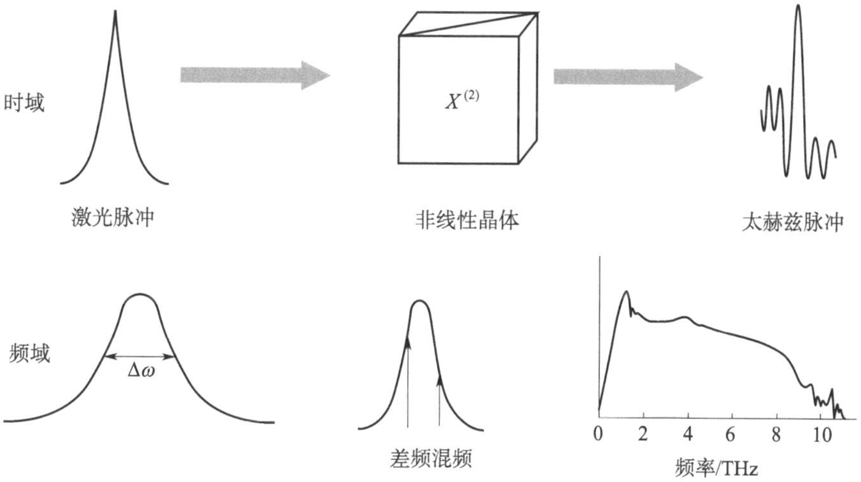

图 4 - 25　光整流太赫兹波产生过程

光整流效应是一种非线性效应，是光电效应的逆过程。光整流效应是指两个不同频率的光束在非线性介质（铌酸锂、钽酸锂、有机晶体等）中传播时发生混合，从而产生和频振荡及差频振荡现象。在出射光中，除了有与入射光频率相同的光波外还有新频率的光波。而且当一束高强度的单色激光在非线性介质中传播时，它会在介质内部通过差频振荡效应激发一个恒定的电极化场。恒定的电极化场不辐射电磁波，但会在介质内部建立一个直流电场。根据傅里叶变换理论，一个脉冲光束可以分解成一系列单色光束的叠加，其频率取决于该脉冲的中心频率和脉冲宽度。在非线性介质中，这些单色分量不再独立传播，它们之间将发生混合。和频振荡效应产生频率接近于二次谐波的光波，差频振荡效应则产生一个低频电极化场，这种低频电极化场可以辐射包含太赫兹波段的低频电磁波。光整流的物理过程是一个瞬间完成的过程，产生的太赫兹辐射强度与非线性介质的极化电场强度的低频部分对时间的二阶偏导数成正比。光整流的关键问题是相位匹配，它可以放大激光和太赫兹脉冲在非线性介质中的相互作用，并且能增强光整流的产生效果。

光整流太赫兹源的核心结构——非线性晶体应满足下列几个条件：在所用波段范围内具有较高的透过率、高的损伤阈值、大的非线性系数及优秀的相位匹配能力。目前常用于产生太赫兹辐射的非线性晶体主要有碲化锌（ZnTe）、磷化镓（GaP）、硒化镓（GaSe）、铌酸锂（$LiNbO_3$）、DAST 等。其中 ZnTe 晶体由于具有较高的二阶非线性极化率和对 800 nm 激光良好的相位匹配，是目前最为广泛使用的太赫兹脉冲产生晶体。其具有很好的化学稳定性，利用远红外激光泵浦能够很容易实现其共线相位匹配，产生 0.1～3 THz 光谱宽度的太赫兹脉冲辐射。GaP 和 GaSe 晶体由于具有非常宽的相位匹配，可以产生谱宽超过 10 THz 的太赫兹脉冲辐射，也具有较广泛的应用背景。

光整流方法产生太赫兹波的能量转换效率主要取决于光整流晶体非线性系数的大小、激光脉冲与产生的太赫兹脉冲之间相位匹配情况，即光脉冲的群速度是否等于光整流产生的太赫兹波的相速度[43]。对于一些非线性晶体，如 ZnTe 晶体等，因其近红外波段折射与太赫兹波段折射很接近，相对容易满足共线相位匹配条件，但是它的非线性光学系数较小，品质因素较低，难以产生高功率、高效率的太赫兹波。对于许多性能良好的非线性晶体，如 $LiNbO_3$，其具有较高的非线性系数和品质因素，但因其近红外光波段的折射率与太赫兹波段折射率相差较大，又难以满足共线相位匹配的条件，激光与太赫兹波的能量转换效率极低，对于 10 mJ 的泵浦脉冲，其产生太赫兹波的能量转换效率仅为 10^{-9}～10^{-6}。因此，针对 $LiNbO_3$ 光整流晶体，提出一种利用波前倾斜来实现非共线相位匹配的方式，以提高光整流产生太赫兹波的能量转换效率。

$LiNbO_3$ 晶体在宽频段（350～5 200 mm）的高光学透明度、较大的电光系数（$r_{33}=30.4$ pm/V）、强光学非线性、铁电性和压电性等特性，使其与高能飞秒激光结合后可产生较为稳定的强太赫兹脉冲。如图 4－26 所示，该技术的核心原理在于通过倾斜泵浦光的波前，并使其与产生的太赫兹波以一定的角度在晶体中传播，从而实现非共线的相位匹配。由于这种基于波面倾斜的太赫兹源采用具有高非线性系数的非线性晶体实现了相位匹配，因而可以大大提高激光能量转换为太赫兹辐射能量的效率。目前，采用该方法利用脉宽 785 fs、60 mJ 的飞秒激光作为泵浦光源已经产生了单脉冲能量超过 0.4 mJ 的太赫兹脉冲源。

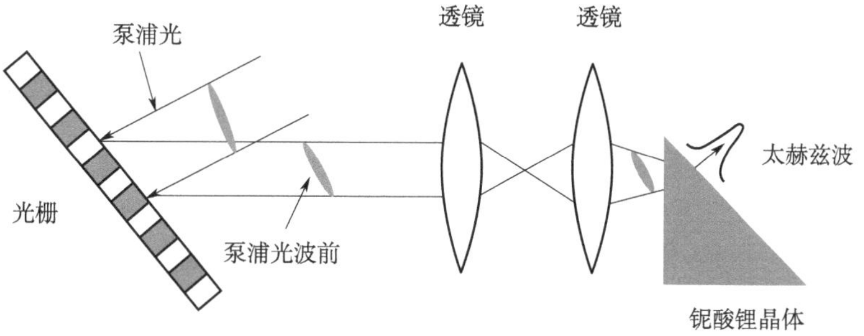

图 4-26　倾斜波前强脉冲太赫兹源示意

光整流方法的优点是产生的太赫兹波具有较高的时间分辨率和较宽的频谱范围。光整流是目前能够产生最强单脉冲能量的太赫兹辐射的一种重要方式，并且产生的太赫兹波的光谱宽度也比光电导天线太赫兹源宽得多，可以达到 0.1～100 THz，覆盖整个太赫兹波段。这种光源的主要缺点：辐射的最大功率既受超快激光脉冲的影响，又受介质的损伤阈值的制约；辐射产生效率受材料非线性系数、介质材料对太赫兹辐射的吸收、激光脉冲与太赫兹脉冲之间的相位匹配等因素影响，很难获得相位匹配；能量利用率低，因为只利用了脉冲激光中的少量频率成分；不利于高功率应用，大量能量以热能形式释放；宽带脉冲激光依赖于单脉冲能量较强的飞秒激光（毫焦量级甚至更高）作为泵浦光源，导致使用光整流方法产生太赫兹波的系统往往较为庞大，也较为昂贵，一般只在实验室中用于实验研究。

（2）典型案例

1992 年，美国洛斯阿拉莫斯实验室 J. Ahn 等人提出光整流太赫兹源模型[44]。产生太赫兹辐射的实验模型示意图如图 4-27 所示。泵浦激光脉冲从左侧进入太赫兹源装置，经过搭载光学掩膜编码阵列的光脉冲整形器进行光谱分散，从而对泵浦光的空间色散进行抑制。利用可编程泵浦光脉冲生成太赫兹脉冲，电光椭偏仪通过记录太赫兹波的相位分布来分析其脉冲形状。

2000 年，慕尼黑大学 R. Huber 等人用脉宽为 10 fs 的脉冲激光相位匹配光整流效应，在薄砷化镓晶体中产生了短至 50fs 的红外脉冲[45]，电磁辐射的中心频率从 41 THz 到远红外波段连续可调。2007 年，麻省理工学院 K. L. Yeh 等人用掺钛蓝宝石近红外飞秒激光器泵浦氧化镁-铌酸锂晶体，实验模型示意图如图 4-28 所示，产生了中心频率为 0.5 THz 的太赫兹波[46]，其脉冲能量为 10 μJ，平均功率为 100 μW。

2011 年，德国斯图加特大学 Negel 等人使用低成本、大功率半导体激光器泵浦 1 030 nm 的飞秒激光器[47]，再用飞秒激光泵浦磷化镓晶体，获得了中心频率为 1 THz、带宽为 0.5 THz、功率为 1 μW、重复频率为 44 MHz 的太赫兹波，设备结构示意图如图 4-29 所示。其结构设计简单易调，飞秒脉冲被聚焦到非线性晶体中，通过光学整流产

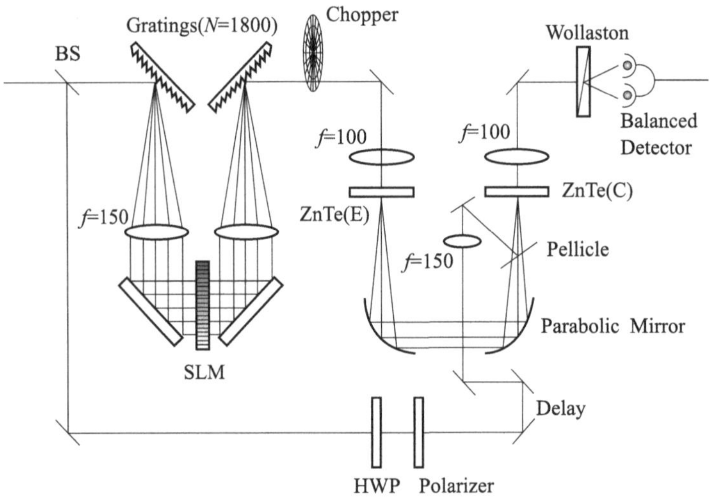

图 4-27 光整流太赫兹源装置示意图

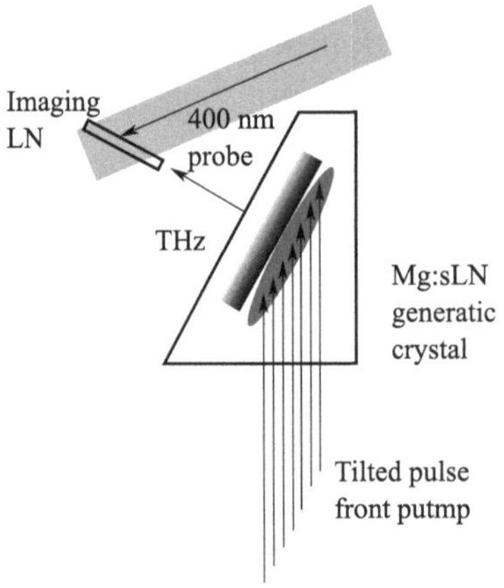

图 4-28 泵浦氧化镁-铌酸锂晶体生成太赫兹辐射实验及测试装置示意图

生太赫兹辐射。通过高密度聚乙烯（HDPE）滤波后太赫兹辐射被收集，然后通过两个90°离轴抛物面镜聚焦到探测器。2019 年，美国西弗吉尼亚大学 Herath P. Piyathilaka 等人采用线极化近红外激光脉冲激发的方式，利用黄铜矿晶体 $CdGeP_2$、$ZnGeP_2$ 和 $CdSiP_2$ 的非线性效应，采用光整流方法产生了带宽为 2.5 THz 的宽频太赫兹辐射[48]。

对于倾斜波前的光整流太赫兹源，2008 年，俄罗斯科学院光谱研究所 Stepanov 等人利用飞秒激光器泵浦氧化镁-铌酸锂晶体，获得了能量为 30 μJ 的太赫兹波[49]。产生太赫兹辐射的装置示意图如图 4-30 所示。

2018 年，École de technology supsamrieure 的 Franois Blanchard 等人使用名为数字微镜的一种微机电系统作为梯级镜或光栅的替代方案[50]，可以在时间和空间上操纵超短光脉冲的脉冲前沿倾斜强度分布，设计了一种倾斜波片的泵浦铌酸锂晶体产生太赫兹辐射的方案。实验设备如图 4-31 所示。

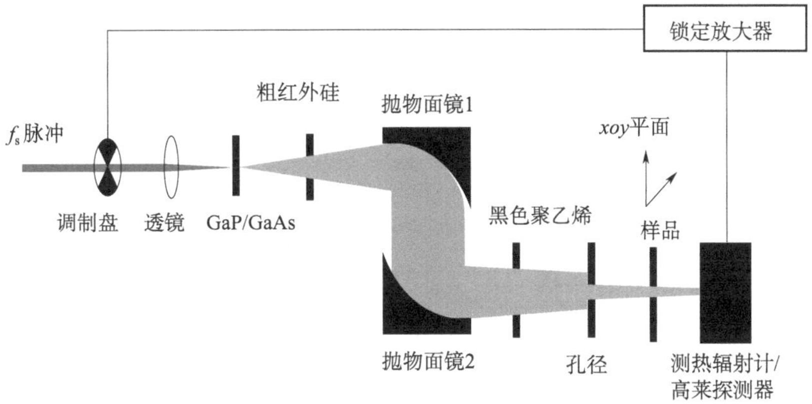

图 4－29　泵浦氧化镁-铌酸锂晶体生成太赫兹辐射示意图

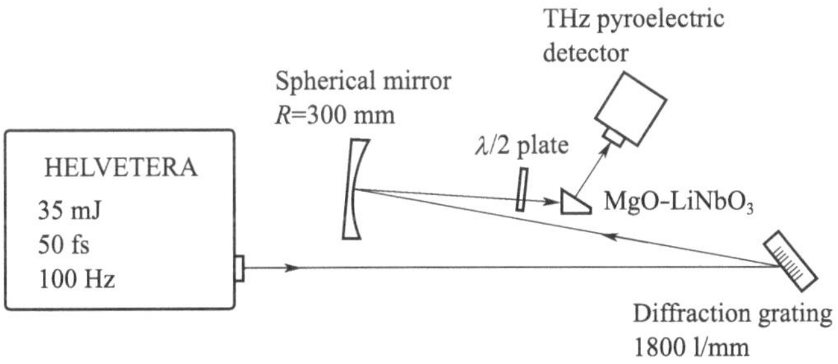

图 4－30　利用氧化镁-铌酸锂晶体生成太赫兹辐射示意图

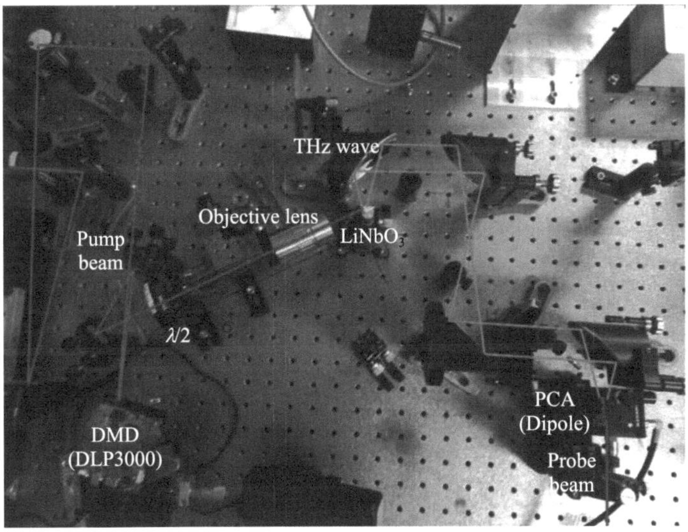

图 4－31　基于数字微镜的太赫兹源实验装置

2020 年，德国汉堡大学的 Tobias Kroh 提出了一种调节脉冲倾斜波前的方法[51]，实验装置示意图如图 4-32 所示。通过多维扫描能够直接和准确地确定最佳参数值，可应用于基于倾斜脉冲波前的任何装置，对于构建强场太赫兹应用所需的高能太赫兹源非常重要。

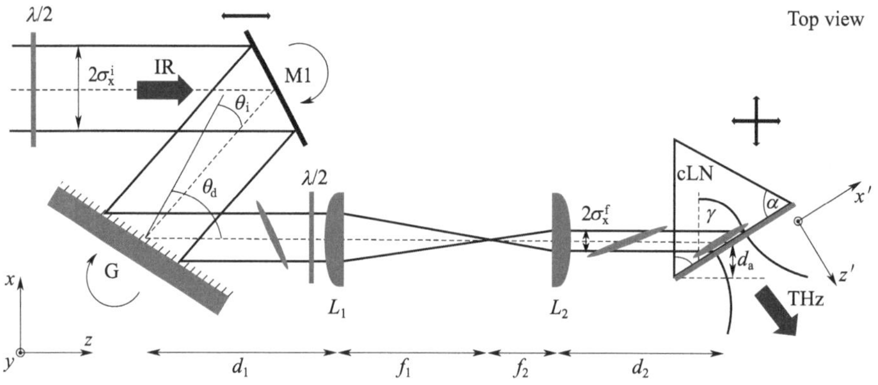

图 4-32　可以调节脉冲倾斜波前的太赫兹源示意图

4.6　非线性光学效应太赫兹源

目前，非线性光学频率转化方法包括非线性差频法与光学参量法。在这两种方法中，非线性晶体都发挥了不可忽略的作用。

4.6.1　差频产生太赫兹源

(1) 工作原理

差频产生太赫兹源的基本原理是利用两束频率差为太赫兹波段的激光照射非线性晶体，非线性晶体材料具有较大的二阶非线性极化系数和较低的太赫兹波吸收系数。差频法产生太赫兹源典型结构如图 4-33 所示，利用倍频的 Nd：YAG 激光器输出波长为单波长的激光，经过 KTP 晶体进行参量振荡产生双波长激光，再经过非线性晶体差频产生太赫兹波。

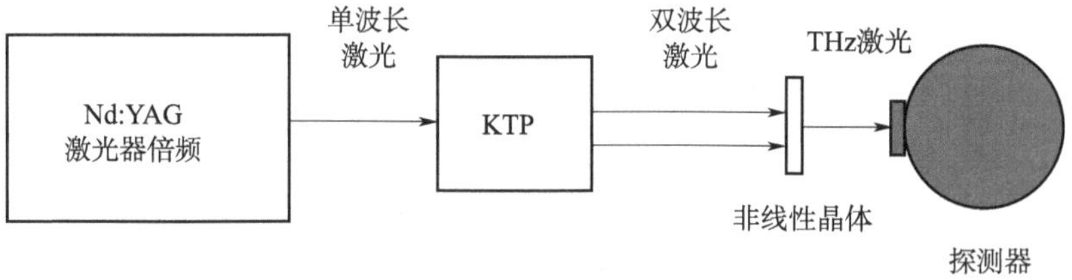

图 4-33　差频法产生太赫兹源结构示意图

借助晶体的非线性效应，两束激光在满足相位匹配的条件下，在晶体中发生差频混频，输出太赫兹波。频率分别为 ω_1 和 ω_2 的泵浦光在非线性晶体内相互作用，产生的参量光的频率是这两束泵浦光频率之差 $\omega_1-\omega_2$。如果一束泵浦光的频率固定，而另一束泵浦光的频率可调谐，就可以产生可调谐的辐射。图 4-34 为利用差频法产生太赫兹波并照射样品的光路图，激光器 1 与激光器 2 分别产生两种不同波长的激光，在输入非线性晶体后发生混频，输出频率差为太赫兹波段的电磁波，并对样品进行照射。

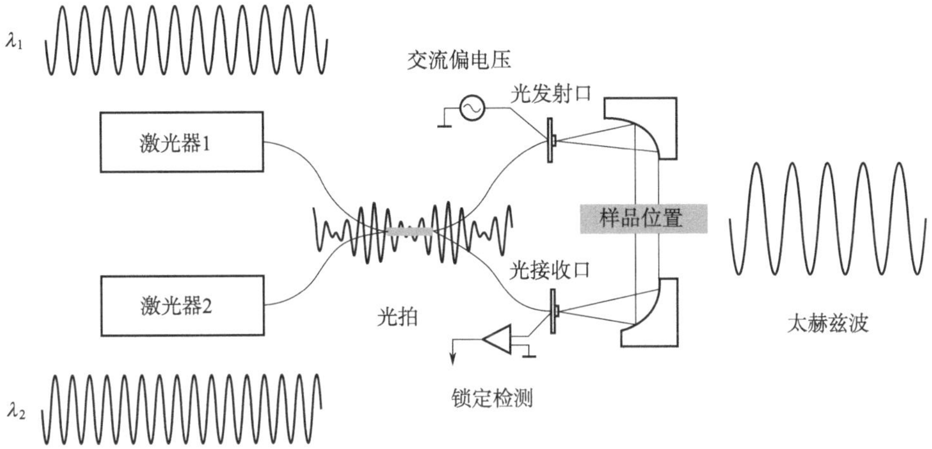

图 4-34　差频法产生太赫兹波并照射样品的光路

(2) 典型案例

早在 20 世纪 60 年代，珀金埃尔默公司 Zernike、Berman 等人就利用谱宽为 1.059～1.073 μm 的铷激光器泵浦石英晶体进行非线性差频实验[52]，得到频率约为 3 THz 的太赫兹波。随后，加利福尼亚大学 D. W. Faries 等人利用两台调谐的红宝石激光器，在铌酸锂晶体和石英晶体中差频产生了可调谐的太赫兹波[53]。为了提高太赫兹辐射的输出能量和峰值功率，具有大尺寸生长特性、高损伤阈值的硒化镓、磷锗锌、砷化镓、磷化镓、碲化锌等晶体被应用到差频产生太赫兹波的方案中。

对于光学泵浦差频产生太赫兹波的研究现状，可以按照差频材料的分类进行介绍。在基于块状无机晶体差频产生太赫兹波的研究方面，2011 年，华中科技大学 Lu Y 等人利用 CO_2 激光泵浦 GaAs 晶体[54]，实验装置示意图如图 4-35 所示。在纳秒低重频的条件下，太赫兹波的平均功率约为 10 μW，峰值功率与能量分别为 35 W 与 2.1 μJ，转换效率约为 1.8×10^{-5}，频率范围 0.11～4.15 THz。当采用皮秒激光器作泵浦时，峰值功率可以达到 2 MW。

2007 年，美国里海大学 Yi Jiang 等人利用双波长高重频 CO_2 激光器泵浦 GaSe 晶体[55]，差频产生频率 0.914 THz、平均功率 260 μW 的太赫兹波输出实验装置如图 4-36 (a) 所示，产生的太赫兹辐射输出功率与晶体长度关系如图 4-36 (b) 所示，重复频率为 60 kHz。低重频 1 μm 与 2 μm 的双波长激光器在利用 GaSe 晶体差频时，分别可以得到 217.8 W 与 11 W 的峰值功率，调谐范围分别为 0.146～1.79 THz 与 0.186～3.7 THz。

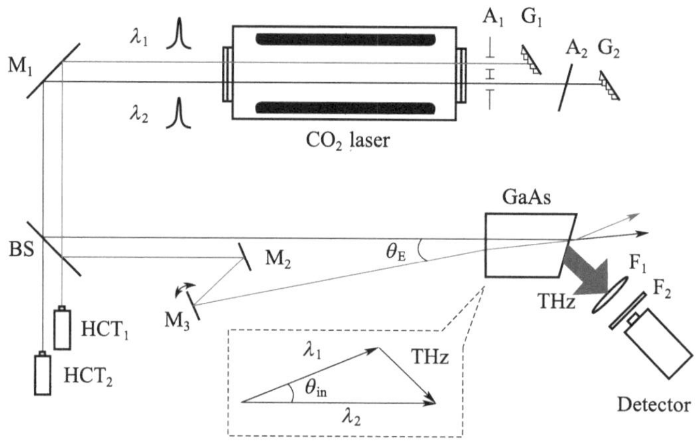

图 4-35　基于 GaAs 晶体的太赫兹源实验装置示意图

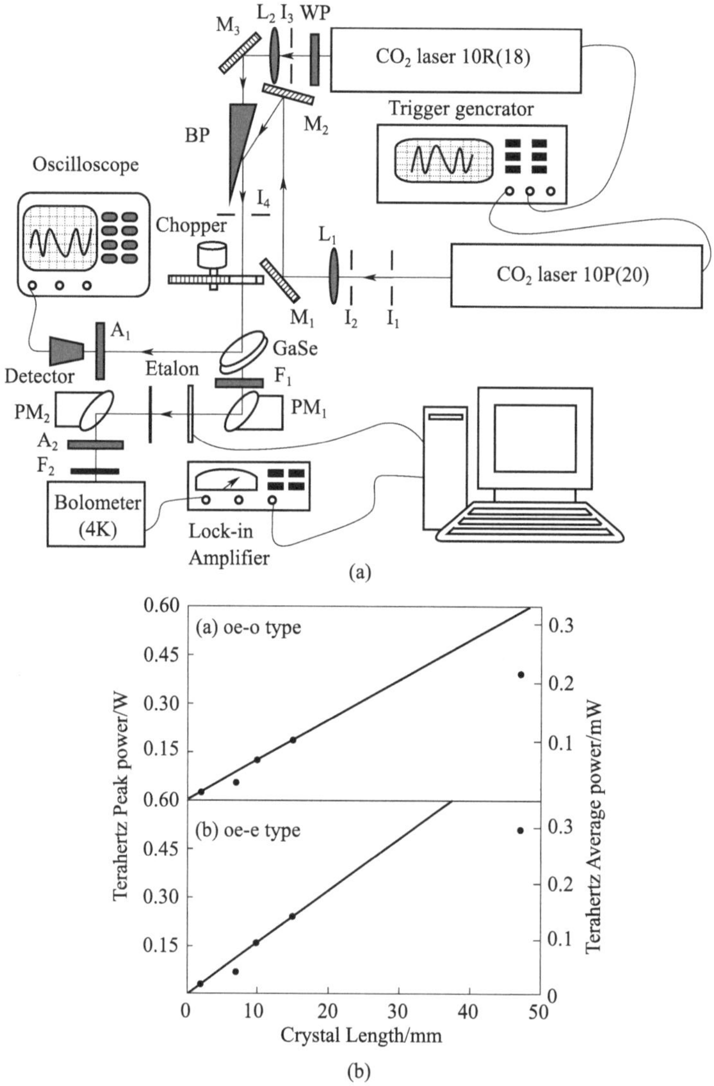

图 4-36　基于 CO$_2$ 激光器与 GaSe 晶体混频产生太赫兹的实验装置与输出特性

对于 ZGP 晶体[56]，主要以 1 μm 双波长泵浦源为主，低重频下可以得到峰值功率约为 134 W 的太赫兹波，而高重频下可以得到 2 mW 的平均功率。如果使用 GaP 晶体差频，在 1 μm 双波长泵浦源下，6 kHz 时的平均功率约为 27 nW，10 Hz 时的峰值功率约为 40 W [57]。$LiNbO_3$ 晶体在低重频 1 μm 双波长泵浦源下，可以得到的能量约为 1.58 nJ；在高重频 500 kHz 的泵浦下，平均功率约为 1.35 mW[58]。

对于 QPM 的晶体而言，1 MHz、100 ps 的 1.5 μm 双波长泵浦通过 PPLN 晶体差频，可产生平均功率 11.4 nW、峰值功率 0.1 mW[59] 的太赫兹波。利用连续的 1 μm 双波长激光源可实现平均功率约为 2 mW 的太赫兹波输出[60]。2011 年，美国斯坦福大学 K. L. Vodopyanov 等人提出了一种基于 2 μm 皮秒双波长激光泵浦的 QPM - GaAs 差频源[61]，可实现平均功率 200 μW 的太赫兹波输出，其典型的实验装置如图 4 - 37 所示。该差频源采用双波长 CO_2 激光器，最高峰值功率约为 200 mW。20 kHz 的双光纤激光器在泵浦 QPM - GaP 时，可以实现平均功率 339 μW、峰值功率 212 mW 的太赫兹波输出，泵浦波长在 1.5 μm 附近；而采用 GaP 晶片堆叠的晶体时，低重频 1 μm 的泵源激光可以得到峰值功率为 3.77 kW 的太赫兹输出[62]。

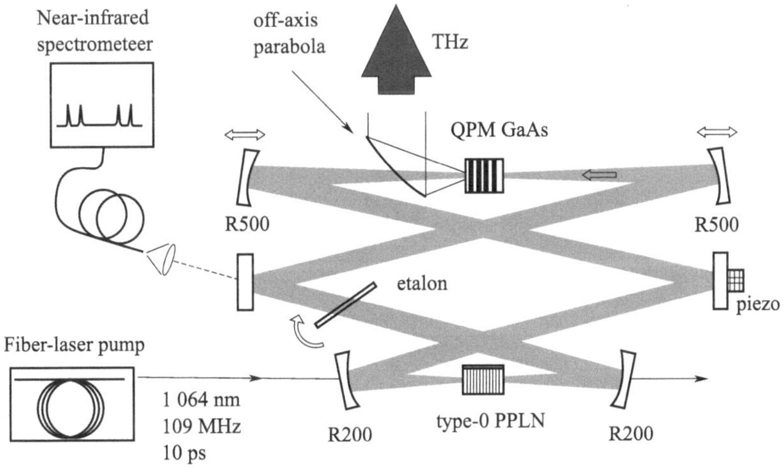

图 4 - 37　2 μm 皮秒内差频 QPM - GaAs 产生太赫兹波的实验装置示意图

在利用有机晶体差频产生太赫兹波的研究中，DAST 晶体是最为常用的差频材料，泵浦源多采用 1.3 μm 附近的低重频泵浦源，可覆盖的波段为 1.5～37 THz，能量约为 870 nJ[63]。BNA 差频得到的太赫兹波为 0.1～30 THz，能量约为 400 pJ[64]。DSTMS 晶体在利用 1.3 μm 低重频泵浦源时，可以得到 0.88～19.27 THz 的太赫兹波，峰值功率与能量分别为 17.9 W 与 85.3 nJ[65]。

从整体上看，块状无机晶体与准相位匹配晶体有利于获取高功率的太赫兹波，有机晶体则适合用于制作宽调谐的太赫兹源。

天津大学姚建铨等人对差频产生太赫兹源进行了大量的研究。2006 年，他们利用双波长激光在 DAST 晶体中通过差频得到了峰值功率为 3.6 W、中心频率为 3.297 THz 的太赫兹波[66]。2009 年，他们利用 KTP－OPO 得到的双波长激光，在硒化镓晶体中通过差频输出了 0.41～3.3 THz 和 0.147～3.65 THz 的宽调谐相干太赫兹波，如图 4－38 所示，最大峰值功率为 10～17 mW[67][68]。

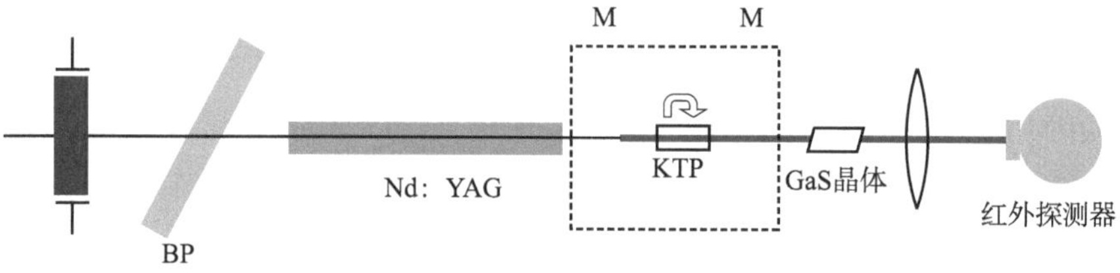

图 4－38　双波长差频产生太赫兹波的实验装置

2017 年，他们团队构建了一个双 KTP 晶体的高能双波长光参量振荡器，得到了基于 DAST 晶体的高能量、宽可调的单色差频太赫兹源，辐射出的太赫兹波频率在 0.3～19.6 THz 范围内随机调谐，在 18.9 THz 频点处可获得 870 nJ 的单脉冲能量最大值[69]，实验装置如图 4－39 所示。在 OPO 腔中固定 KTP1 晶体并旋转 KTP2 晶体，可实现双波长泵浦光的可调谐性。图 4－40 中展示了 KTP－OPO 的输出特性。

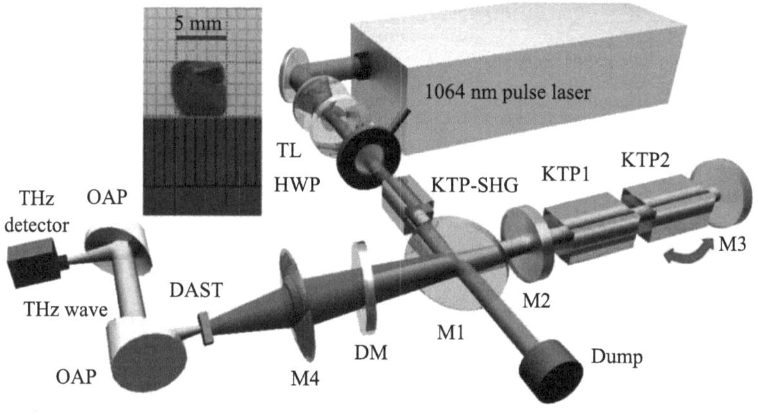

图 4－39　基于 DAST 晶体的太赫兹差频源实验装置示意图

2019 年，他们基于端面泵浦的内腔光学参量振荡器[70]，以 Nd：YVO4 和 Nd：YLF 作为激光介质，利用 KTP 和 PPLN 晶体进行实验（实验装置图如图 4－41 所示），获得了最高输出功率为 4.15 W 的 2 μm 双波长输出，脉冲重复频率 25 kHz 左右，波长调谐范围 1.92～2.38 μm，光光转换效率达 22.5%，是已报道同类激光系统的最好结果。将上述双波长激光在 QPM－GaAs 与 GaSe 晶体内差频，实现了最高功率 1.8 μW、调谐范围 0.24～3.78 THz 的太赫兹波输出，整个系统长度在 180 mm 以内，并成功用于材料光谱分析与多光谱成像。

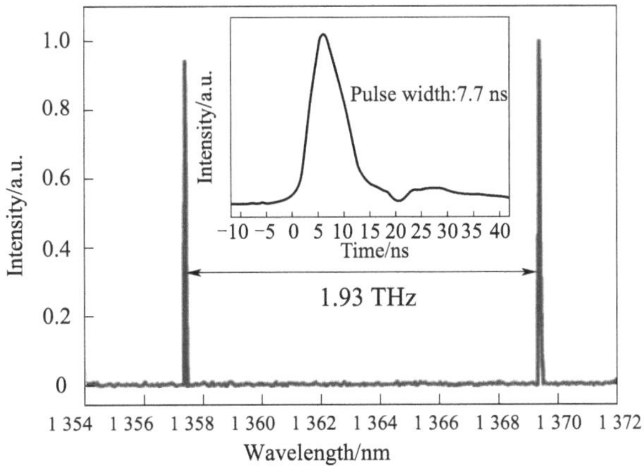

(a) DFG双波长光的光谱（图中为双波长的脉冲宽度）

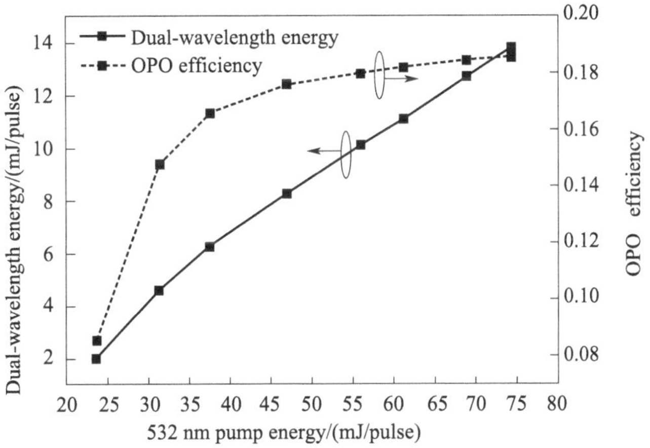

(b) KTP-OPO的输出能量和转换效率相对于532 nm的输入能量

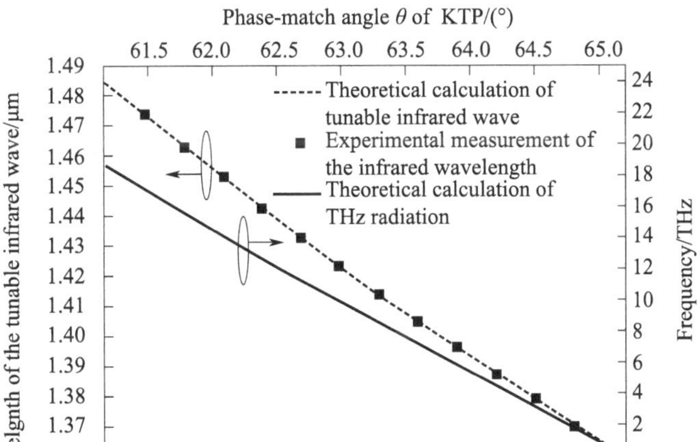

(c) KTP晶体的相位匹配角与太赫兹频率的关系

图 4-40　基于 DAST 晶体的太赫兹差频源输出特性

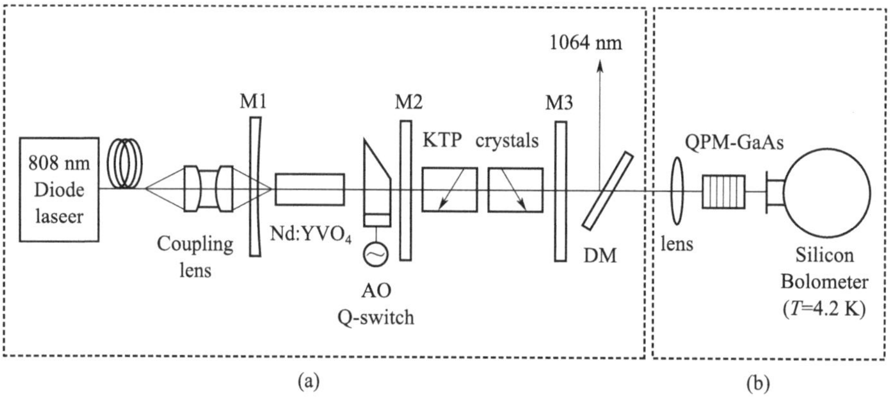

图 4-41　QPM-GaAs 晶体差频产生太赫兹波的实验装置

4.6.2　太赫兹参量源

（1）工作原理

太赫兹参量源的原理为：当一束强激光束通过非线性晶体时，光子和声子的横波场会发生耦合，产生光声混态，称为极化声子。当极化声子的频率接近晶体的共振频率时，它会以声子的形式传播；如果在非共振低频区，它以光子形式传播。根据能量守恒定律 $w_p = w_T + w_s$（P 为泵浦光，T 为太赫兹光，S 为闲频光）可知，每湮灭一个近红外的泵浦光子 w_p，就会产生一个太赫兹光子 w_T 以及一个近红外的闲散光子 w_s。在这个受激散射的过程中，也满足动量守恒定律 $k_p = k_T + k_s$，即非共线相位匹配条件（图 4-42）。由于闲频光和太赫兹波具有角色散特性，利用光学谐振腔或闲频光种子注入技术可以有效产生相干太赫兹波。

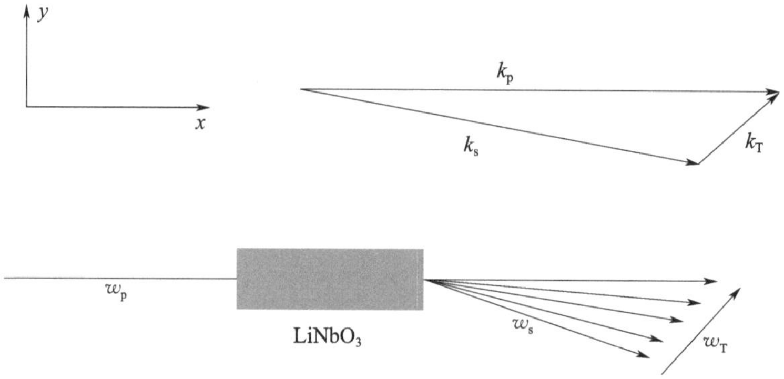

图 4-42　太赫兹参量源匹配条件

光学参量源利用一束固定波长的泵浦激光和非线性晶体中的横向光学振动模耦合产生电磁耦子（Polariton）和斯托克斯（Stokes）光子，在长波长、小波矢的情况下发生受激电磁耦子散射产生太赫兹波。太赫兹参量源的结构图如图 4-43 所示。

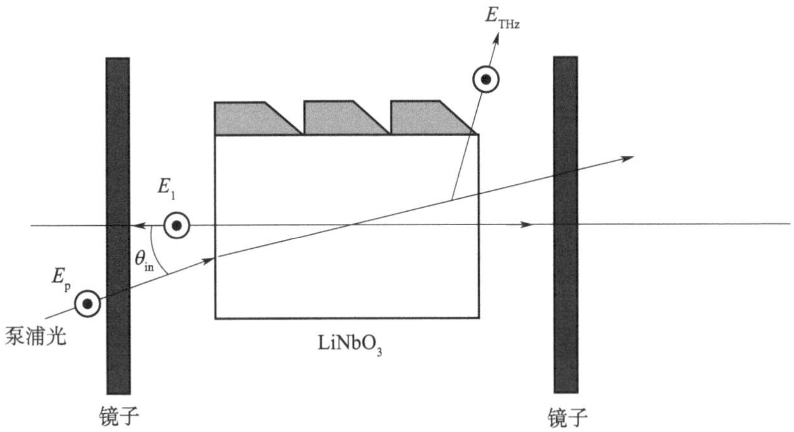

图 4-43　太赫兹参量源的结构示意图

太赫兹参量产生器利用单向的泵浦光，通过合适配置的非线性晶体，就可以产生宽带的太赫兹辐射波。结构中没有谐振腔也没有种子注入器，晶体的两端面均镀有在泵浦光和闲频光附近的高透膜，晶体的太赫兹出射面抛光，并通过硅棱镜阵列将太赫兹波耦合输出。太赫兹参量振荡器在太赫兹参量产生器的基础上，通过加入光学谐振腔，使得闲频波形成激光振荡，输出的太赫兹波线宽变窄，同时获得窄线宽的太赫兹波输出。图 4-44 为太赫兹参量振荡器的基本结构，由 Nd:YAG 激光器输出的脉冲激光照射铌酸锂晶体，在晶体中声子与激光光子耦合产生太赫兹光子。种子注入的太赫兹参量产生器由泵浦源、太赫兹波段的种子激光器和非线性晶体组成。根据太赫兹参量产生过程中，泵浦光、闲频光和太赫兹波之间的非共线相位匹配关系，闲频光和太赫兹波的频率与相位匹配角度是一一对应的关系，那么利用具有一定功率、频率确定的、线宽很窄的闲频光以及相应的相位匹配角度入射，就可通过参量过程对该频率的闲频光进行光放大，同时产生太赫兹波。通过调节种子激光器输出激光频率和相应的入射角度，便可以获得可调谐的、相干的太赫兹辐射波。

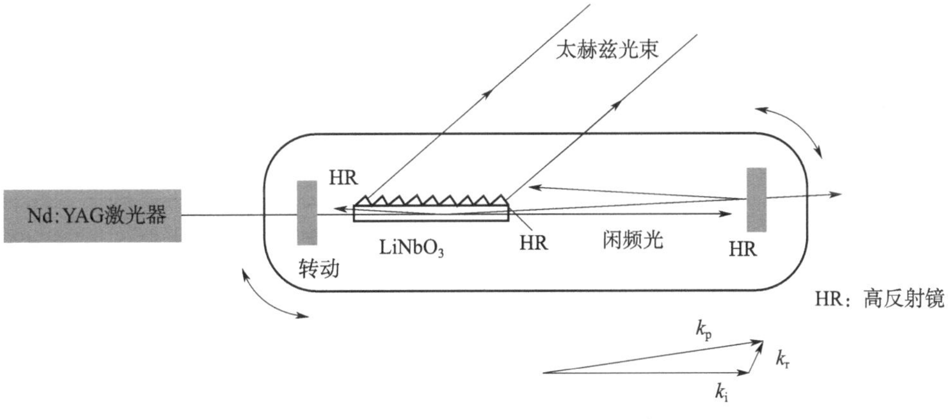

图 4-44　太赫兹参量振荡器的基本结构

（2）典型案例

在 20 世纪 90 年代，日本电气通信研究所的 H. Ito 和 Kawase 最先对太赫兹参量源进行了深入系统研究，使得太赫兹参量源逐渐完善，具有高峰值功率、高能量、高效率、小型化等特点。2002 年，H. Ito 等人用 1 064 nm 的 Nd:YAG 激光器获得峰值功率为 20 mW 、0.3～7 THz 宽调谐相干 THz 输出[71]。以此为基础，还设计出高精度、波长扫描、快速数据采集的 THz 光谱仪，THz 源结构如图 4－45 所示。2009 年，H. Ito 等人又设计出一种圆形腔太赫兹参量振荡器[72]，如图 4－46 所示。通过调整底部腔镜角度，可在 0.93～2.7 THz 频率范围内快速调整输出太赫兹波，输出功率约为 40 mW。环形腔对输出波长的调节更加灵活、简单，同时，由于不直接改变晶体在腔内的位置，设备的稳定性、精确度都得到有效提高。

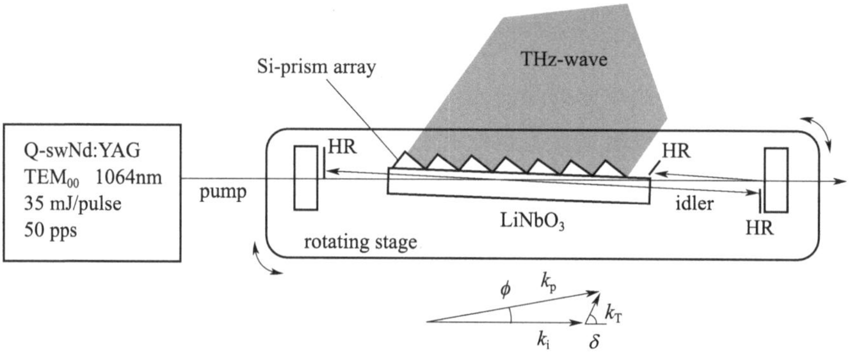

图 4－45 基于 Nd：YAG 激光器的太赫兹参量源

2013 年，澳大利亚麦考瑞大学 AndrewLee 等人利用 808 nm 的 LD 泵浦的声光调 Q 的 Nd:YAG 激光器[73]，在 Mg:$LiNbO_3$ 晶体中实现了内腔泵浦的准连续太赫兹激光输出，实验装置如图 4－47 所示，可调谐范围为 1.53～2.82 THz，整个太赫兹参量振荡器的振荡阈值为 2.4 W，泵浦光为 5 W 时，太赫兹平均功率为 6.45 μW。2014 年，他们通过合理设计谐振腔结构，实现了连续太赫兹波输出，振荡阈值为 2.3 W，调谐范围为 1.5～2.3 THz。2019 年，澳大利亚新南威尔士州悉尼麦考瑞大学的 Ran Li 基于 MgO:$LiNbO_3$ 设计了一种在 1.05～2.89 THz 频率范围内连续可调的太赫兹参量源。其创新性地采用腔内浅反射结构产生太赫兹辐射，该设备实验设施简图如图 4－48 所示。在 1.34 THz 频点处可检测到 67.5 μW 的最大平均功率[74]。

在太赫兹参量源中，以往主要采用铌酸锂、氧化镁:铌酸锂晶体、周期性极化铌酸锂（PPLN）晶体作为太赫兹参量源的非线性晶体。2014 年，山东大学研究人员探索了新的非线性晶体 KTP、KTA，设计了垂直表面发射结构的太赫兹参量振荡器，输出太赫兹波的调谐范围分别为 3.17～6.13 THz 和 3.59～6.43 THz，输出能量可达几百纳焦。

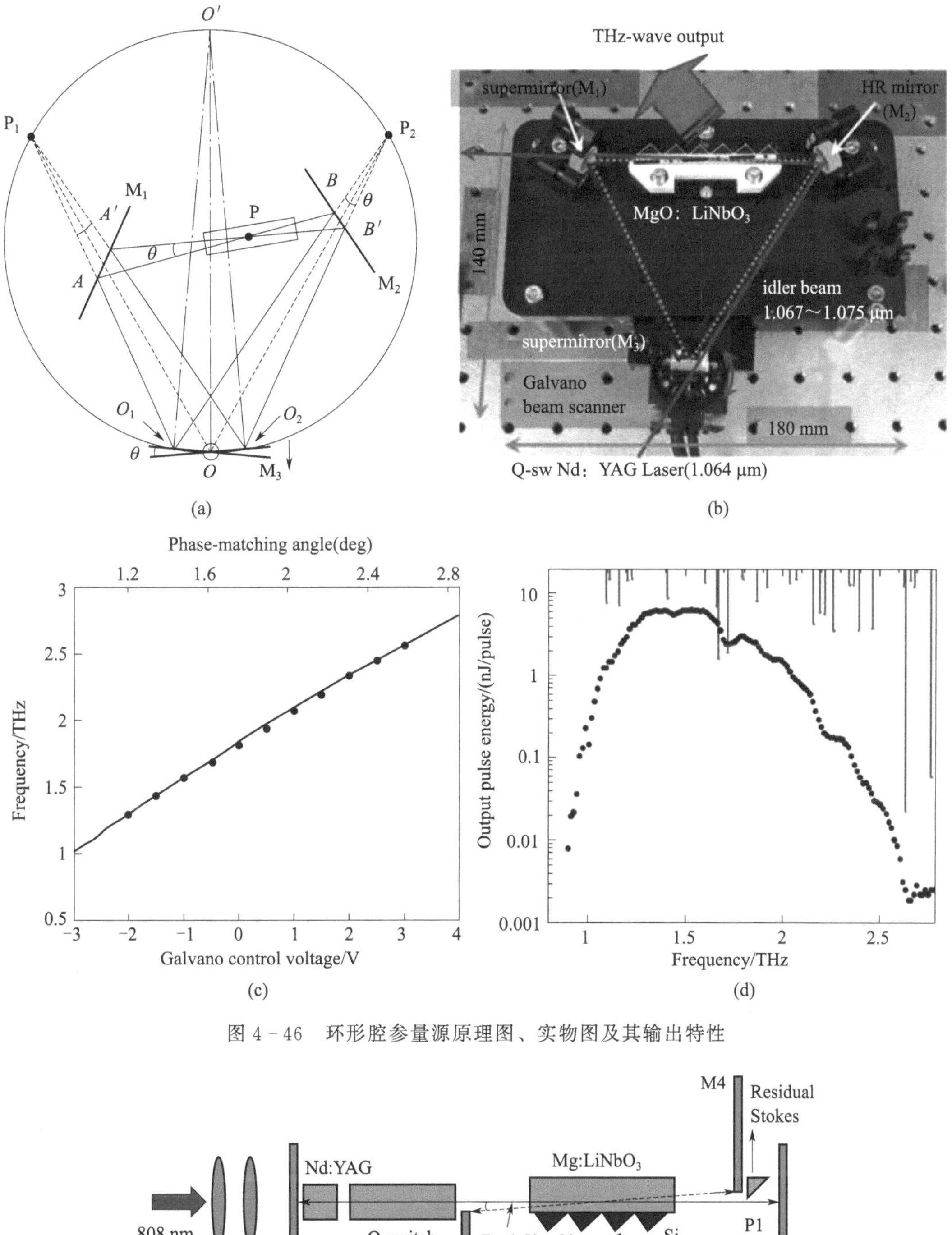

图 4 - 46　环形腔参量源原理图、实物图及其输出特性

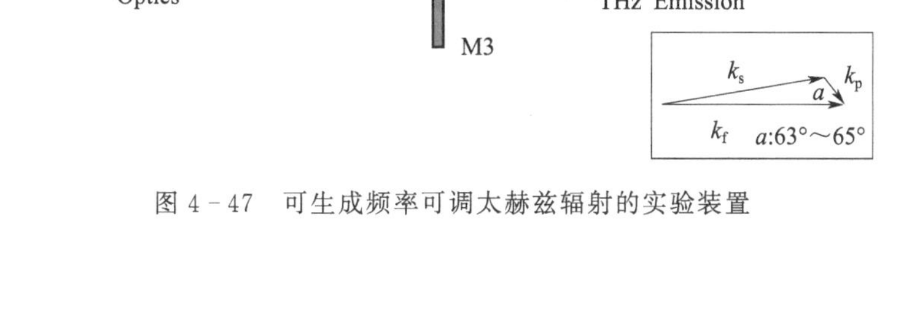

图 4 - 47　可生成频率可调太赫兹辐射的实验装置

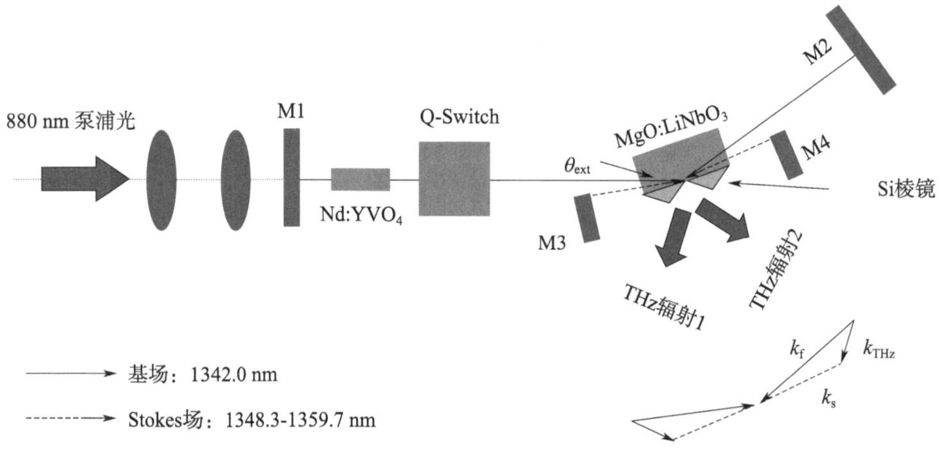

图 4-48 腔内浅反射构型布局

4.7 自由电子激光器

(1) 工作原理

自由电子激光器太赫兹源（FEL）采用相对论性电子束通过 Wiggler 阵列产生相干电磁辐射，Wiggler 阵列是由一系列磁铁排列组成，用来提供周期横向分布磁场。周期性变化磁场迫使电子正弦振荡，因此辐射是单色的。自由电子激光器太赫兹源基本原理是：相对论速度的电子在波荡器中运动时，波荡器产生的周期性磁场会强迫电子束横向摆动，电子束的实际运动路线为沿着波荡器轴向方向的正弦曲线。在该运动路径上的电子受到了横向加速度并在纵向方向上产生非相干的自发同步辐射，自发辐射的横向电场会以波长为单位调制电子速度并在电子纵向位置上进行群聚，当电子的纵向密度分布接近同步辐射波长时，光的相干性会持续增强直至功率达到饱和。我国唯一的基于超导加速器的高平均功率自由电子激光器太赫兹源于 2017 年建成，该太赫兹源的基本结构如图 4-49 所示。

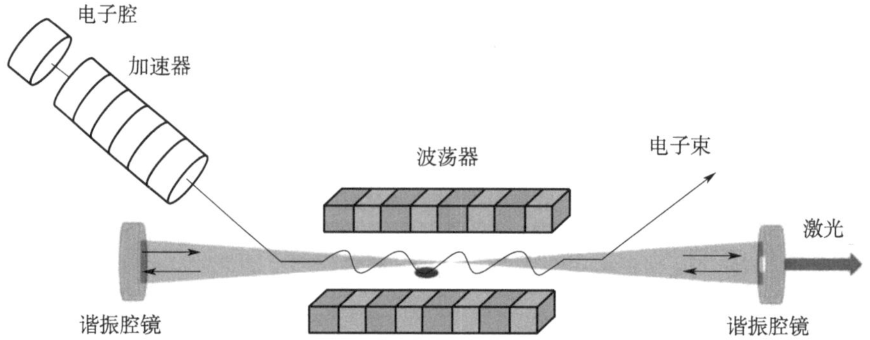

图 4-49 自由电子激光器太赫兹源结构示意图

FEL 背后根本的物理过程在微波到 X 射线的宽频谱范围内都是可行的。宽频带和连续可调性是 FEL 的最大优点。辐射波长由少量参数决定，例如正弦式轨迹激励磁铁周期、磁场强度和电子束能量。FEL 也能够产生高功率辐射，因为在 FEL 中电子是唯一参与激光发射的媒质，因此 FEL 可避免出现大功率激光系统的常见问题，例如热聚焦和物质损失。

图 4-50 为一个激光束与通过 Wiggler 阵列周期性调制电子束共同传播的 FEL 谐振器。电子以接近光速运行，因此相对论分析在描述该电子的电子动力学中是必不可少的。建立随着电子平均速度运动的坐标系，在该坐标系内，电子运动围绕腔体轴谐波振荡，振荡的电子发出辐射。在静止坐标系中，大部分辐射功率在电子束轴附近正向累积。

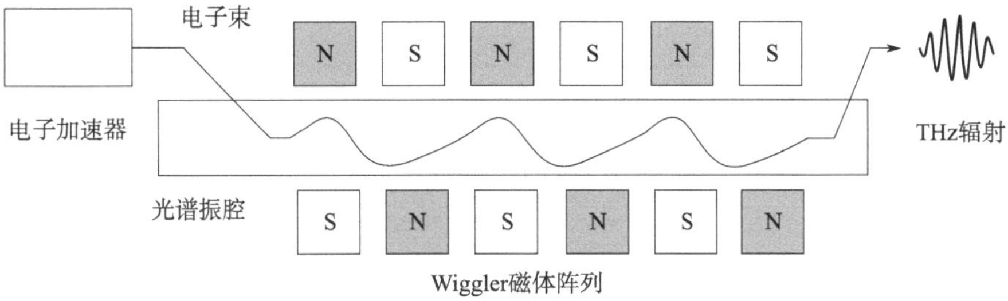

图 4-50　FEL 原理图

FEL 中典型的 Wiggler 阵列由上百个延长数米的磁铁组成，谐振器的总长度与 Wiggler 阵列规模相同，典型的激光束与电子束直径为微米量级。FEL 最庞大组成部分是电子加速器，它的尺寸至少有几十米。FEL 以脉冲方式工作，典型脉冲宽度为微秒量级，单脉冲能量为微焦量级，重复频率为赫兹量级。部分新型的 FEL 可以在一个微秒脉冲内产生一个皮秒脉冲序列，这样峰值功率可以达到兆瓦量级。

FEL 脉冲的时间依赖于电子束源的时间特性，在辐射太赫兹波时，常用的电子加速器有直线加速器与静电加速器。射频直线加速器在 FEL 中应用最广，它们仅使用一系列包含快变电磁场的腔体来加速电子流，产生的波束由宏脉冲序列组成，宏脉冲宽度通常为 5～10 μs，每个宏脉冲包含一串以直线加速器射频周期为间隔的微脉冲。微脉冲宽度通常为 5～20 ps，间隔为纳秒量级，所需射频源功率为数十兆瓦。

FEL 的典型脉冲时间分布如图 4-51 所示。由于大多数 FEL 增益很低，需要电子束多次在腔内往返才能形成振荡。2～3 μs 后信号建立起来，随后进入常数输出区，在电流脉冲的末尾，输出功率随腔内电子的减少而减小。

（2）典型案例

FEL 是小规模的粒子加速器，其占用空间巨大，且建设和维护费用非常昂贵。所有的 FEL 都是由相当大的核心群体维护的多用户设备。目前在世界范围内，可输出太赫兹辐射的典型 FEL 设备包括：

1）法国的 CLIO（Centre Laser Infrarouge d'Orsay）装置。位于巴黎第十一大学的 CLIO 装置，其 RF 直线加速器输出的电子束能量可以在 12～50 MeV 间任意调节，然后

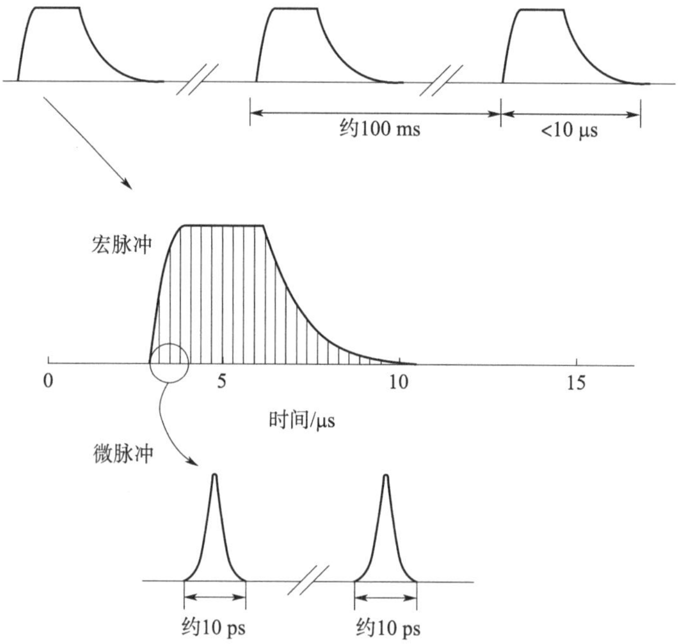

图 4-51 FEL 的典型脉冲时间分布

电子束经过一个平面型的波荡器。波荡器总长 1.92 m，间隙同样可调，产生的波荡器辐射波长为 3～150 μm。辐射波在腔长为 4.8 m 的谐振腔内来回振荡并放大，并通过反射镜上的小孔耦合输出（也可切换为从布儒斯特窗输出），最大脉冲功率可达 100 MW（脉冲宽度 1 ps），最大平均功率为 1 W[75]。

2）德国的 FELBE U100 装置。位于德国德累斯顿的 FELBE U100 电子束来源于直线加速器 ELBE，ELBE 包括两个工作在 1.8 K 液氦环境中的超导 RF 直线加速段，可以产生 5～40 MeV 的电子束。经过束流输运线，电子束将被送往各实验平台做各领域实验，例如韧致辐射（yELBE）、中子源（nELBE）和自由电子激光（FELBE）等。U100 代指 100 mm 长的波荡器，是 FELBE 项目的一部分，类型为谐振腔式 FEL，光腔总长为 11.58 m，输出孔直径可切换，产生的辐射波长为 18～280 μm。辐射的平均输出功率为 0.1～40 W[76]。

3）日本的 ISIR FEL 装置。位于日本的大阪大学工学院，该 FEL 包含两套直线加速器和五套波荡器，装置如图 4-52 所示，覆盖波长为 0.23～100 μm。2020 年，大阪大学 Keigo Kawase 等人基于大阪大学现有的电子直线加速自由电子激光器太赫兹源，将电子束电荷从传统模式（108 MHz 模式）的 1 nC 增加到新模式（27 MHz 模式）的 4 nC，利用电子枪的栅格脉冲器将电子束间隔扩大四倍，从而产生了更高强度的太赫兹光束。自由电子激光器产生的由许多微脉冲组成的宏脉冲能量约为 28.5 mJ，最大能量位于 4.6 THz 频点处，与传统模式下的 13 mJ 宏脉冲能量相比有了较大提升，其最大微脉冲能量约为 260 J。每个宏脉冲包含 110 个微脉冲，比传统模式下的微脉冲能量高近 10 倍，比同波长或同频率区域的其他自由电子激光器太赫兹源高近 10 倍[77]。

图 4-52　日本的自由电子激光器太赫兹源（FEL）装置

4）荷兰的 FELIX 装置。位于荷兰的 FOM 等离子物理研究所，该 FEL 有两套传统加速器模块，第一级输出的电子束可以穿过 FEL-1 的波荡器，产生 25～250 μm 的辐射，也可以再经第二级加速后穿过 FEL-2 波荡器，产生 3～40 μm 的辐射。第三个波束可以用于腔内的低吸收实验，功率比腔外高 1～2 个数量级，波长为 5～40 μm，也可以扩展到太赫兹频段。

5）俄罗斯的 NOvoFEL 装置。位于俄罗斯布德克尔核物理研究所（BINP）的 NOVOFEL 装置同样是谐振腔式 FEL，该装置利用的加速器类型为能量回收型直线加速器，工作的 RF 频率为 180 MHz，束流在波荡器中产生连续模式的 FEL 辐射。首先加速器将电子束能量加速到 12 MeV，然后由二极铁将其轨道弯转接近 180°，导向波荡器。在经过波荡器内与光场作用后电子束会再一次被二极铁转向并进入加速器，以回收电子能量。波荡器内产生的辐射波长为 120 μm～240 m，将在腔长为 26.6 m 的谐振腔内累积增强。谐振腔前后腔镜上都留有小孔，为的是便于利用激光进行校准。其中一个直径为 8 mm 的孔也同时作为 FEL 辐射的输出孔，输出的平均功率为 400 kW，峰值可达 1 MW[78]。

6）美国的 UCSB-FEL 装置。位于美国的加州大学圣芭芭拉分校太赫兹科学与技术中心，共包含两套 FEL 设备：一套设备在不同波长上产生 1～20 ms 的非常均匀脉冲，另一套设备产生的脉冲长度为 1～6 μs。位于美国的太赫兹自由电子激光器整体布局及直线加速器分别如图 4-53 和图 4-54 所示。

表 4-4 中对比了上述向外部研究人员开放的太赫兹 FEL 技术指标：E_μ 为单脉冲能量，t_μ 为微脉冲宽度，t 为宏脉冲宽度，$\overline{P}$ 为平均功率。

图 4-53　美国的自由电子激光器太赫兹源（FEL）装置布局

图 4-54　配套的自由电子激光直线加速器

表 4-4　自由电子激光器太赫兹源

国别	波长/μm	类型	E_μ/μJ	t_μ/ps	t/μs	$\overline{P}$/W
法国	3～150	直线加速	10～100	0.5～6	9	1
德国	4～280	超导直线加速	0.01～3	1～25	＞100	0.1～40
日本	0.23～100	直线加速	50	5	20	3
荷兰	3～250	直线加速	1～50	6～100	＜10	0.5
俄罗斯	120～230	再生直线加速	50	50	50～100	400
美国	63～2500	静电加速	—	—	1～6	0.25

目前以色列在建的 Ariel（THz FEL）可实现 75～300 μm 的饱和出光，该设备基于一个可产生能量为 4.5～6.5 MeV 的电子束紧凑光电阴极枪（60 cm），装置实物以及整体结构模型图如图 4-55 所示。

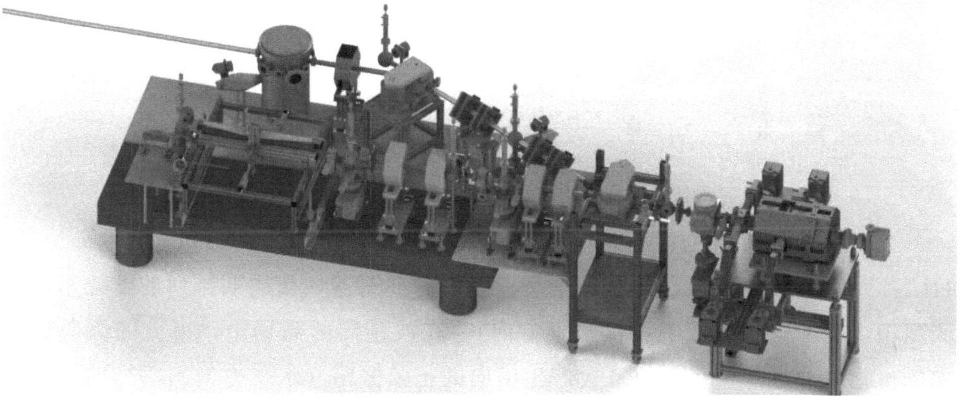

图 4-55　以色列的 Ariel THz FEL 设备

2005 年，中国工程物理研究院（CAEP）成功实现 115 m 振荡器型 FEL 输出。2011 年开始基于超导加速器的 CAEPTHZFEL 装置研究，低温超导 RF 直线加速器产生 6～8 MeV 电子束，电子束在经过平面永磁波荡器时产生自发辐射，自发辐射在光学谐振腔内振荡后受激放大，预期能够实现波长为 100～300 μm 的 FEL 输出。2017 年，该装置已经在脉冲工作方式下饱和出光[79]，在中心频率 2.56 THz（波长为 117 μm）达到 5.7 W 的平均功率。未来计划将运行方式拓展至连续波模式。

“十二五”期间，依托国家相关项目支持，华中科技大学联合中国科学技术大学共同承担了紧凑型大功率 FEL-THz 源关键技术研究项目，目前，已成功建立了紧凑型 FEL-THz 源关键装置（HUST FEL-THz），其中紧凑型电子直线加速器已出束，微脉冲束流强度达到 30 A[80-83]。2014 年，厦门大学、中国科技大学、复旦大学、大连化学物理研究所合作开展了“基于可调谐红外激光的能源化学研究大型实验装置”（FELiChEM）项目的研制，FELiChEM 采用振荡器 FEL 运行模式，波长覆盖范围为 2.5～40 μm 和 40～200 μm。

HUST-FEL 装置由独立调谐双腔热阴极微波电子枪、等梯度行波直线加速器、消色散束流输运系统、短周期小间隙平面波荡器以及波导约束光学谐振腔等系统组成，图 4-56 是 HUST-FEL 的部分关键结构示意图，其中 Q1～Q5 为四极铁，B1～B3 为二极铁。电子枪中产生的电子束被加速器加速，通过调节馈入加速器的射频功率，可以让加速器输出的电子束能量达到 4～14 MeV。束流通过四极铁与二级铁组成的束流输运线传送至波荡器，最后通过二极铁 B3 弯转至束流垃圾箱。

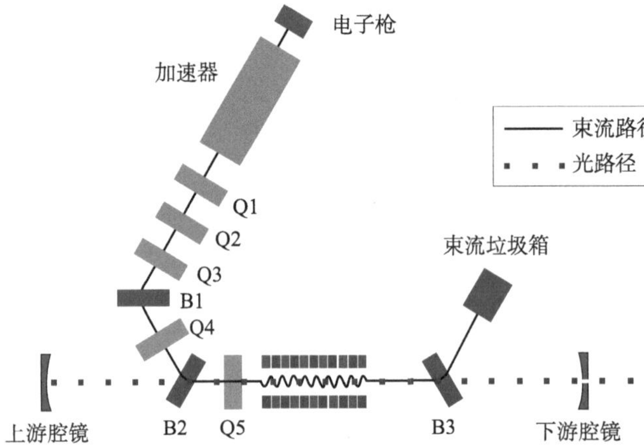

图 4-56　HUST-FEL 源装置示意图

HUST-FEL 采用的波荡器是一个平面型永磁波荡器，由周期排列的磁极组成，在波荡器间隙中产生了横向周期磁场（竖直方向），在波荡器的磁场中，束流的纵向运动会受到横向的洛伦兹力影响，运动轨迹会产生横向的正弦振荡（水平方向），并产生同步辐射。谐振腔将会收集束流在波荡器内产生的同步辐射，并在腔内产生纵向振荡。调整腔长可使辐射光场每次通过波荡器时都恰能与下一个电子束流脉冲相互作用并放大，同时光场也会调制电子束，使束流在纵向上产生以辐射波长为周期的微聚束。光场经过若干个周期振荡后功率逐渐增大，调制后的电子束也趋于统一的相位，产生的同步辐射也获得相干增强，此时从下游腔镜上耦合孔输出的是饱和的高功率、高相干性的太赫兹激光。以上便是 HUST-FEL 的基本原理和谐振腔内的光功率累积过程。

目前，在建和建成的 FEL-THz 源装置体积均较为庞大，其难以移动的特性极大限制了实际应用。因此，国内外相关研究机构已将研究重点置于基于常温直线加速器的紧凑型自由电子激光太赫兹源。

4.8　小结

4.2 节介绍了基于光学途径太赫兹源的指标体系，指标体系分为系统级和硬件级两方面；4.3 节介绍了光泵气体太赫兹探测器；4.4 节介绍了最具代表性的太赫兹半导体激光器——量子级联激光器；4.5 节介绍了基于飞秒激光的太赫兹源，包括光电导天线和光整流太赫兹源；4.6 节介绍了非线性光学频率变换太赫兹源，包括差频产生太赫兹源和太赫兹参量源；4.7 节介绍了一种将粒子加速器与激光技术相结合的新型激光器——自由电子激光器。光学途径的太赫兹源章节整体架构如图 4-57 所示。

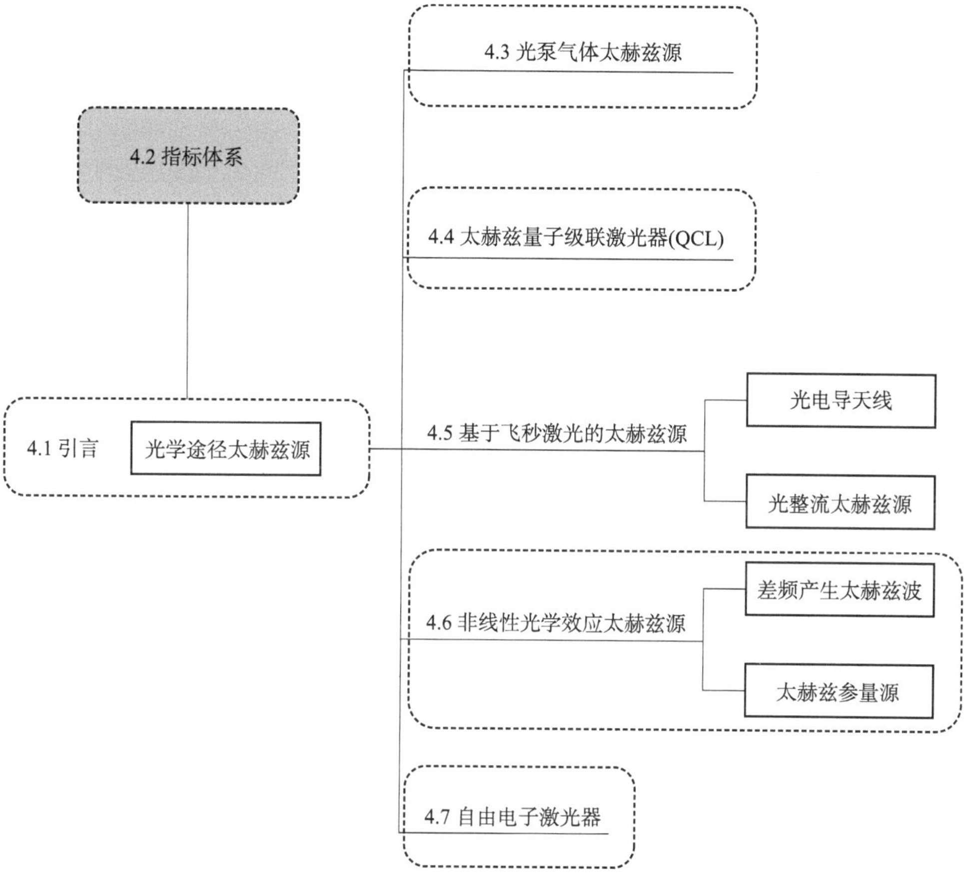

图 4-57　光学途径的太赫兹源章节整体架构

参考文献

[1] Chang T Y, Bridges T J, Burkhardt E G. CW submillimeter laser action in optically pumped methyl fluoride, methyl alcohol, and vinyl chloride gases [J]. Applied Physics Letters, 1970, 17 (6): 249 - 251.

[2] Chang T Y, Bridges TJ. Laser action at 452, 496, and 541 μm in optically pumped CH_3F [J]. Optics Communications, 1970, 1 (9): 423 - 426.

[3] Hodges D, Hartwick T. Waveguide laser forthe far infrared (FIR) pumped by a CO_2 laser [J]. Applied Physics Letters, 1973, 23 (5): 252 - 253.

[4] Carelli G, Ioli N, Moretti A, et al. New large offset far - infrared laser lines from CD_3OH [J]. Applied Physics B Photophysics and Laser Chemistry, 1987, 44 (2): 111 - 117.

[5] Farhoomand J, Pickett H M. Stable 1.25 watts CW far infrared laser radiation at the 119 μm methanol line [J]. International Journal of Infrared and Millimeter Waves, 1987, 8 (5): 441 - 447.

[6] Jiu Z X, Zuo D L, Miao L, et al. Pulsed CH_3OH Terahertz Laser Emission Pumped by a TEA CO_2 Laser [J]. Journal of Infrared, Millimeter, and Terahertz Waves, 2010 (8): 31.

[7] Jiu Z X, Zuo D L, Miao L, et al. An Efficient High - energy Pulsed NH_3 Terahertz Laser [J]. Journal of Infrared, Millimeter, and Terahertz Waves, 2010, 31 (12): 1422 - 1426.

[8] He Z, Zhang Y, Zhang H, et al. Study of Optimal Cavity Parameter in Optically Pumped D_2O Gas Terahertz Laser [J]. Journal of Infrared, Millimeter, and Terahertz Waves, 2010 (5): 31.

[9] 刘闯. 高效率光泵 CH_3F 气体 192 μm 太赫兹激光器研究 [D]. 哈尔滨：哈尔滨工业大学，2016.

[10] Zhong K, Shi W, Xu D, et al. Optically pumped terahertz sources [J]. Science China Technological Sciences, 2017, 60 (12): 1801 - 1818.

[11] Yan D, Zhang H, Xu D, et al. Numerical Study of Compact Terahertz Gas Laser Based on Photonic Crystal Fiber Cavity [J]. Journal of Lightwave Technology, 2016, 34 (14): 3373 - 3378.

[12] Williams B S. Terahertz quantum - cascade lasers [J]. Nature Photonics, 2007, 1 (9): 517 - 525.

[13] Zeng Y Q, Qiang B, Wang Q J. Photonic engineering technology for the development of terahertz quantum cascade lasers [J]. Advanced Optical Materials, 2020, 8 (3): 190057.

[14] Williams B S, Kumar S, Hu Q, et al. High - power terahertz quantum - cascade lasers [J]. Electronics Letters, 2006, 42 (2): 89 - 91.

[15] Li L H, Chen L, Zhu J, et al. Terahertz quantum cascade lasers with >1 W output powers [J]. Electronics Letters, 2014, 50 (4): 309 - 311.

[16] Fathololoumi S, Dupont E, Chan C W l, et al. Terahertz quantum cascade lasers operating up to ~200 K with optimized oscillator strength and improved injection tunneling [J]. Optics Express, 2012, 20 (4): 3866 - 3876.

[17] Köhler R, Tredicucci A, Beltram F, et al. Terahertz semiconductor - heterostructure laser [J].

Nature, 2002, 417: 156 - 159.

[18] Freeman J R, Marshall O P, Beere H E, et al. Electrically switchable emission in terahertz quantum cascade lasers [J]. Optics express, 2008, 16 (24): 19830 - 5.

[19] Amanti M I, Scalari G, Castellano F, et al. Low divergence Terahertz photonic - wire laser [J]. Optics express, 2010, 18 (6): 6390 - 5.

[20] Yang Y, Burghoff D, Hayton D J, et al. Terahertz multiheterodyne spectroscopy using laser frequency combs [J]. Optica, 2016, 3 (5): 499.

[21] Liang G, Liu T, Wang QJ. Recent Developments of Terahertz Quantum Cascade Lasers [J]. IEEE Journal of Selected Topics in Quantum Electronics, 2017, 23 (4): 1 - 18.

[22] Wienold M, Röben B, Schrottke L, et al. High - temperature, continuous - wave operation of terahertz quantum - cascade lasers with metal - metal waveguides and third - order distributed feedback [J]. Optics Express, 2014, 22 (3): 3334 - 3348.

[23] Wang X, Shen C, Jiang T, et al. High - power terahertz quantum cascade lasers with ~0.23 W in continuous wave mode [J]. AIP Advances, 2016, 6 (7): 075210.

[24] Kumar S, Hu Q, Reno J L. 186 K operation of terahertz quantum - cascade lasers based on a diagonal design [J]. Applied Physics Letters, 2009, 94 (13): 131105.

[25] Li L H, Chen L, Freeman J R, et al. Multi - Watt high - power THz frequency quantum cascade lasers [J]. Electronics Letters, 2017, 53 (12): 799 - 800.

[26] Wade A, Fedorov G, Smirnov D, et al. Magnetic - field - assisted terahertz quantum cascade laser operating up to 225 K [J]. Nature Photonics, 2009, 3: 41 - 45.

[27] WaltherC, Fischer M, Scalari G, et al. Quantum cascade lasers operating from 1.2 to 1.6 THz [J]. Applied Physics Letters, 2007, 91 (13): 131122.

[28] Chan C Wl, Hu Q, Reno J L. Ground state terahertz quantum cascade lasers [J]. Applied Physics Letters, 2012, 101 (15): 151108.

[29] Rösch M, Scalari G, Beck M, et al. Octave - spanning semiconductor laser [J]. Nature Photonics, 2015, 9 (1): 42 - 47.

[30] BoscoL, Francki M, Scalari G, et al. Thermoelectrically cooled THz quantum cascade laser operating up to 210 K [J]. Applied Physics Letters, 2019, 115 (1): 010601.

[31] Williams B S, Kumar S, Hu Q, et al. High - power terahertz quantum cascade lasers [C]. 2006 Conference on Lasers and Electro - Optics and 2006 Quantum Electronics and Laser Science Conference, 2006.

[32] Brandstetter M, Deutsch C, Krall M, et al. High power terahertz quantum cascade lasers with symmetric wafer bonded active regions [J]. Applied Physics Letters, 2013, 103 (17): 171113.

[33] Li LH, Chen L, Zhu J, et al. Terahertz quantum cascade lasers with >1 W output powers [J]. Electronics Letters, 2014, 50 (4): 309 - 311.

[34] Li L H, Chen L, Freeman J R, et al. Multi - Watt high - power THz frequency quantum cascade lasers [J]. Electronics Letters, 2017, 53 (12): 799 - 800.

[35] Wan W J, Li H, Cao J C. Homogeneous spectral broadening of pulsed terahertz quantum cascade lasers by radio frequency modulation [J]. Optics Express, 2018, 26 (2): 980 - 989.

[36] Grischkowsky D, Lankard J, Sorokin P. An atomic Rydberg state 16 - μ laser [J]. IEEE Journal of

Quantum Electronics, 1977, 13 (6): 392 - 396.

[37] Brown E R, McIntosh K A, Nichols K B, et al. Photomixing up to 3.8 THz in low - temperature - grown GaAs [J]. Applied Physics Letters, 1995, 66 (3): 285 - 287.

[38] Schwagmann A, Zhao Z - Y, Ospald F, et al. Terahertz emission characteristics of ErAs: InGaAs - based photoconductive antennas excited at 1.55 μm [J]. Applied Physics Letters, 2010, 96 (14): 141108.

[39] Yang S H, Hashemi M R, Berry C W, et al. 7.5% Optical - to - Terahertz Conversion Efficiency Offered by Photoconductive Emitters With Three - Dimensional Plasmonic Contact Electrodes [J]. IEEE Transactions on Terahertz Science and Technology, 2014, 4 (5): 575 - 581.

[40] Garufo A, Sberna P M, Carluccio G, et al. A Connected Array of Coherent Photoconductive Pulsed Sources to Generate mW Average Power in the Submillimeter Wavelength Band [J]. IEEE Transactions on Terahertz Science and Technology, 2019, 9 (3): 221 - 236.

[41] Anvari R, Soofi H. Enhancement of photocurrent in THz photoconductive antenna by a gold nanorod array [J]. Optik, 2020, 207: 163827.

[42] 周炳琨，高以智，等．激光原理 [M]. 第五版．北京：国防工业出版社，2004.

[43] Cheng Zhang X, Jingzhou Xu. Introduction to THz Wave Photonics [M]. Springer, Boston, MA: DOI: 10.1007/978 - 1 - 4419 - 0978 - 7.

[44] Ahn J, Efimov A V, Averitt R D, et al. Terahertz waveform synthesis via optical rectification of shaped ultrafast laser pulses [J]. Optics Express, 2003, 11 (20): 2486 - 2496.

[45] Huber R, Brodschelm A, Tauser F, et al. Generation and field - resolved detection of femtosecond electromagnetic pulses tunable up to 41 THz [J]. Applied Physics Letters, 2000, 76 (22): 3191 - 3193.

[46] Yeh K L, Hoffmann M C, Hebling J, et al. Generation of 10 μJ ultrashort terahertz pulses by optical rectification [J]. Applied Physics Letters, 2007, 90 (17): 171121.

[47] Negel J P, Hegenbarth R, Steinmann A, et al. Compact and cost - effective scheme for THz generation via optical rectification in GaP and GaAs using novel fs laser oscillators [J]. Applied Physics B, 2011, 103 (1): 45 - 50.

[48] Piyathilaka H P, Sooriyagoda R, Dewasurendra V, et al. Terahertz generation by optical rectification in chalcopyrite crystals $ZnGeP_2$, $CdGeP_2$ and $CdSiP_2$ [J]. Optics Express, 2019, 27 (12): 16958 - 16965.

[49] Stepanov A G, Bonacina L, Chekalin S V, et al. Generation of 30 μJ single - cycle terahertz pulses at 100 Hz repetition rate by optical rectification [J]. Optics Letters, 2008, 33 (21): 2497.

[50] Murate K, Roshtkhari M J, Ropagnol X, et al. Adaptive spatiotemporal optical pulse front tilt using a digital micromirror device and its terahertz application [J]. Optics Letters, 2018, 43 (9): 2090 - 2093.

[51] Kroh T, Rohwer T, Wang L, et al. Robust optimization of single - cycle THz setups based on phase - matching via tilted pulse fronts using an incident - fluence metric [C]. Nonlinear Frequency Generation and Conversion: Materials and Devices XIX, 2020.

[52] Zernike F, Berman PR. Generation of Far Infrared as a Difference Frequency [J]. Physical Review Letters, 1965, 15 (26): 999 - 1001.

[53] Faries D W, Gehring K A, Richards P L, et al. Tunable Far - Infrared Radiation Generated from the Difference Frequency between Two Ruby Lasers [J]. Physical Review, 1969, 180 (2): 363 - 365.

[54] Lu Y, Wang X, Miao L, et al. Efficient and widely step - tunable terahertz generation with a dual - wavelength CO_2 laser [J]. Applied Physics B, 2011, 103 (2): 387 - 390.

[55] Jiang Y, Ding Y J. Efficient terahertz generation from two collinearly propagating CO_2 laser pulses [J]. Applied Physics Letters, 2007, 91 (9): 091108.

[56] Creeden D, McCarthy J C, Ketteridge P A, et al. Compact fiber - pumped terahertz source based on difference frequency mixing in ZGP [J]. IEEE Journal of Selected Topics in Quantum Electronics, 2007, 13 (3): 732 - 737.

[57] Zhao P, Ragam S, Ding Y J, et al. Singly resonant optical parametric oscillator based on adhesive - free - bonded periodically inverted $KTiOPO_4$ plates: terahertz generation by mixing a pair of idler waves [J]. Optics Letters, 2012, 37 (7): 1283 - 1285.

[58] Liu P, Xu D, Li J, et al. Monochromatic Cherenkov THz Source Pumped by a Singly Resonant Optical Parametric Oscillator [J]. IEEE Photonics Technology Letters, 2014, 26 (5): 494 - 496.

[59] Sasaki Y, Avetisyan Y, Yokoyama H, et al. Surface - emitted terahertz - wave difference - frequency generation in two - dimensional periodically poled lithium niobite [J]. Optics Letters, 2005, 30 (21): 2927 - 2929.

[60] Scheller M, Yarborough J M, Moloney J V, et al. Room temperature continuous wave milliwatt terahertz source [J]. Optics Express, 2010, 18 (26): 27112 - 27117.

[61] Vodopyanov K L, Hurlbut W C, Kozlov V G. Photonic THz generation in GaAs via resonantly enhanced intracavity multispectral mixing [J]. Applied Physics Letters, 2011, 99 (4): 11.

[62] Petersen E B, Shi W, Chavez - Pirson A, et al. Efficient parametric terahertz generation in quasi - phase - matched GaP through cavity enhanced difference - frequency generation [J]. Applied Physics Letters, 2011, 98 (12): 121119.

[63] He Y, Wang Y, Xu D, et al. High - energy and ultra - wideband tunable terahertz source with DAST crystal via difference frequency generation [J]. Applied Physics B, 124 (16): 1 - 8.

[64] Notake T, Nawata K, Kawamata H, et al. Development of an ultra - widely tunable DFG - THz source with switching between organic nonlinear crystals pumped with a dual - wavelength BBO optical parametric oscillator [J]. Optics Express, 2012, 20 (23): 25850 - 25857.

[65] Liu P, Xu D, Li Y, et al. Widely tunable and monochromatic terahertz difference frequency generation with organic crystal DSTMS [J]. Europhysics Letters, 2014, 106 (60001): 1 - 5.

[66] 路洋．基于非线性晶体利用光学差频产生 THz 波辐射的研究 [D]. 天津：天津大学，2007.

[67] 孙博．基于差频技术及光学参量方法产生可调谐 THz 波的研究 [D]. 天津：天津大学，2007.

[68] 耿优福．太赫兹波的差频产生及低损耗传输波导的研究 [D]. 天津：天津大学，2009.

[69] He Y, Wang Y, Xu D, et al. High - energy and ultra - wideband tunable terahertz source with DAST crystal via difference frequency generation [J]. Applied Physics B, 2018, 124 (1): 16.

[70] 梅嘉林．基于非线性光学差频技术的小型化高重频太赫兹源研究 [D]. 天津：天津大学，2019.

[71] Kawase K, Shikata J - i, Ito H. Terahertz wave parametric source [J]. Journal of Physics D: Applied Physics, 2002, 35 (3): R1 - R14.

[72] Minamide H, Ikari T, Ito H. Frequency - agile terahertz - wave parametric oscillator in a ring - cavity configuration [J]. Review of Scientific Instruments, 2009, 80 (12): 123104.

[73] Lee A, He Y, Pask H. Frequency - Tunable THz Source Based on Stimulated Polariton Scattering in Mg:$LiNbO_3$ [J]. IEEE Journal of Quantum Electronics, 2013, 49 (3): 357 - 364.

[74] Li R, Zheng Y, Spence D J, et al. Intracavity THz Polariton Source Using a Shallow - Bounce Configuration [J]. IEEE Transactions on Terahertz Science and Technology, 2019, 9 (3): 237 - 242.

[75] Ortega J M, Berthet J P, Glotin F, et al. Evidence for competition modes in a partiallyguided far - infrared free - electron laser [J]. Physical Review Special Topics - Accelerators and Beamms, 2014, 17 (10): 100701.

[76] Zvyagin S A, Ozerov M, Cizmar E, et al. Terahertz - range free - electron laser electronspin resonance spectroscopy: techniques and applications in high magnetic fields [J]. Review of scientific instruments, 2009, 80 (7): 073102.

[77] Kawase K, Nagai M, Furukawa K, et al. Extremely high - intensity operation of a THz free - electron laser using an electron beam with a higher bunch charge [J]. Nuclear Instruments and Methods in Physics Research Section A: Accelerators, Spectrometers, Detectors and Associated Equipment, 2020 (960): 163582.

[78] Shevchenko O A, Arbuzov V S, Vinokurov N A, et al. The Novosibirsk Free ElectronLaser - unique source of terahertz and infrared coherent radiation [J]. Physics Procedia, 2016 (84): 13 - 18.

[79] 陆琦. 我国首台高平均功率太赫兹自由电子激光装置首次饱和出光 [J]. 科技传播, 2017 (19): 99.

[80] Tan P, Xiong Y, Qin B, et al. Simulation and optimization research of a THz free - electron laser oscillator [C]. Proceedings of PAC09, Vancouver, BC, Canada, 2010: 254 - 1256.

[81] Hu T N, Pei Y J, Qin B, et al. Development of a novel thermionic RF electron gun applied on a compact THz - FEL acility [J]. Nuclear Instruments and Methods in Physics Research Section A: Accelerators, Spectrometers, Detectors and Sociated Equipment, 2018 (887): 1 - 6.

[82] Qin B, Tan P, Yang L, et al. Design considerations of a planar undulator applied in a terahertz FEL oscillator [J]. Nuclear Instruments and Methods in Physics Research Section A: Accelerators, Spectrometers, Detectors and Associated Equipment, 2013 (727): 90 - 96.

[83] Wu B, Zhang Z, Cao L, et al. Electro - optic sampling of optical pulses and electron bunches for a compact THz - FEL source [J]. Infrared Physics & Technology, 2018 (92): 287 - 294.

第5章　太赫兹天伺馈与波束调控技术

5.1　引言

由于自然界中缺少能对太赫兹波存在较强电磁响应的材料，迄今为止，太赫兹波调控仍是一大难点，当前较为常用的手段为光学调控。本章将介绍较为常见的太赫兹准光波束调控技术与器件，系统总结其各自的原理、指标体系和关键技术。

5.2　反射面天线

5.2.1　常规反射面

（1）抛物面天线

抛物面天线是以几何光学法为理论基础的一种天线形式。通过抛物面的几何特性，可以知道如果在抛物面焦点上放置一个点源，经过抛物面反射会得到一组平行的射线束，如图5－1所示。因此，馈源发射出来的球面波通过抛物面的反射后，就可以看作是在抛物面口径上的平面波前。

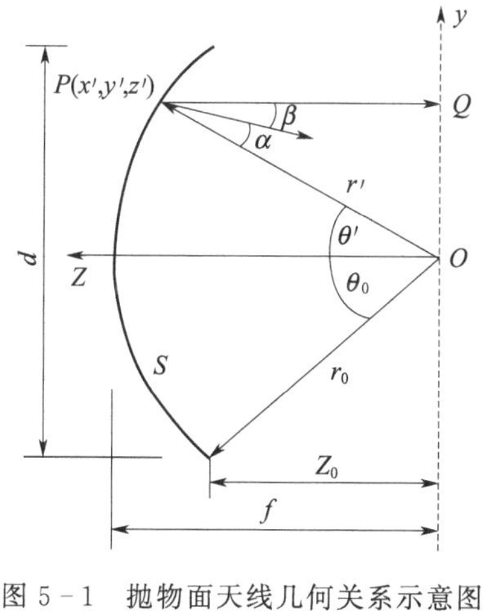

图5－1　抛物面天线几何关系示意图

2014年，南京电子技术研究所研制出一种300 GHz紧凑型抛物面反射面天线[1]，如图5－2所示。利用平面反射面折返光路以及分光片收发复用实现结构的紧凑设计。其中，反射面口径为80 mm，分光片实现收发通道复用。测试结果表明，该天线增益大于40 dBi，副瓣低于－10 dB，3 dB波束宽度为1.08°。

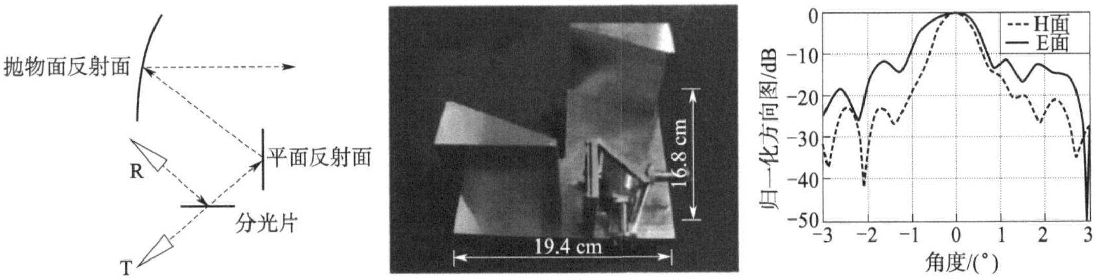

(a) 准光原理　　(b) 实物图　　(c) 测试方向图

图 5-2　300 GHz 反射面天线

（2）卡塞格伦天线

卡塞格伦天线具有较好的消像差能力，由抛物面主镜和双曲面次镜组成，如图 5-3 所示。卡塞格伦天线的主次镜焦点重合，整个系统无球差，结构简单，像质优良，口径亦可以做得较大。如今，发展出了多种组合的卡塞格伦天线，例如主次镜均采用双曲面型或双抛物面型；主镜采用椭球面型，次镜采用球面型等。其缺点是：视场和天线尺寸无法两全，若要获得较大视场，就需以增加天线尺寸为代价，并且中心遮挡比的存在也降低了光传输效率。综合评测其优缺点，卡塞格伦天线特别适合应用于空间通信系统。下面将针对卡塞格伦天线进行研究，分析系统光传输特性并对其结构进行优化。

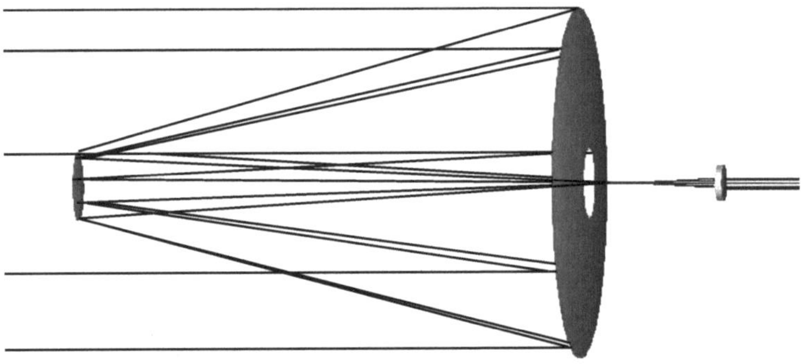

图 5-3　卡塞格伦天线示意图

卡塞格伦天线与普通天线相比，其主要优点如下：

因为有主副两面先后反射，卡塞格伦天线便于设计，其使主面口面场分布最佳化，提高了口面利用系数，改善了天线增益。由于发射器是放置在靠近主面顶点处，可方便从主面后方伸出，这大大缩短了馈线长度，不仅结构紧凑，而且接收机高频部分可直接放置在主面后方，这在低噪声系统中有重要意义。

由于双镜面天线用短焦距抛物面实现了长焦距抛物面的性能，卡塞格伦天线以缩短天线纵向尺寸解决了存在于单镜面天线中的矛盾——焦距大时性能好但结构复杂。此外，由于双曲面反射是扩散型的，在双镜面系统中，返回馈源的能量较单镜面天线要小，从而减弱了对馈源匹配的影响。

事物总是一分为二的，卡塞格伦天线的缺点如下：小尺寸副面的边缘绕射效应较大，容易引起主面口面场的振幅起伏与相位畸变；对于远方目标，在视场较大的情况下，轴外像差很大；存在天线发射盲区，如图 5-4 所示。

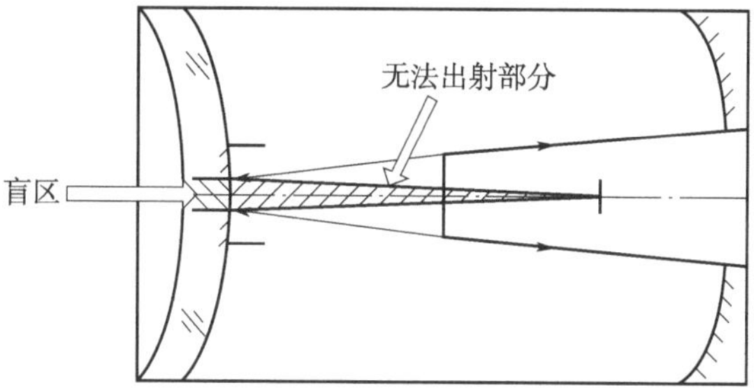

图 5-4　卡塞格伦天线发射盲区

1987 年，由英国科学与工程研究委员会和荷兰科学发展委员会联合研制的詹姆斯·麦克斯韦天文望远镜[2] 正式投入运行，坐落于美国夏威夷莫纳克亚岛，如图 5-5 所示。该天文望远镜包含 220～280 GHz 肖特基二极管混频接收机，330～360 GHz 肖特基二极管混频接收机，460～490 GHz 锑化铟（InSb）二极管混频接收机，660～720 GHz InSb 二极管混频接收机，以及 15 m 口径卡塞格伦反射面天线，由主反射面和副反射面组成。主反射面由 276 块独立的铝制轻质面板组成[3]，面板表面粗糙度为 24 μm；副反射面可以进行三轴方向调节，用以补偿焦距变化。

(a) 整体结构　(b) 卡塞格伦天线

图 5-5　麦克斯韦天文望远镜

2016 年，我国第二代地球静止轨道定量遥感气象卫星风云 4 号[4] 成功发射，如图 5-6 所示。该卫星地面试验开展了口径为 5 m 的可展开偏馈卡塞格伦反射面天线和 54～425 GHz 六频段探测载荷研究[5-6]，面向在轨试验进行了口径 160 mm 的卡塞格伦天线和 183 GHz、425 GHz 微波探测试验载荷研究[7]。在轨试验载荷接收系统采用准光馈点网络对双频段进行极化分离，是世界首个将准光学馈电网络技术运用于静止轨道的载荷[8]，其中 425 GHz 频段采用垂直极化，183 GHz 频段采用水平极化。

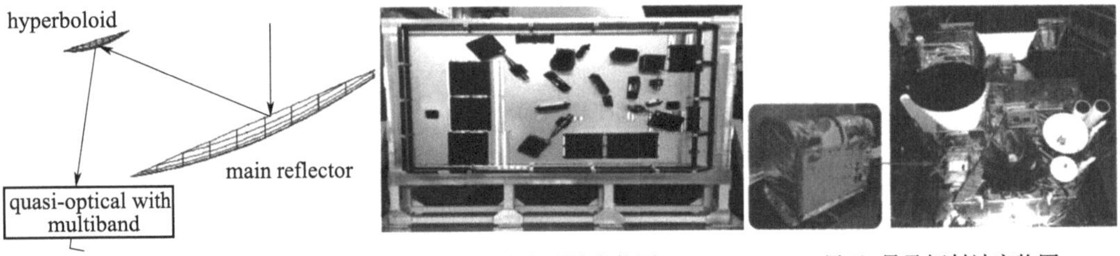

(a) 卡塞格伦天线原理图　　(b) 准光系统实物图　　(c) 风云4号及辐射计实物图

图 5-6　风云 4 号卫星

（3）格里高利天线

格里高利望远镜是由一个抛物面主镜和一个位于主镜焦点之外的旋转椭球面次镜组成。主次镜为凹面结构，次镜的一个焦点与主镜的焦点重合，另一个焦点为整个系统的焦点，成正像于主镜前方的远侧焦点处，如图 5-7 所示，系统没有轴上像差。若以点光源发出的光束经主镜开口处入射，根据光学理论和几何关系，光束经次镜反射汇聚后再由主镜以极小的发散角反射出去，在理想情况下，可认同为是水平出射。但是格里高利系统对主次镜的间距要求非常严格，轴向尺寸也较大。

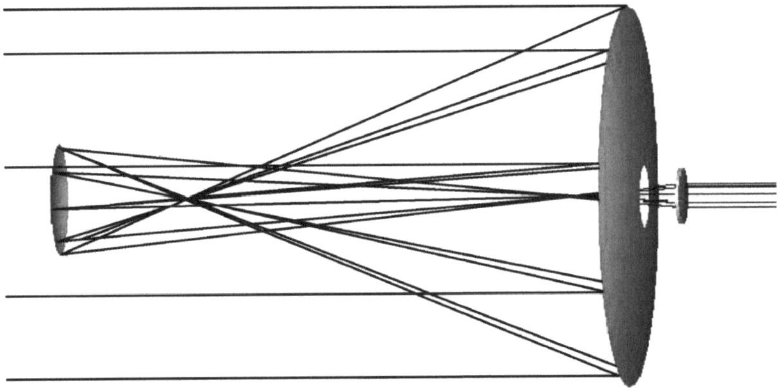

图 5-7　格里高利天线示意图

2004 年，美国国家航空航天局（NASA：National Aeronautics and Space Administration）发射了运行在 705 km 轨道[9] 上的地球观测系统（EOS：Earth Observation System），如图 5-8 所示。该系统搭载了微波临边探测器（MLS：Microwave Limb Sounder），包括 118 GHz、190 GHz、240 GHz、640 GHz 以及 2.5 THz 等 5 个频段辐射计。低频太赫兹辐射计（118～640 GHz）采用投影面积为 1.6 m×0.8m 的椭圆偏馈卡塞格伦反射面天线[10]。其主反射面采用石墨环氧树脂作为主材料，表面通过真空沉淀形成金属铝和氧化硅膜；副反射面采用实心铝与金刚石作为主材料。高频太赫兹辐射计（2.5 THz）采用格里高利反射面天线[11]，其主反射面和副反射面口径分别为 228 mm 和 20 mm，表面粗糙度为 1 μm，以金属铝为主材料，表面为金刚石。

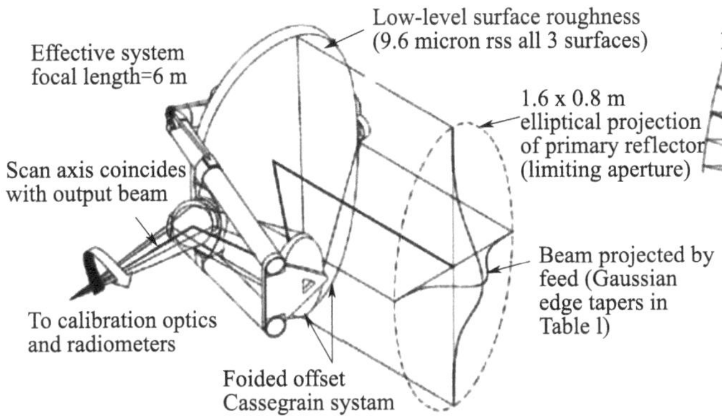

(a) 系统原理图

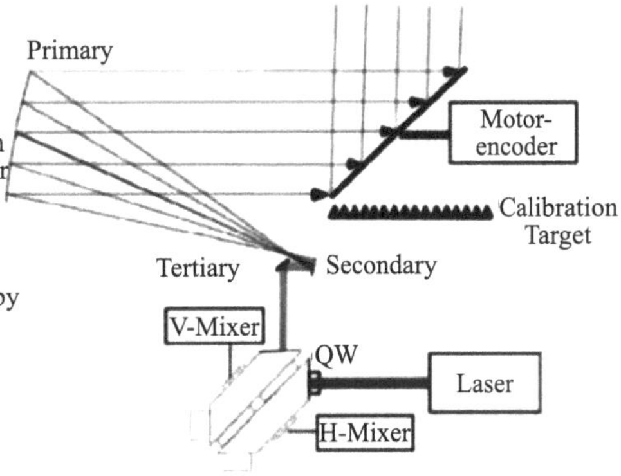

(b) 光路图

(c) 实物图

图 5－8　美国 EOS 卫星

2010 年，美国加州理工大学喷气动力实验室（JPL：Jet Propulsion Laboratory）研制出 660～690 GHz 太赫兹成像雷达[12]，如图 5－9 所示。该雷达采用共聚焦格里高利反射面天线，在 25 m 处实现近场聚焦成像，通过小型机械旋转次镜实现波束扫描，视场范围 50 cm×50 cm，成像分辨率为 1.3 cm。主反射面口径为 1 m，材料为铝合金，采用铣削工艺加工，表面粗糙度为 25 μm。

5.2.2　反射阵天线

2013 年，清华大学杨帆教授团队面向高增益太赫兹天线应用需求，提出了结合反射面和相控阵优点的太赫兹反射阵天线概念[13]，具有轮廓低、馈电系统简单和低损耗等优点[14]。图 5－10（a）为基于 3D 打印技术的背面镀金介质反射面天线[15]，3D 打印材料的相对介电常数为 2.76，损耗角正切为 0.039。该天线直径为 30 mm，工作频率为 100 GHz，25°入射角条件下的反射方向增益为 22 dBi。图 5－10（b）为具有偏转反射功能的贴片反射阵天线[16]，通过贴片渐变尺寸设计实现幅相调控，衬底材料为聚二甲基硅氧

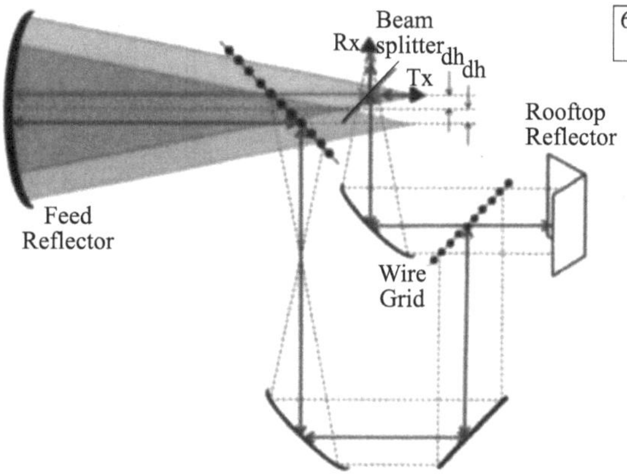

(a) 系统原理图

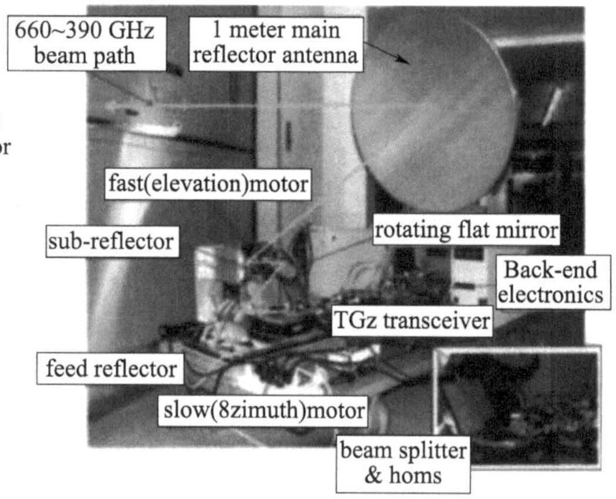

(b) 实物图

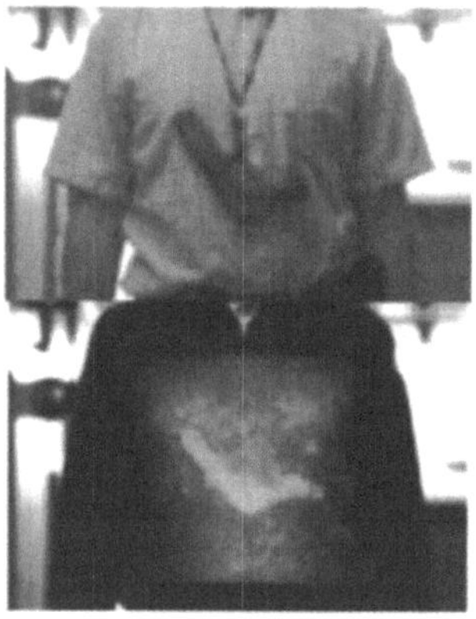

(c) 成像结果

图 5－9　JPL 太赫兹成像雷达

烷（PDMS：Polydimethylsiloxane），相对介电常数为 2.35。在 600 GHz 和 930 GHz 处分别实现最强镜面反射和偏转反射。

2019 年，东南大学毫米波国家重点实验室面向高密度无线通信基站应用需求，开展了 357～421 GHz 折叠反射阵天线[17,18] 研究，如图 5－11 所示。该天线由基于石英光刻工艺的周期结构单层反射阵、基于印制电路板技术的线栅偏振器和喇叭馈源天线组成，整个结构采用 3D 打印技术集成。实测结果表明，该天线在 400 GHz 处的增益为 33.66 dBi，口面效率为 33.65％，3 dB 增益带宽为 16％。

2016 年，瑞士里斯本大学电信研究所开展了对极化不敏感 700 GHz/1 THz/1.5 THz 三波段反射阵天线研究[19]，如图 5－12 所示。该结构采用高阻硅作为衬底，通过三个具有不同相位补偿和偏转能力的几何形状，在三个不同频率下，将任意偏振和特定入射角的平面波偏转到三个不同的特定方向。测试结果表明，该反射阵天线在 700 GHz、1 THz 和 1.5 THz 处的反射效率分别为 40％、33％和 60％。

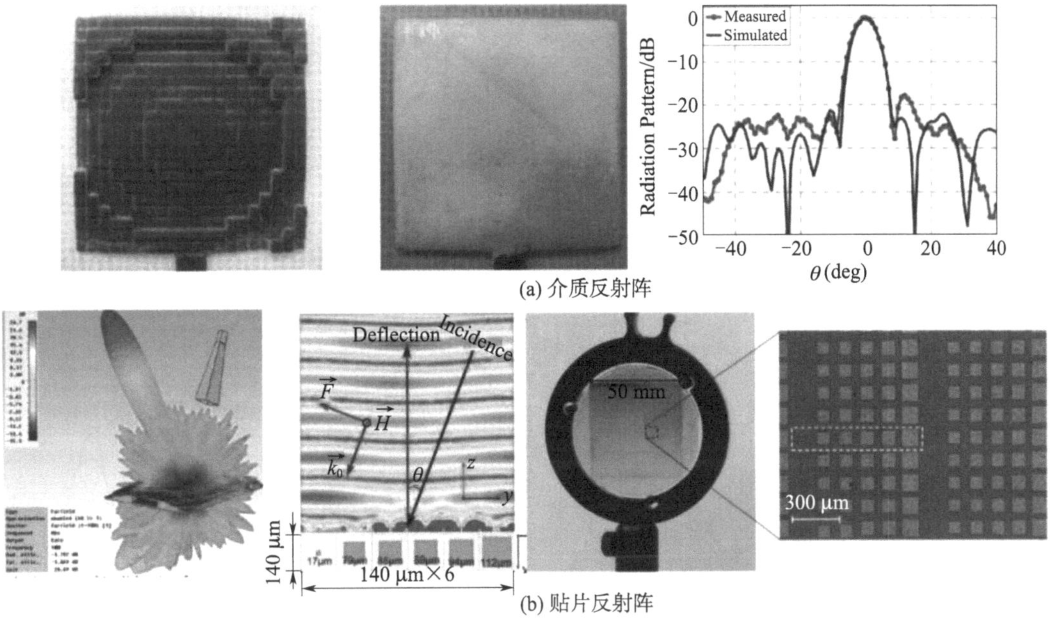

(a) 介质反射阵

(b) 贴片反射阵

图 5-10　清华大学杨帆教授团队反射阵天线

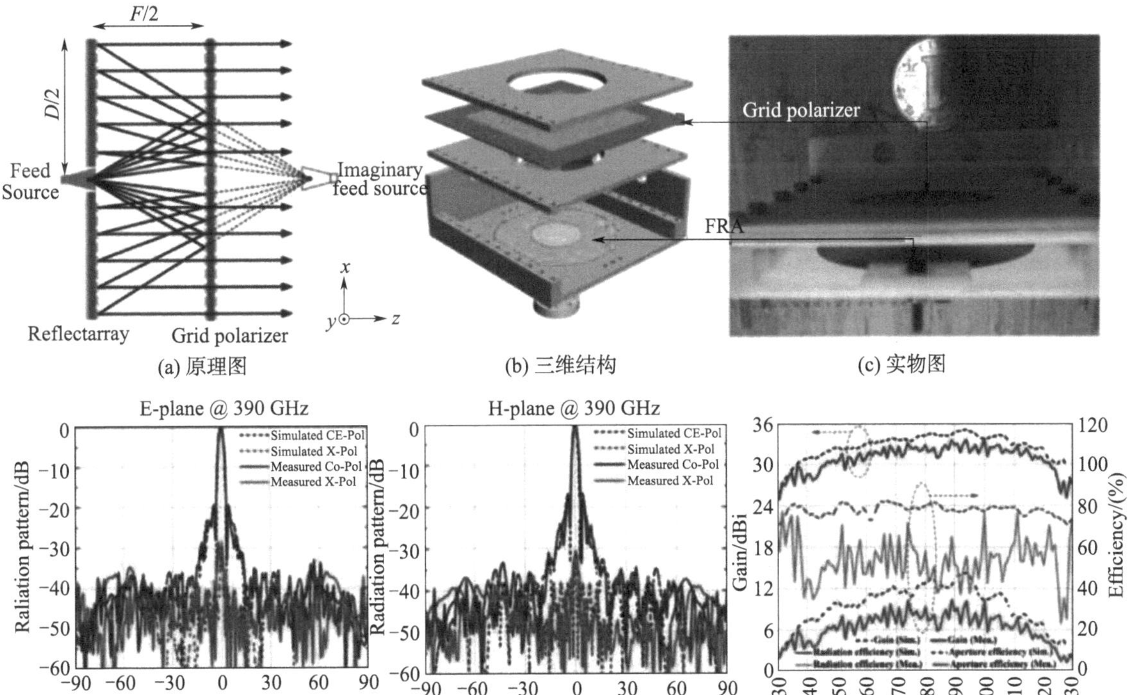

(a) 原理图　(b) 三维结构　(c) 实物图

(d) E面方向图　(e) H面方向图　(f) 增益

图 5-11　357～421 GHz 折叠反射阵天线

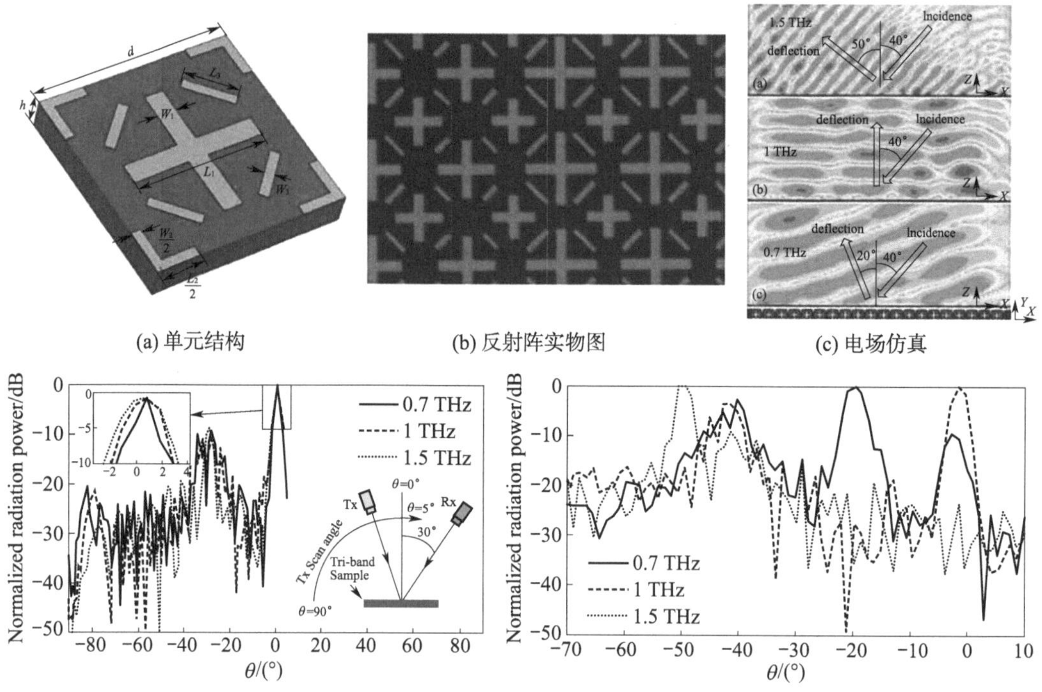

(a) 单元结构　(b) 反射阵实物图　(c) 电场仿真

(d) 测试结果　(e) 测试结果

图 5-12　三波段反射阵

5.3　透镜天线

5.3.1　介质透镜

（1）双曲透镜

介质透镜天线具有优越的聚焦性能。与反射面天线相比，介质透镜天线具有设计灵活、加工成本低、容差能力更强、波束扫描特性更优，以及馈源位于透镜天线后不存在馈源遮挡等优点。

近程聚焦介质透镜天线的工作原理示意图如图 5-13 所示。从焦点 F 发出的任意射线经透镜折射后汇聚到位于透镜另一侧的聚焦点，形成聚焦焦斑。聚焦透镜天线的光路设计，可以采用高斯波束理论来完成。准光透镜天线两侧的场分布可以近似看作为高斯分布，均在距离透镜一定距离处存在波束束腰。$\omega(z)$ 为高斯波束半径，表征电场幅度下降为光轴上 $1/e$ 时对应的波束宽度，即

$$\omega(z)=\omega_0\left[1+\left(\frac{\lambda z}{\pi\omega_0^2}\right)^2\right]^{1/2}$$

式中，z_0 为 $z=0$ 时的最小高斯波束半径，称为高斯波束束腰半径。

在毫米波焦平面阵列被动成像系统中，透镜两侧的高斯波束束腰分别位于物平面和像平面，以获得最佳的成像分辨率。因此，成像系统的成像分辨率决定于透镜天线的波束束腰半径。

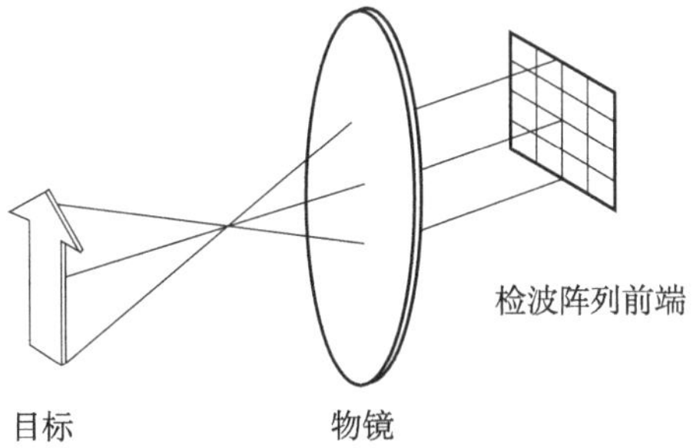

图 5－13　天伺馈介质透镜天线工作原理

为满足系统 0.35°分辨率，介质透镜口径需≥300 mm；为实现≥10 m 的探测距离，介质透镜物距需≥10 m，像距需根据辐射计像元间距和口径来定。

高斯波束在垂直于光轴的平面内场分布呈高斯分布，实际的准光系统中透镜天线的口径是有限的，因此透镜只能截获部分高斯波束能量，从而对高斯波束产生截断。若透镜天线的口径为 D，在透镜处高斯波束半径为 ω，则透镜边缘的电场幅度与光轴上的电场幅度的比值为

$$\frac{E(r)}{E_0}=\exp\left[-D^2/4\omega^2\right]$$

图 5－14 给出了通过透镜天线的基模高斯波束能量比例随 D/ω 变化的结果。从图中可以看出，随着 D/ω 的增加，通过高斯波束的能量比例迅速增高；当 $D/\omega>2.5$ 后，透镜天线截获效率随 D/ω 增加而减慢。例如，当 $D/\omega=3$（$T_e=-19.54$ dB）时，透镜天线截获效率为 98.9%；当 $D/\omega=4$（$T_e=-34.7$ dB）时，该效率增加到 99.97%。也就是说，天线口径增加了 33%，透镜截获效率只增加 1%。在工程应用中，常选取透镜口径 D 为 2.7ω。

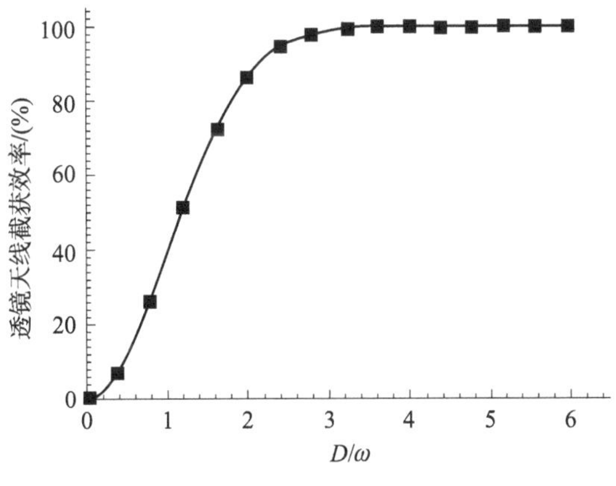

图 5－14　透镜天线截获效率随 D/ω 变化曲线

物镜的光路参数示意图如图 5－15 所示，工作原理是从物侧 S_1 发出的任意光斑经物镜折射后汇聚到位于像侧的聚焦点，形成聚焦焦斑。

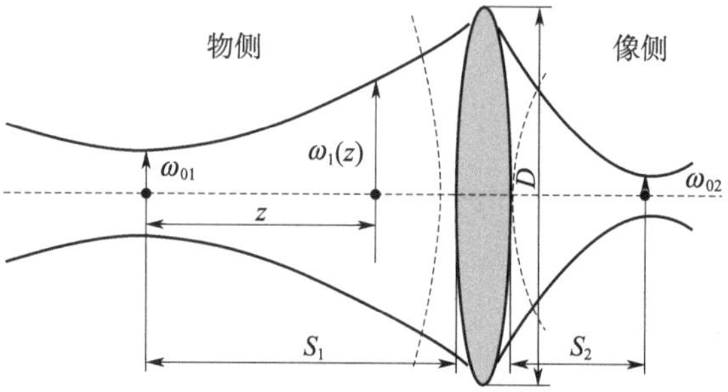

图 5-15 物镜光路参数示意图

透镜天线轮廓是基于等光程原理来设计的。从焦点发出的任意射线入射到透镜表面，经透镜折射后出射光线在垂直于光轴的平面上光程相等，如图 5-16 所示。

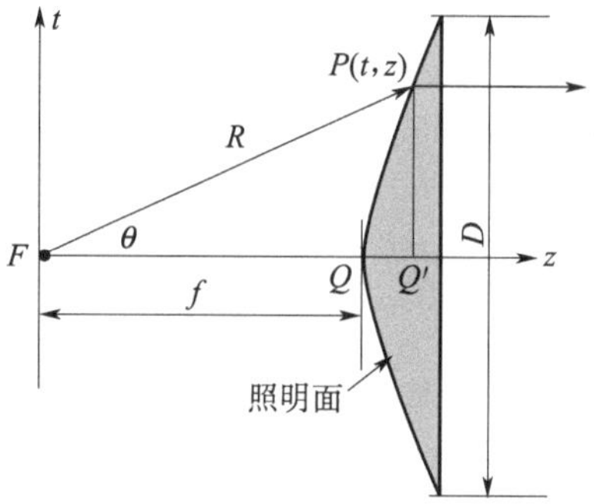

图 5-16 透镜等光程设计示意图

根据等光程原理，经过透镜上任意点 P 的射线的光程与光轴射线的光程相同，则

$$R = f + n(z - f)$$

式中，f 为馈源到透镜顶点的距离（焦距）；n 为介质折射率。轮廓截面曲线方程为

$$t = [(n^2 - 1)z^2 - 2n(n - 1)fz + (n - 1)^2 f^2]^{1/2}$$

写成显式形式为

$$\frac{\left(z - \frac{nf}{n+1}\right)^2}{\left(\frac{f}{n+1}\right)^2} - \frac{t^2}{\frac{(n-1)f^2}{n+1}} = 1$$

其为双曲线表达式，即为双曲透镜。单面双曲透镜可以将位于焦点的馈源发射的球面波波前转换为理想的平面波前。

为了获得近场聚焦性能，可以将两个双曲透镜组合在一起，透镜 1 将馈源发射的电磁波转化为平面波，透镜 2 将转化后的平面波又转换为球面波，实现波束汇聚，如图 5-17 所示。

双面双曲透镜是结构最简单的近程聚焦透镜。若透镜的口径为 D ，焦距分别为 f_1、f_2， 则其两侧透镜轮廓曲线方程可以表示为

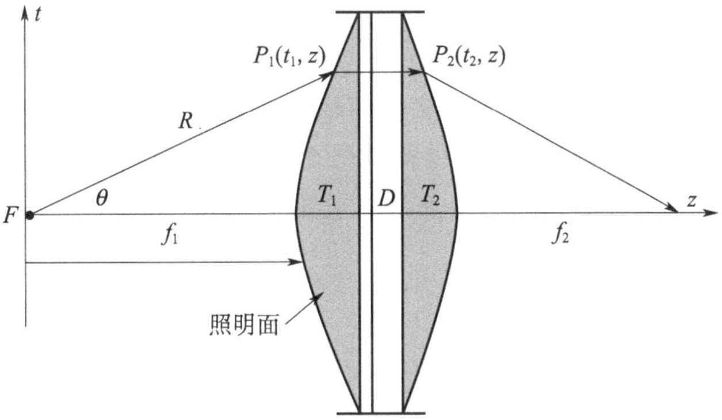

图 5－17　双面双曲透镜实现波束聚焦示意图

左：$(n^2-1)(z-f_1)^2+2(n-1)f_1(z-f_1)-y^2=0$

右：$(n^2-1)(z-f_1-T_1-T_2)^2-2(n-1)f_2(z-f_1-T_1-T_2)-y^2=0$

式中，T_1、T_2 为两侧透镜厚度，则

$$T_n=\frac{1}{n+1}\left[\sqrt{f_n^2+\frac{(n+1)D^2}{4(n-1)}}-f_n\right]$$

2020 年，航天科技九院本书团队基于焦平面成像理论研制了 220 GHz 聚四氟乙烯双曲透镜，如图 5－18 所示。该透镜口径为 100 mm，材料相对介电常数为 2.2。测试结果表明：中心像元与边缘像元的光斑直径分别为 3.5 mm 和 5 mm，200 mm 距离下的视场为 110 mm×110 mm，成像分辨率为 7 mm。

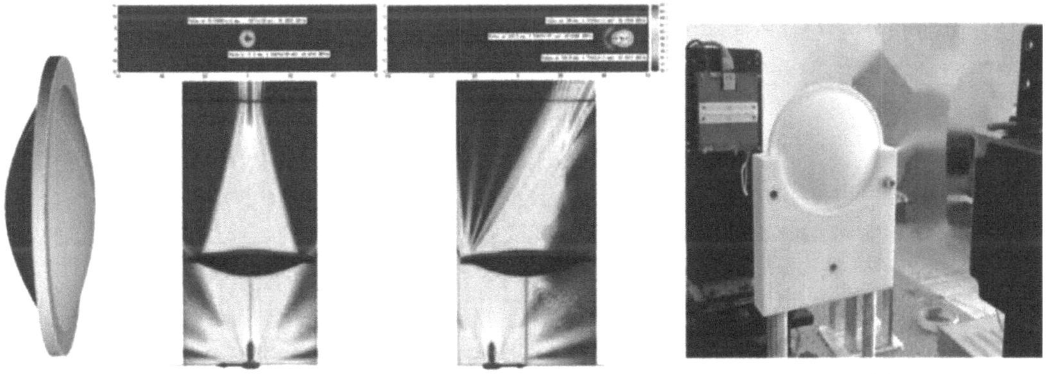

(a) 三维结构　(b) 电磁场仿真结果　(c) 实物图

图 5－18　焦平面成像双曲透镜

(2) 菲涅尔透镜

介质型菲涅尔波带透镜常见的是开槽波带型，利用电磁波在电介质和空气中传播一定距离后的相位差，实现在同一平面的相位要求，来实现电磁波的聚焦或准直。

图 5－19 是开槽介质型菲涅尔波带透镜的结构示意图。假定平面入射波入射，透镜辐射口径表面与焦点间距为 F，ρ_1 和 ρ_2 分别为第一全波带中第一和第二次波带的半径长度。

槽沟在介质中引起电磁波在不同半径处传播路径的差异，从而使得在菲涅尔波带透镜的辐射口径表面上相位满足特定关系，达到所需的相位要求。菲涅尔波带透镜总共有 N 个菲涅尔全波带（在图 5－19 中，示意出 3 个全波段），每个全波带都被分为 P 个次波带（在图 5－19 中，示意出 4 个次波带）。通过调整每个波带介质层的厚度，相邻的两个次波带中电磁波相位会被修正到相差 $2\pi/P$。菲涅尔波带透镜口径为 D，与最外侧全波带中最外侧的次波带的直径大小相同。

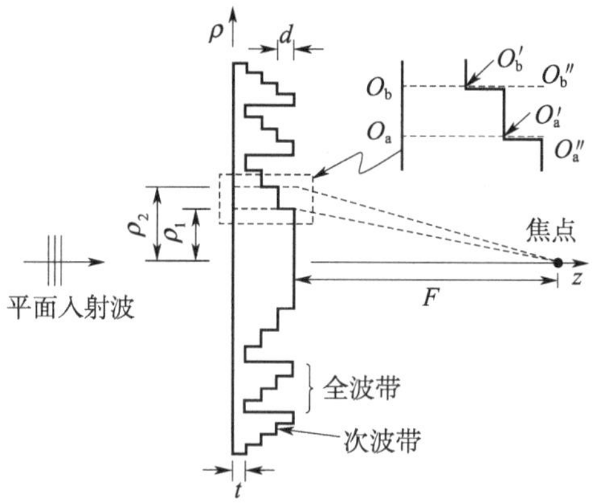

图 5－19　菲涅尔波带透镜横切面结构图

参数 G 是物理中更具有实际意义的一项表征参数。通过假定入射波是被限定在一个口径半径为 ρ_{disc} 的喇叭或者波导馈源内，入射平面波的所有能量都可以认为是由假定的馈源所提供。对于透镜接收电磁波的有效口径，A_e 可以通过馈源轴向的平均坡印亭矢量对馈源口径表面的积分与入射平面波平均坡印亭矢量的轴向分量的比值来表示。对于菲涅尔波带透镜，通过有效口径 A_e 乘以 $4\pi/\lambda^2$ 可以得到电磁波传播的增益表示。公式为

$$G=\frac{4\pi}{\lambda^2}A_e=\frac{4\pi\left|\int_0^{2\pi}\int_0^{\rho_{\text{disc}}}\text{Re}\left[\vec{z}\cdot\vec{S}\right]\rho\,\text{d}\rho\,\text{d}\varphi\right|}{\lambda^2\text{Re}\left[\vec{z}\cdot\vec{S}\right]}$$

2019 年，香港城市大学太赫兹毫米波国家重点实验室研制了一种基于 3D 打印的菲涅尔透镜天线[20]，如图 5－20 所示。透镜直径 20 mm，由奇数菲涅尔区离散介质柱组成，3D 打印材料为高温树脂（$\varepsilon_r=2.66$，$\tan\delta=0.03$）。测量结果表明，该天线在 265～320 GHz 频段内轴比小于 3 dB，最大增益为 27.4 dBi@300 GHz。

5.3.2　透镜组

2019 年，华中科技大学武汉光电国家研究中心开展了具有贝塞尔波束特征的无衍射波束透镜组研究[21,22]，由 2 个 3D 打印（$\varepsilon_r=2.68$）轴棱锥和 1 个聚甲基戊烯（TPX，$\varepsilon_r=3.1$）透镜组成，直径均为 50.8 mm，如图 5－21 所示。透镜组输出光束具有一维不变横向剖面，景深范围为 30～300 mm，半峰值辐射宽度为 2.57 mm。相比于单个聚甲基戊烯透镜，该透镜组景深增加了 5 倍。

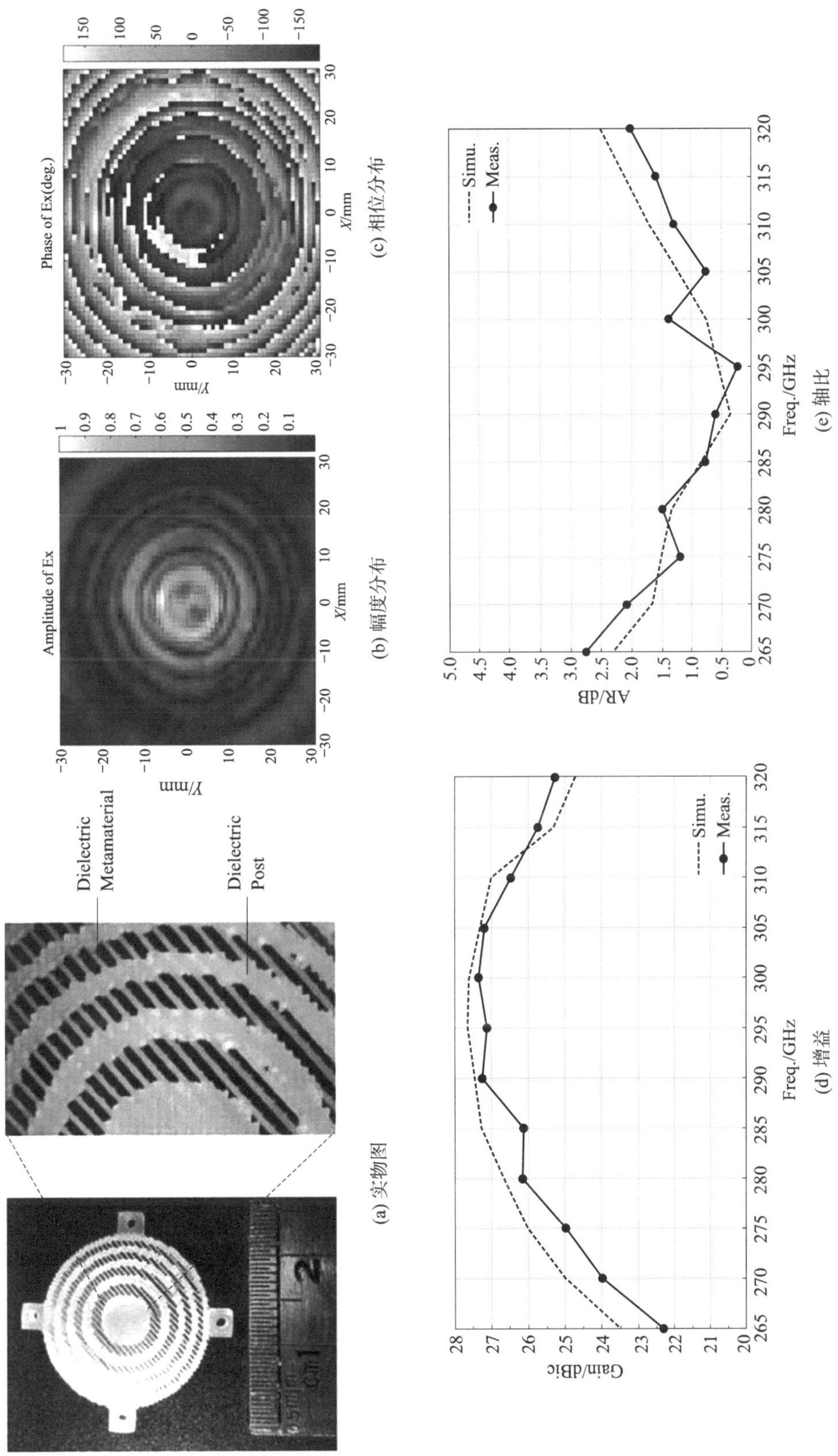

(a) 实物图　(b) 幅度分布　(c) 相位分布　(d) 增益　(e) 轴比

图 5-20　基于 3D 打印的菲涅尔透镜天线

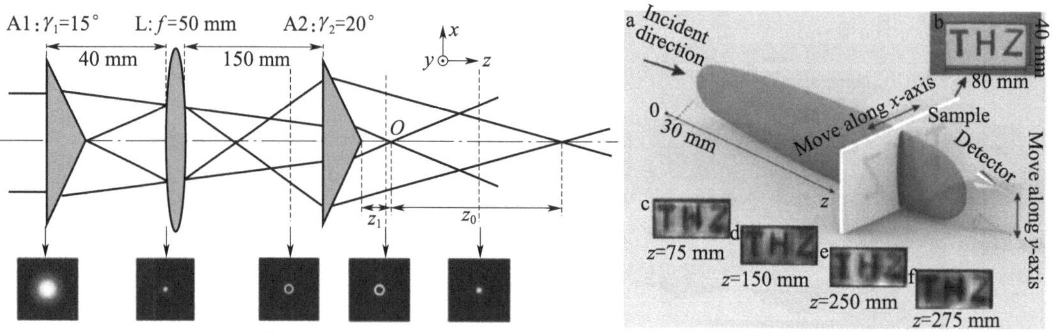

(a) 透镜组工作原理 (b) 成像结果

图 5 - 21 无衍射波束透镜组

5.4 波束调控技术

5.4.1 分束器

（1）分光镜

2011 年，美国加州理工大学 JPL 实验室面向人体安检应用需求开展了 675 GHz 调频连续波雷达研究[23]，如图 5 - 22 所示。为了实现收发双工高隔离度，该系统采用与收发链路轴线夹角均为 45°的 232 μm 厚高阻硅片双工器实现隔离器和环形器功能。理想条件下，该双工器发射和接收链路损耗均为 3 dB，即收发链路固有总损耗为 6 dB。尽管该方案简单且成本低，但是会导致系统信噪比降低。为了在不增加系统复杂度条件下提升系统信噪比，该团队于 2012 年研制了基于光栅的圆极化双工器[24]。在该方案中，采用具有线极化特性的金属栅网替代高阻硅片双工器，从而实现水平极化信号透射和垂直极化信号反射。此外，基于圆极化信号目标回波发生极化反转的特点，采用光栅极化器将发射信号从水平极化转换为右旋圆极化，将接收信号从左旋圆极化转换为垂直极化，由此解决了传统高阻硅片双工器方案存在收发链路总损耗高的问题，使系统信噪比提升 4～5 dB。

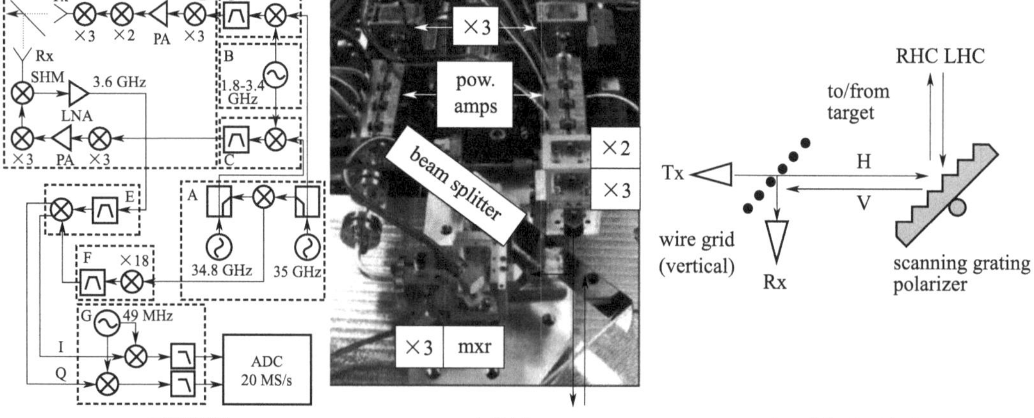

(a) 原理框图 (b) 实物图 (c) 基于光栅的圆极化双工器

图 5 - 22 美国 JPL 实验室 675 GHz 调频连续波雷达

（2）极化分束器

极化分束器通过调控同一信号的两个正交极化分量相位，实现极化分离。2018 年，澳大利亚阿德莱德大学电气与电子学院提出宽带圆极化波束分离方案[25]，如图 5－23 所示。利用不同极化谐振单元组成子阵，从而形成具有双折射功能的超材料，实现对左旋圆极化和右旋圆极化的分离。测试结果表明，该极化分束器相对带宽为 53%，能够工作于 580 GHz～1 THz 频段，780 GHz 处的效率为 61%。2020 年，澳大利亚悉尼科技大学电气与数据工程学院提出基于 3D 打印的低剖面菲涅尔-罗森棱镜方案[26]（图 5－24），利用罗森棱镜实现两个正交极化信号出射角的独立调控，从而实现极化分束，通过集成菲涅尔透镜使整体厚度减小 50%，损耗减小 50%。

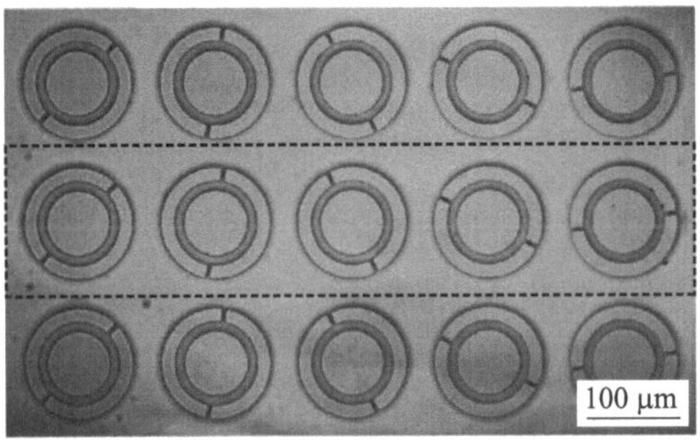

(a) 样品实物

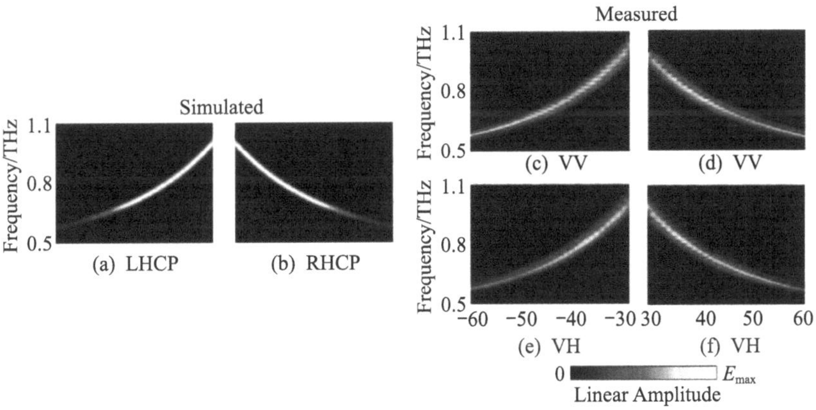

(b) 仿真和测试结果

图 5－23　宽带圆极化波束分离

2019 年，清华大学光子控制技术重点实验室提出一种具有宽带动态可调谐能力的石墨烯纳米天线可调谐圆极化分束器[27]，如图 5－25 所示，能够实现左旋和右旋圆极化信号分离。通过加载电压调整石墨烯的费米能级或化学势，从而改变表面电导率，实现宽调谐范围。实验结果表明，宽频率可调谐范围为 2～5 THz，效率高达 83%。

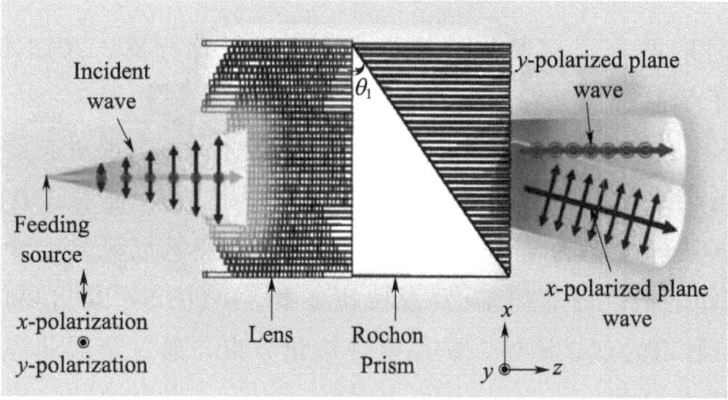

(a) 工作原理

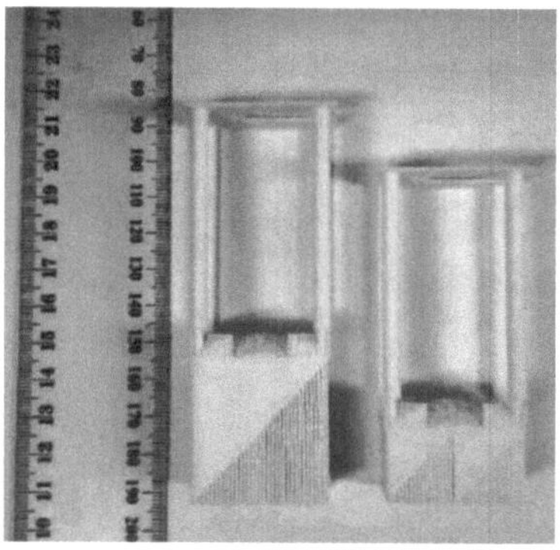

(b) 实物图

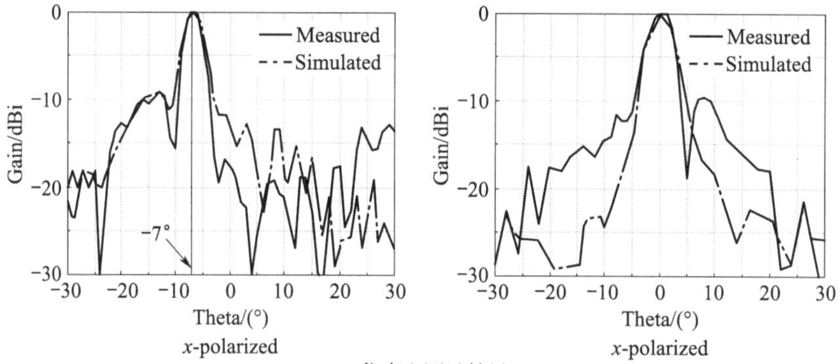

(c) 仿真和测试结果

图 5－24　基于 3D 打印的低剖面菲涅尔-罗森棱镜

5.4.2　频率选择表面

(1) 原理

频率选择表面（FSS：Frequency Selective Surface）是一种由周期性排列的金属贴片单元或孔径单元构成的二维结构，在谐振频点处能够对入射电磁波表现出强透射或强反射的频率选择特性，其本质是一种特殊的空间滤波器。作为一种周期性的人工电磁表面结构，FSS 在入射电磁波作用下会激励出表面电流，而振荡的表面电流会对外发生二次辐射，从而表现出特定的电磁响应特性。对于任意的电磁结构，其电磁辐射都应遵循麦克斯韦方程组，那么通过在特定的边界条件下去求解，可以获得其电磁响应特性。显然，这对 FSS 结构同样适用。另外，振荡的表面电流导致 FSS 结构上的金属与缝隙部分可以等效为电感和电容，通过建立等效传输线模型，同样可用于分析 FSS 的电磁特性。

如图 5－26（a）所示，平面电磁波从左侧正入射到金属表面，假设该表面只存在一个自由电子，那么该自由电子在外加电场的作用下会发生振荡，大部分电磁波能量会转变为电子的动能以维持振荡状态，只有一小部分能量会透过。根据电磁学的相关知识，振荡的自由电子可以等效为一个电偶极子，会向表面两侧辐射电磁波。对于向右侧辐射的电磁波，其会同入射电磁波发生破坏性干涉，导致右侧能量衰减，表现为低透过率；而对于向左侧辐射的电磁波，即为反射波，表现为高反射率。

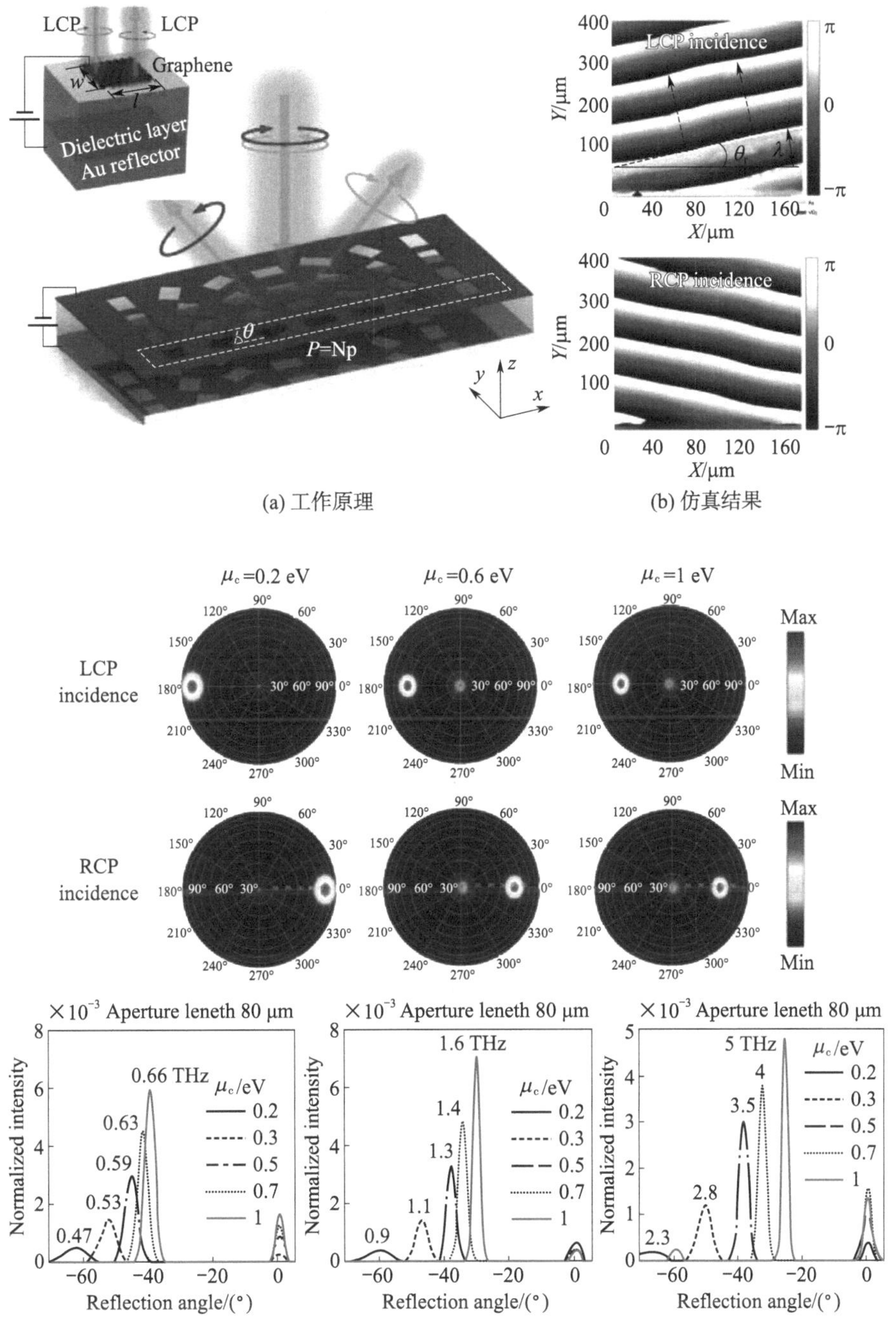

(a) 工作原理　　(b) 仿真结果

(c) 仿真结果

图 5-25　石墨烯圆极化分束器

接下来考虑另外一种情况，如图 5-26 (b) 所示，仍然是从左侧正入射电磁波，不同的是自由电子被束缚，只能在与入射电场偏振方向垂直的一条线上运动。显然，在外界电场的作用下，自由电子并不会发生振荡，因此入射电磁波会完全透过该表面，表现为高透过率。

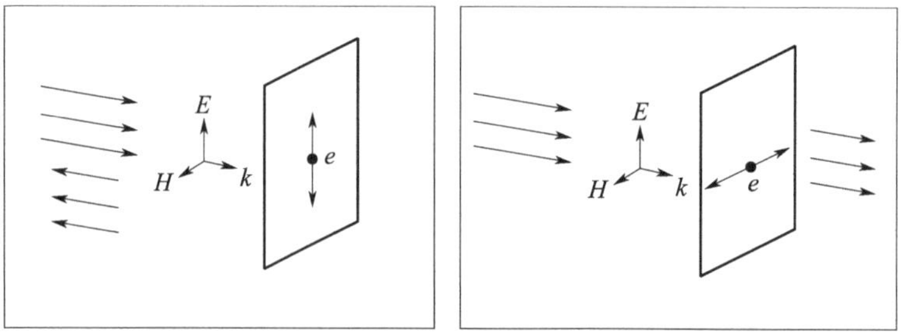

(a) 电子振荡　　(b) 电子不振荡

图 5-26　平面电磁波作用下的两种电子状态

下面分别从低频极限和高频极限两种情况出发，对两类代表性的 FSS 结构（金属网栅及其互补结构）的电磁响应特性进行分析。如图 5-27 所示，对于金属网栅结构，当低频（长波长）电磁波入射时，网栅中的自由电子在外界电场作用下能够无阻碍地沿着栅线某一方向一直运动，直到外界电场方向改变，即自由电子在外界电场作用下发生振荡。因此，金属网栅结构在低频情况下，电磁特性表现为强反射。此外，由于在理想的网栅结构中栅线是无限长的，所以入射电磁波频率越低，反射率会越高。而当高频（短波长）电磁波入射时，虽然自由电子会随着高频振荡的电场发生振荡，但是这种短距离的振荡并不会导致网栅产生强烈的辐射，因而不会与入射电磁波干涉相消。因此，金属网栅结构在高频情况下，电磁特性表现为强透射。这与其频率响应特性为高通滤波特性相一致。

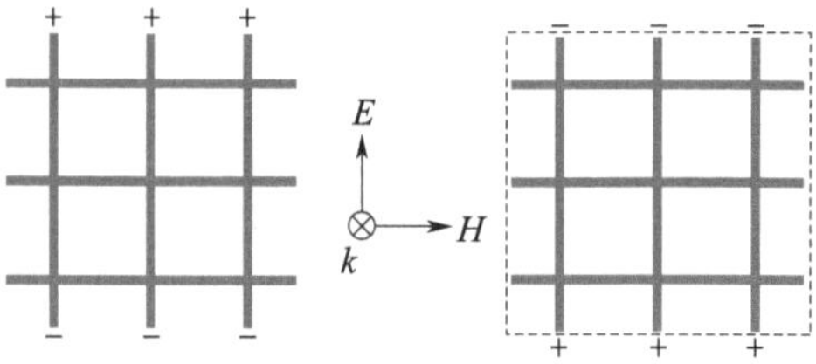

图 5-27　金属网栅结构在正入射电磁波作用下的电荷分布

如图 5-28 所示，对于金属网栅互补结构（即方形贴片），当低频（长波长）电磁波入射时，由于外界电场振荡缓慢，金属贴片中的自由电子在相当长的时间内保持静止，因此绝大部分的入射能量会透过该结构，其在低频情况下的电磁特性表现为强透射。并且随着入射电磁波频率越低，贴片中自由电子保持静止状态的时间就越长，因而透过率会越高。而当高频（短波长）电磁波入射时，金属贴片中的自由电子会随着外界高频振荡电场发生振荡，不会再出现于某段时间内处于静止状态的现象。因此，金属网栅互补结构在高频情况下的电磁特性表现为强反射，这同样与其频率响应特性为低通滤波特性一致。

（2）应用及现状

2018 年，电子科技大学电子工程学院研制出基于六边形介质集成波导（SIW：Substrate Integrated Waveguide）的高极化稳定性、高频率选通性、低成本太赫兹频率选择表面[28]（如图 5-29 所示），可以采用印制电路板技术加工实现。测试结果表明，样品

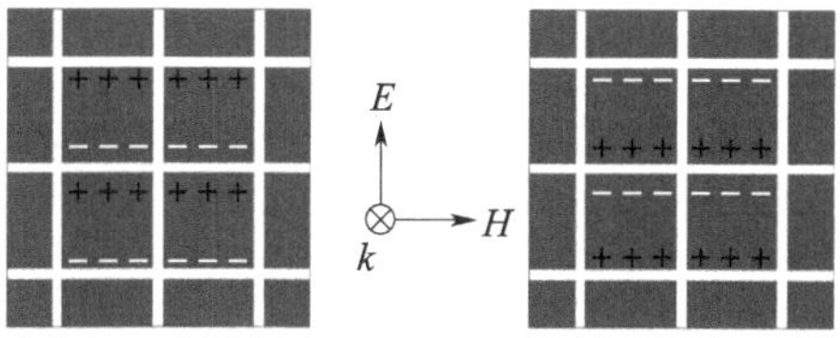

图 5-28　金属网栅互补结构在正入射电磁波作用下的电荷分布

中心频率为 140 GHz，相对带宽为 7%，中心频率处插入损耗为 0.28 dB，在 0°～15°入射角范围内具有稳定的频率选通特性。

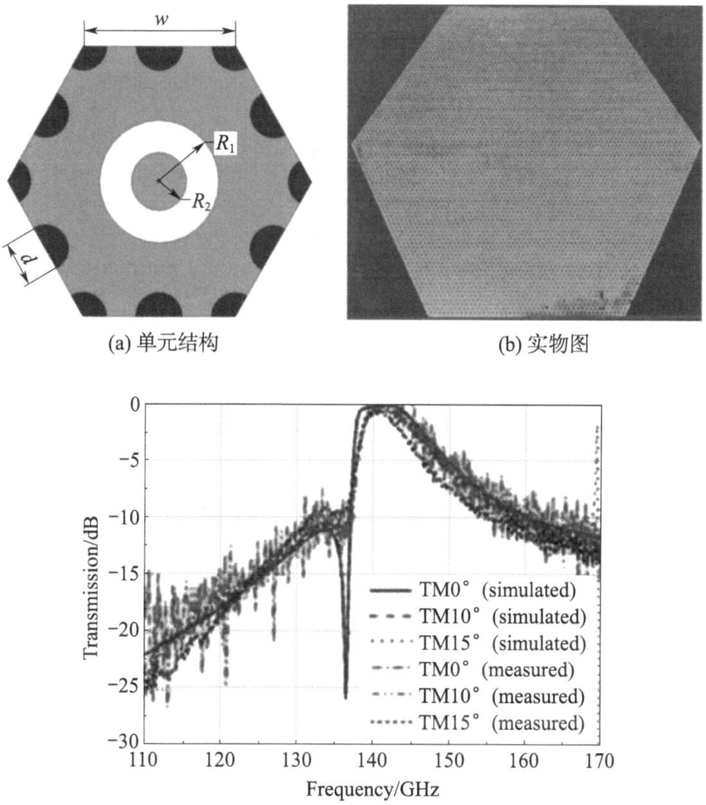

(a) 单元结构　　(b) 实物图

(c) 仿真和测试结果

图 5-29　基于 SIW 的太赫兹 FSS

5.4.3　匀束器

2010 年，德国伊尔梅瑙工业大学微波光学系面向主动成像系统应用，提出一种具有均匀照射能力的高斯-平顶波束匀束器（GTBS：Gaussian to Tophat Beam Shaper）方案[29]（如图 5-30 所示），工作频率范围为 600～640 GHz，采用直径 200 mm 的聚丙烯材料（Polypropylene，$\varepsilon_r=2.43$）透镜，在 3 m 处实现 135 mm 半功率波束宽度。

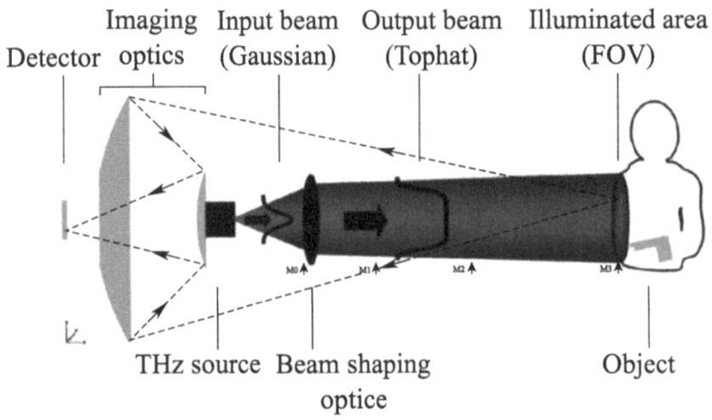

(a) 原理示意图

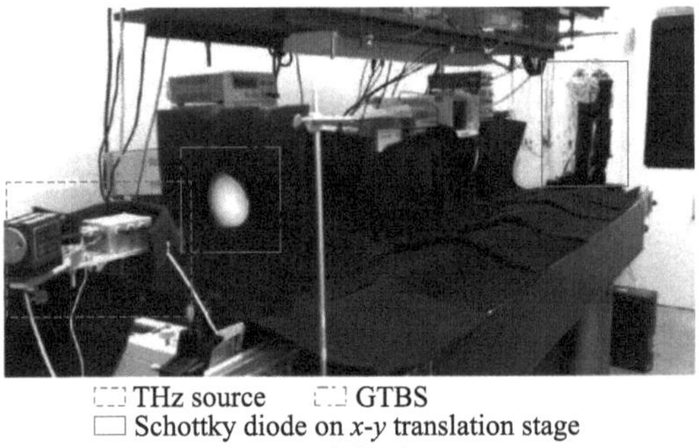

(b) 实物图

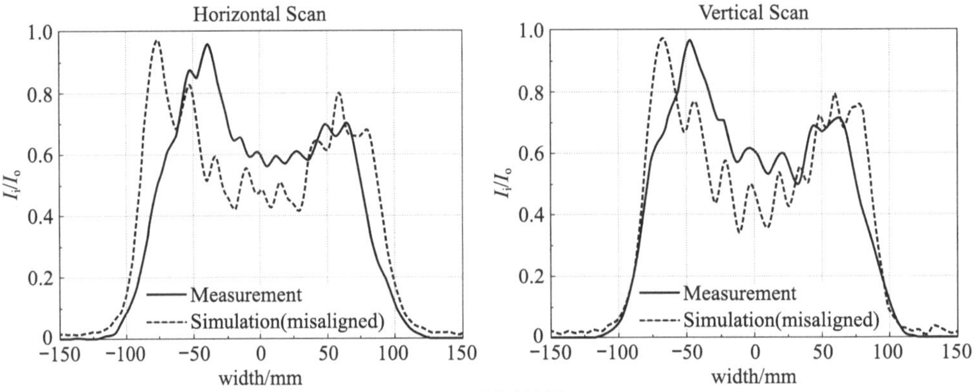

(c) 测试结果

图 5-30　高斯-平顶波束匀束器

2020 年，航天科技九院本书团队利用喇叭天线和直径 100 mm 的聚四氟乙烯平凸透镜，如图 5-31 所示，实现了高斯-平顶波束转换。平凸透镜焦距为 150 mm，将喇叭天线端口放置在平凸透镜焦距处可实现波束准直化。仿真结果表明，该透镜可以在 200 mm 处实现 45 mm 半功率波束宽度。

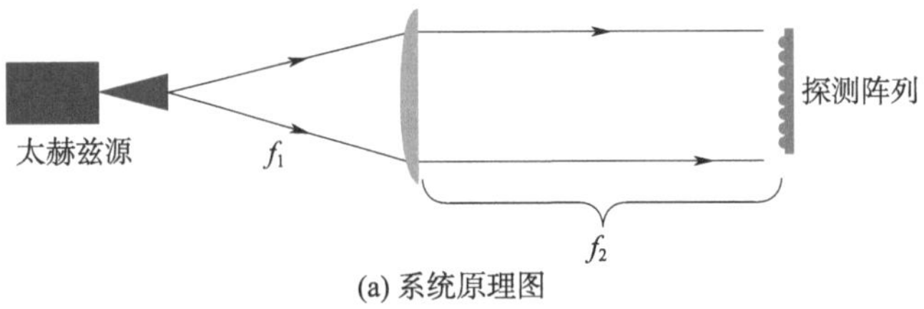

(a) 系统原理图

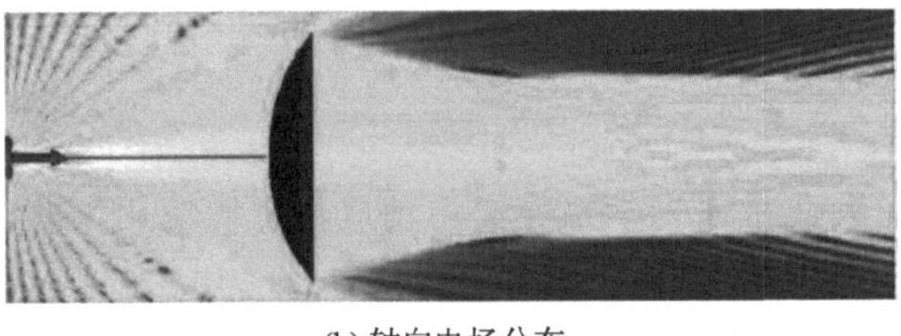

(b) 轴向电场分布

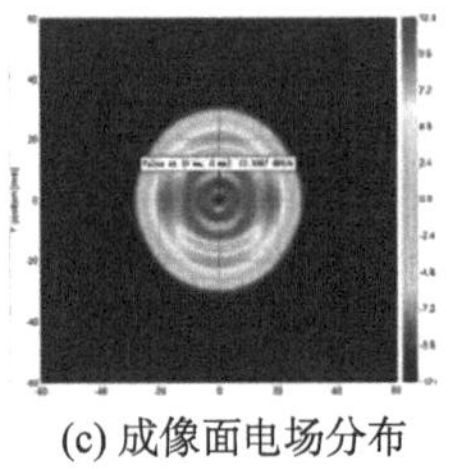

(c) 成像面电场分布

图 5-31　本书团队高斯-平顶波束转换器

2019 年，罗马尼亚国家物理研究所研制了一种基于微透镜阵列[30] 的太赫兹匀束器[31]，利用柱型微透镜阵列实现一维匀束，在柱形微透镜阵列焦距处放置与柱轴正交的微透镜阵列实现二维匀束。柱形微透镜阵列中每个单元曲面半径为 750 μm±5%，单元间距为 250 μm，采用 SiO_2 作为介质材料。匀束成像效果如图 5－32 所示。

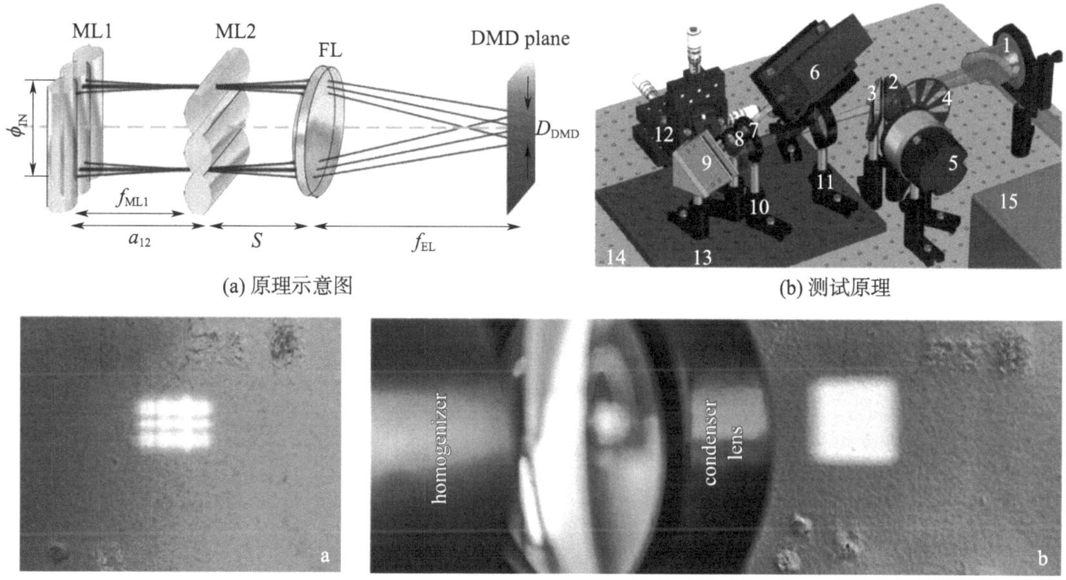

(a) 原理示意图　　(b) 测试原理

(c) 成像结果

图 5－32　微透镜阵列太赫兹激光匀束器

2020 年，伊朗谢里夫理工大学电气工程系提出一种基于高阻硅渐变超材料的高斯-平顶波束匀束器[32] 方案（图 5－33），背面通过加载均匀间距的圆柱超材料表面抑制镜面反射。该透镜工作频率为 100 GHz，匀束器直径为 20 cm，能够在 2 m 距离处将 8 cm 直径高斯光束光斑扩展成 64 cm 直径平顶光斑。

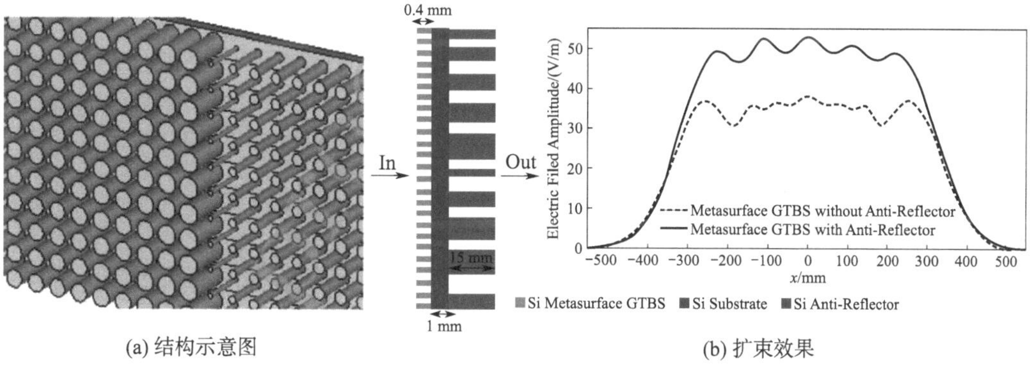

(a) 结构示意图　　(b) 扩束效果

图 5－33　基于高阻硅渐变超材料的高斯-平顶波束匀束器

5.5 小结

本章主要介绍了较为常见的太赫兹准光波束调控技术与器件，5.2 节介绍了一些常见的反射面天线，5.3 节介绍了一些常见的透镜天线，5.4 节介绍了常见的波束调控技术。

参 考 文 献

[1] 徐晓非，孙磊，郭先松，等. 0.3 THz 紧凑型反射面天线［J］. 现代雷达，2014，36（01）：52－54.

[2] Robson I，Holland W S，Friberg P. Celebrating 30 years of science from the James Clerk Maxwell Telescope［J］. Royal Society Open Science，2017，4（9）：1－53.

[3] Hills R E. The James Clerk Maxwell Telescope－United Kingdom/Netherlands 15－metre antenna. InESO－IRAM－Onsala Workshopon（Sub）Millimeter Astronomy，European Southern bservatory Conf and Workshop Proc.，Aspenas，Sweden，1985（22）：63－70.

[4] 董瑶海. 风云四号气象卫星及其应用展望［J］. 上海航天，2016，33（02）：1－8.

[5] 李向芹，谢振超. 基于参数化控制的亚毫米波辐射计天线容差分析［J］. 太赫兹科学与电子信息学报，2016，14（04）：508－512.

[6] 陈柯，洪鹏飞，韩威，等. 基于GRAPES四维变分的静止轨道微波观测系统模拟试验研究［J］. 气象学报，2021，79（05）：769－785.

[7] 谢振超，徐红新，安大伟，等. 微波辐射计静止轨道遥感试验技术［J］. 上海航天，2018，35（02）：49－59.

[8] 李贝贝，姚崇斌，谢振超，等. 太赫兹准光学馈电网络研究进展［J］. 太赫兹科学与电子信息学报，2019，17（06）：939－943.

[9] Waters J W，Froidevaux L，Harwood R S，et al. The Earth observing system microwave limb sounder（EOS MLS）on the aura Satellite［J］. IEEE Transactions on Geoscience & Remote Sensing，2006，44（5）：1075－1092.

[10] Gov J N. Design and field－of－view calibration of 114－660 GHz optics of the Earth Observing System Microwave Limb Sounder［J］. Imprimerie des Languges étrangères de Beijing，2006，44（5）：1166－1181.

[11] M C Gaidis，et al. A 2.5 THz Receiver Front End for Spaceborne Applications［C］. IEEE Transactions on Microwave Theory and Techniques. 2000.

[12] Llombart N，Dengler R J，Cooper K B. Terahertz Antenna System for a Near－Video－Rate Radar Imager（Antenna Applications）［J］. IEEE Antennas & Propagation Magazine，2010，52（5）：251－259.

[13] Deng R，Yang F，Xu S，et al. Terahertz reflectarray antennas：An overview of the state－of－the－art technology［C］. International Conference on Electromagnetics in Advanced Applications. 2014.

[14] Deng R，Fan Y，Xu S. Design and comparison of four different reflectarray antennas towards THz applications［C］. Antennas & Propagation Society International Symposium. 2014.

[15] Nayeri P，Min L，R Sabory－García，et al. High gain dielectric reflectarray antennas for THz applications［C］，IEEE Antennas & Propagation Society International Symposium. 2013.

[16] T Niu, W Withayachumnankul, B S Y Ung, et al. Experimental demonstration of reflectarray antennas at terahertz frequencies. [J]. Optics express, 2013, 12 (03): 2875 - 2889.

[17] Miao, Zhuo - Wei, Hao, et al. A 400 GHz High - Gain Quartz - Based Single Layered Folded Reflectarray Antenna for Terahertz Applications [J]. IEEE Transactions on Terahertz Science and Technology, 2019.

[18] Miao Z W, Hao Z C, Jin B B, et al. Low - Profile Two - Dimensional THz Airy Beam Generator Using the Phase - Only Reflective Metasurface [J]. IEEE Transactions on Antennas and Propagation, 2019 (99): 1 - 1.

[19] Hasani H, Tamagnone M, Capdevila S, et al. Tri - Band, Polarization - Independent Reflectarray at Terahertz Frequencies: Design, Fabrication, and Measurement [J]. IEEE Transactions on Terahertz Science & Technology, 2016, 6 (2): 1 - 10.

[20] Wu G B, Zeng Y S, Chan K F, et al. 3 - D Printed Circularly Polarized Modified Fresnel Lens Operating at Terahertz Frequencies [J]. IEEE Transactions on Antennas and Propagation, 2019, 67 (7): 4429 - 4437.

[21] 吴巧，项飞荻，黄倩，等. 长距离太赫兹无衍射波束的产生 [J]. 中国激光，2019，46 (06): 245 - 251.

[22] Zhang Z, Zhang H, Wang K . Diffraction - Free THz Sheet and Its Application on THz Imaging System [J]. IEEE Transactions onTerahertz Science and Technology, 2019, 9 (5): 471 - 475.

[23] Cooper K B, Dengler R J, et al. THz Imaging Radar for Standoff Personnel Screening [J]. IEEE Transactions on Terahertz Science and Technology, 2011, 1 (1): 169 - 182.

[24] Cooper K B, Llombart N, Chattopadhyay G, et al. A Grating - Based Circular Polarization Duplexer for Submillimeter - Wave Transceivers [J]. IEEE Microwave and Wireless Components Letters, 2012, 22 (3): 108 - 110.

[25] Lee W S L, et al. Broadband Terahertz Circular - Polarization Beam Splitter [J]. Advanced optical materials, 2018, 6 (3): 1700852.

[26] J Zhu, Y Yang, D McGloin, et al. Sub - Terahertz 3 - D Printed All - Dielectric Low - Cost Low - Profile Lens - Integrated Polarization Beam Splitter [J]. IEEE Transactions on Terahertz Science and Technology, 2021, 11 (4): 433 - 442.

[27] Zhoutian, Liu, Yuan, et al. Largely Tunable Terahertz Circular Polarization Splitters Based on Patterned Graphene Nanoantenna Arrays [J]. IEEE Photonics Journal, 2019, 11 (5): 1 - 11.

[28] Wang H B, Y J Cheng. 140 GHz Frequency Selective Surface Based on Hexagon Substrate Integrated Waveguide Cavity Using Normal PCB Process [J]. IEEE antennas and wireless propagation letters, 2018, 17 (3): 489 - 492.

[29] Kleindienst R, L Moeller, S Sinzinger. Highly efficient refractive Gaussian - to - tophat beam shaper for compact terahertz imager [J]. Appl Opt, 2010, 49 (10): 1757 - 1763.

[30] Jin Y, A Hassan, Y Jiang. Freeform microlens array homogenizer for excimer laser beam shaping [J]. Optics express, 2016, 24 (22): 24846 - 24858.

[31] Garoi F, Udrea C, Damian C, et al. THz Laser Beam Profiling by Homogeneous Photodoping of

High Resistivity Silicon in a Compact Single - Pixel Detection Setup [J]. IEEE Transactions on Terahertz Science and Technology, 2019, 9 (2,): 200 - 208.

[32] Abbaszadeh A, M Ahmadi - Boroujeni, A Tehranian. A compact polarization insensitive all - dielectric metasurface lens for Gaussian to tophat beam shaping in sub - terahertz regime [J]. Optics communications, 2020 (462): 125313.

第 6 章　太赫兹相控阵天线技术

6.1　引言

本章主要介绍大规模相控阵天线技术在太赫兹频段的应用拓展，并对大规模天线波束形成技术在太赫兹频段的特点进行阐述。该技术主要应用于数百 GHz 的低频太赫兹波段。

6.2　5G 毫米波相控阵天线

5G 毫米波通信对天线提出了更高的要求，大规模相控阵由于其精确的波束指向和高的合成增益，能够支持波束形成，使其成为 5G 毫米波通信关键技术之一，接下来介绍一些 5G 毫米波相控阵列天线。

6.2.1　基于 LTCC 的双极化电磁偶极子相控阵列

2019 年，南京理工大学提出了一种基于 LTCC 的双极化电磁偶极子相控阵列[1]，如图 6-1 所示。LTCC 是一种将陶瓷粉低温烧结成结构紧密精确的生瓷带技术，通过在这种低温烧结的生瓷片上激光打孔、微孔注浆、精密导体印刷、埋入射频组件，可以支撑高集成度的精密组件或射频电路。在毫米波段，该技术具有强大的集成封装能力以及优秀的电性能表现，精密的层间打孔技术在保证精度的同时，极大提高了设计者的自由度，因此在天线的设计中该技术被广泛应用。

基于互补天线原理，从理论上分析 ME 单元具有宽带、低背瓣特性。考虑到 5G 毫米波通信中天线阵列要具备集成前端芯片的能力，参考文献［1］采用 LTCC 工艺设计了双极化缝隙耦合 ME，利用金属柱在带状馈线周围构造一个腔型结构来提高带状线的馈电效率，改善端口的匹配情况，同时在辐射贴片周围加装一圈金属柱提高了单元间隔离度，改善了单元在阵中有源 S 参数的效果。

6.2.2　5G 毫米波通信大规模多波束相控阵

在 5G 的应用中，无论是各种基站，还是包括手机在内的用户设备，都会采用多天线结构。这是因为在电波传播中，毫米波遭遇比微波更为严重的自由空间传播损耗、大气吸收和降雨等衰减，以及地形地物的阻挡造成的传播损耗，这些需要高天线增益来克服或补偿；另一方面，由于毫米波波长较短，使天线较易具有“电小”特性，即有利于天线的小型化。

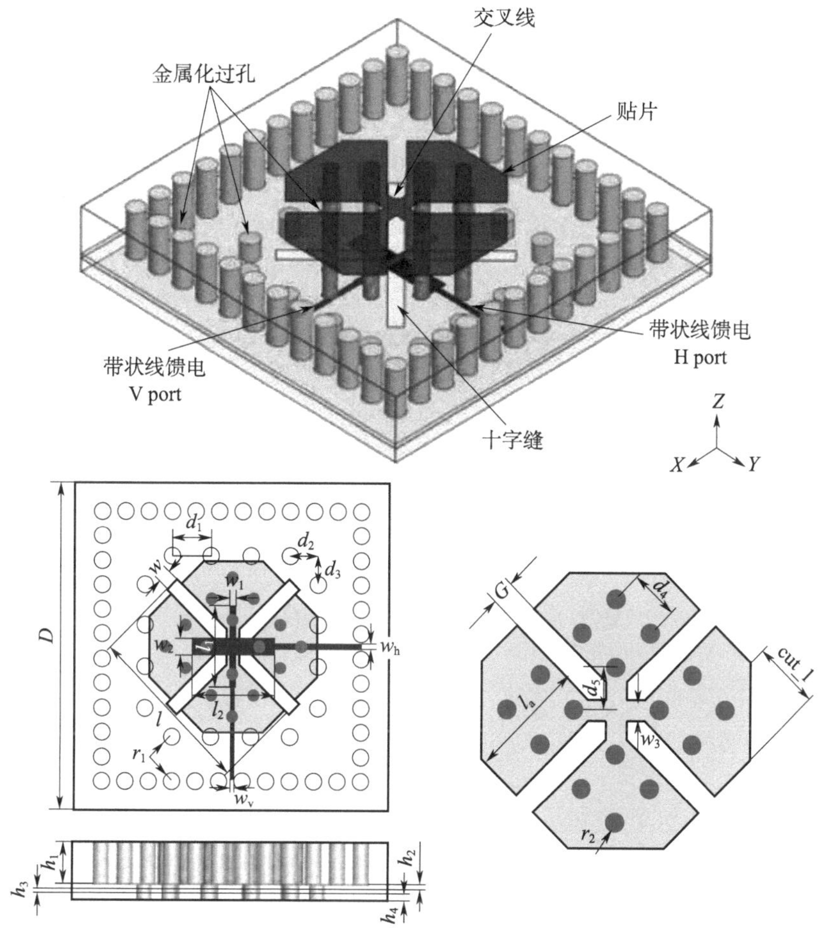

(a) 俯视图和侧视图　　(b) 贴片俯视图

图 6-1　双极化缝隙耦合馈电 ME 单元结构及单元尺寸

2019 年，钟旻在参考文献［2］中介绍了 5G 应用中毫米波天线技术，在微带阵列天线的基础上，介绍了相控阵及其在 MIMO 中的应用。

（1）相控阵天线

在微带阵列天线的等幅激励等间距直线阵中，若每阵元接入可控移相器，当激励电流在可控移相器的作用下相位随时间呈线性递增或递减时，天线方向图的最大指向（也即天线波束指向）也随之变化，即产生波束扫描，如图 6-2 所示。

为产生多波束，通过计算，可设定每个可变移相器的相移值，将有关阵元收到的射频信号移相组合，或组合后再移相等处理，便可达到目的。以图 6-3（a）所示的接收天线阵列为例，共有 8 个阵元，分别经过两两合路和移相，移相量分别为 π/4、π/8、3π/8，最后形成图 6-3（b）所示的不同指向的 8 个接收波束输出。图 6-3（a）中的混合器（电桥）和移相器构成了波束形成网络，它是由工作于毫米波的模拟电路实现的。所举例子是线阵列天线的情形，如推广到平面阵列，通过相应的波束形成网络，便可产生分布在三维立体空间的多波束。

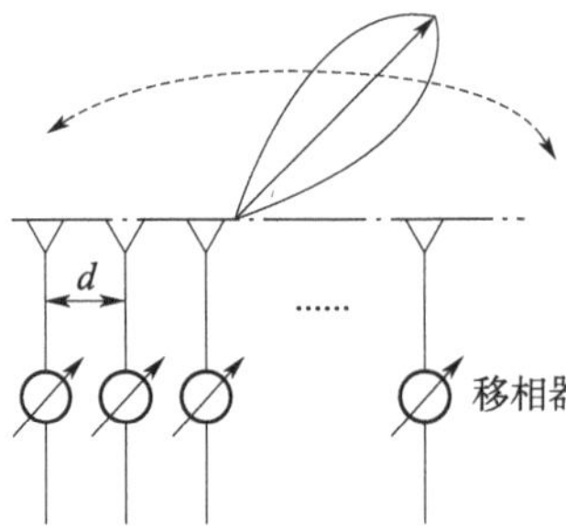

图 6-2　线阵天线在可控移相器作用下产生波束扫描

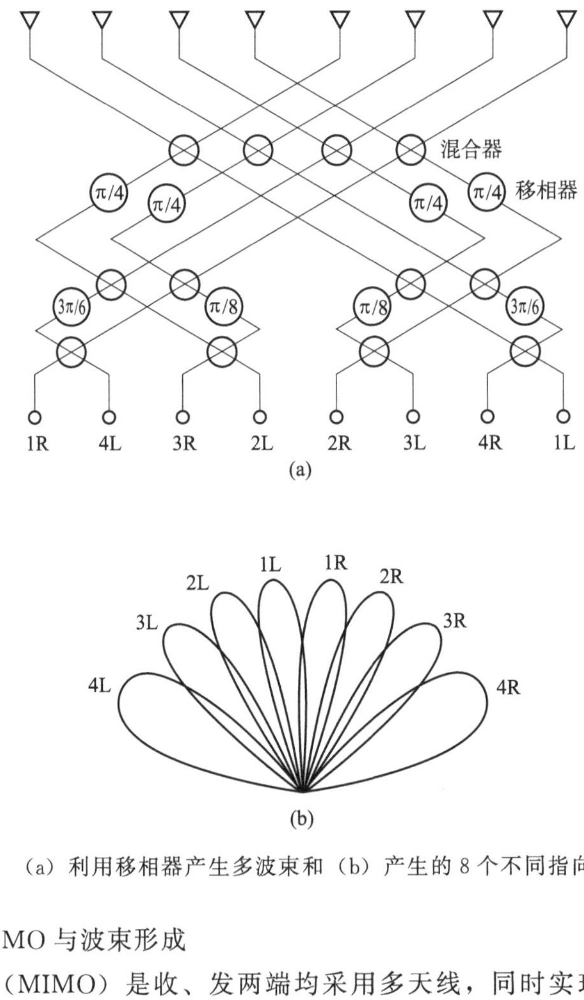

图 6-3　(a) 利用移相器产生多波束和 (b) 产生的 8 个不同指向的多波束

(2) 大规模 MIMO 与波束形成

多输入多输出（MIMO）是收、发两端均采用多天线，同时实现发送分集和接收分集，达到同时获得分集增益、阵列增益和复用增益的效果。其中，阵列增益是通过波束形成，使信号能量集中到多个特定方向，为在不同方向的多个用户同时提供业务。这在 5G 通信中是特别具有应用价值的，在 5G 的一些典型的场景，例如超密集小区和诸多宽带业务，需要同时提供巨大的频谱资源支持。这样，空分复用将派上大用场。毫米波因其波长短，能构成数百阵元的阵列天线，实现大规模的 MIMO，为数以百计的用户提供接入支持，如图 6－4 所示。

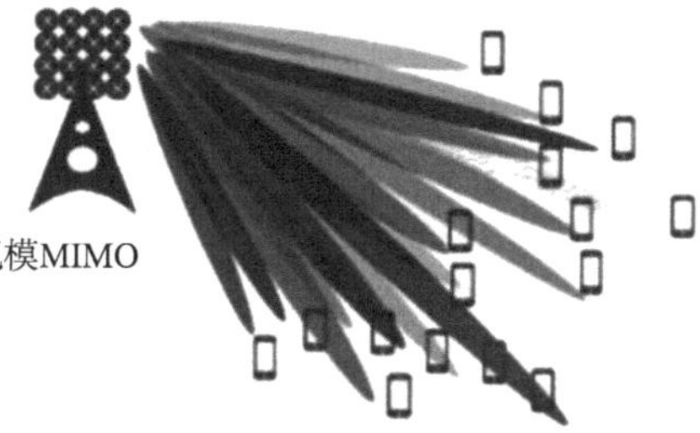

图 6－4　利用大规模 MIMO 实现空分复用接入

需要指出的是，利用射频模拟网络形成的波束数较多时，硬件实现将变得十分复杂，且调整困难，容易出现元件老化、工作点漂移等问题；在数字波束形成中，需要比模拟波束形成更多的 ADC 和 DAC，从而增加功耗，甚至到了难以承受的程度，这对用户设备尤为突出。一种可能的解决方案是采用低功耗、低复杂度的 DBF，例如利用数比特 ADC 是一个较好的折衷方案。这样，可将模拟与数字波束形成结合起来，构成混合的波束形成，其典型方案如图 6－5 所示。

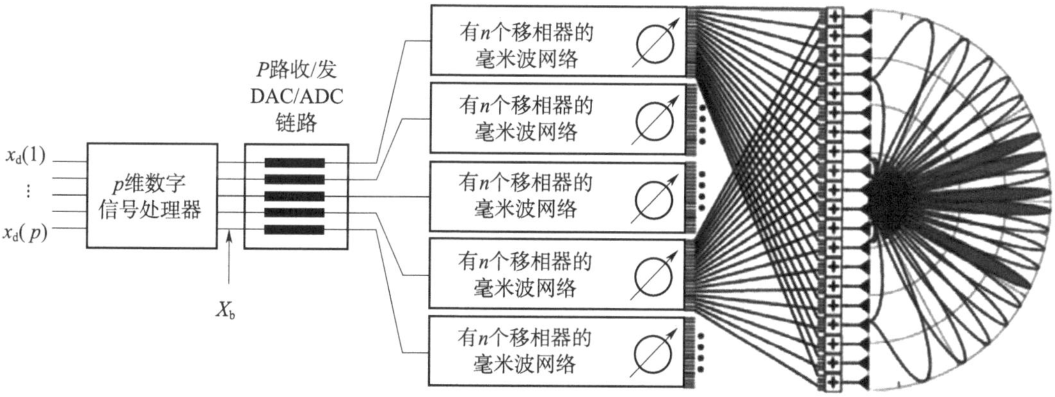

图 6－5　模拟与数字混合的波束形成组成示意图

6.2.3　应用于 5G 毫米波通信的大规模 MIMO 有源天线阵列

2020 年，中国电子科技集团公司第三十八研究所提出了一种应用于 5G 毫米波通信的大规模 MIMO 有源天线阵列[3]，如图 6－6 所示，包括天线阵列、多功能板、多通道 TR 组件、波控电源模块，天线阵列对应设置于多功能板上，多通道 TR 组件和波控电源模块固定在多功能板上并与天线阵列相连。该阵列采用大规模阵列天线技术，实现定向信号传输，利用相控阵天线的定向增益来抵消信号的空间路径损耗，而且利用相控阵天线波束指向动态可调的特点可实现信号的空间维度复用，大幅降低了用户之间的相互干扰，有力提高了系统的容量，实现了低功率、高效率的信号传输。

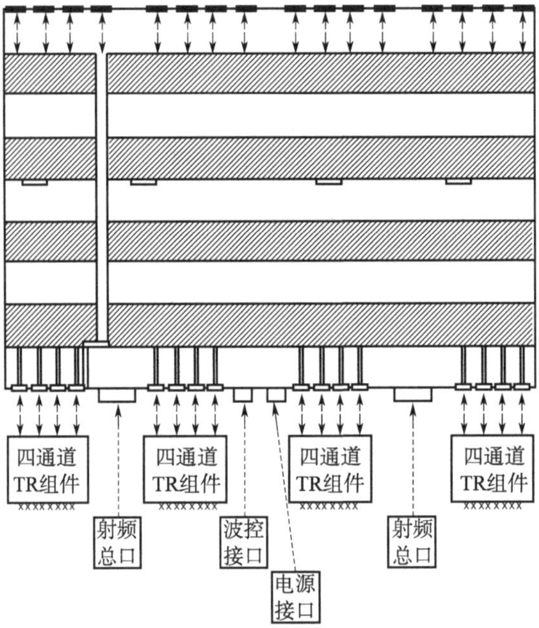

图 6-6　大规模 MIMO 有源天线阵列

6.3　太赫兹角度扫描相控阵天线

6.3.1　基于叠层超表面的毫米波宽角扫描相控阵天线

2022 年，华南理工大学提出了一种基于叠层超表面的毫米波宽角扫描相控阵天线及通信设备[4]，由上至下依次包括叠层超表面、金属地板及馈电网络，如图 6-7 所示。叠层超表面包括多个呈周期排列的叠层超表面单元，叠层超表面单元由多个超表面层堆叠放置构成，多个超表面层同轴设置，沿着叠层超表面单元阵列的 E 面设置条形去耦路径，设置 X 形去耦路径去除 H 面耦合，金属地板开有工字缝隙，将馈电网络的能量耦合到对应的叠层超表面单元。该阵列天线加工容易、成本低、剖面低，更适合小型天线单元及紧凑排布阵列设计，应用于大规模生产。

6.3.2　天线单元、子阵及毫米波高隔离大角度相控阵天线

2022 年，华南理工大学提出了一种天线单元、子阵及毫米波高隔离大角度相控阵天线[5]，如图 6-8 所示，包括由上至下紧密贴合设置第一介质基板及第一金属板、第二介质基板及第二金属板；在第一介质基板上表面设置辐射金属贴片，第一金属板通过金属柱与第二金属板连接，形成介质腔体结构；同轴线通过设置在第二金属板的馈电点激励辐射金属贴片，相控阵天线在扫描面增加一些不激励的金属贴片，提高相控阵的扫描能力。该阵列天线加工容易、成本低、剖面低，适合平面天线阵列设计，应用于大规模生产。

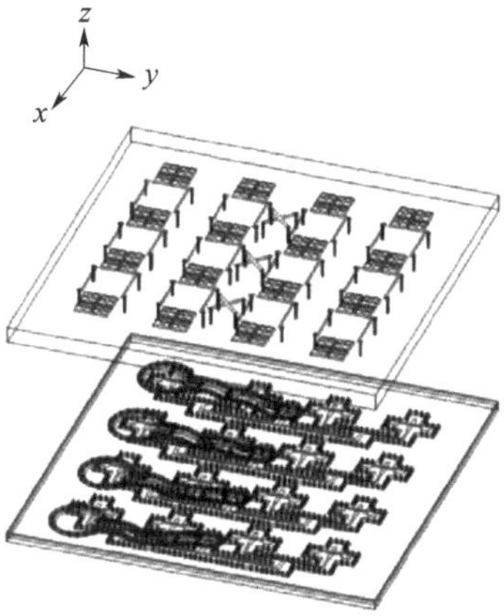

图 6-7 基于叠层超表面的毫米波宽角扫描相控阵天线

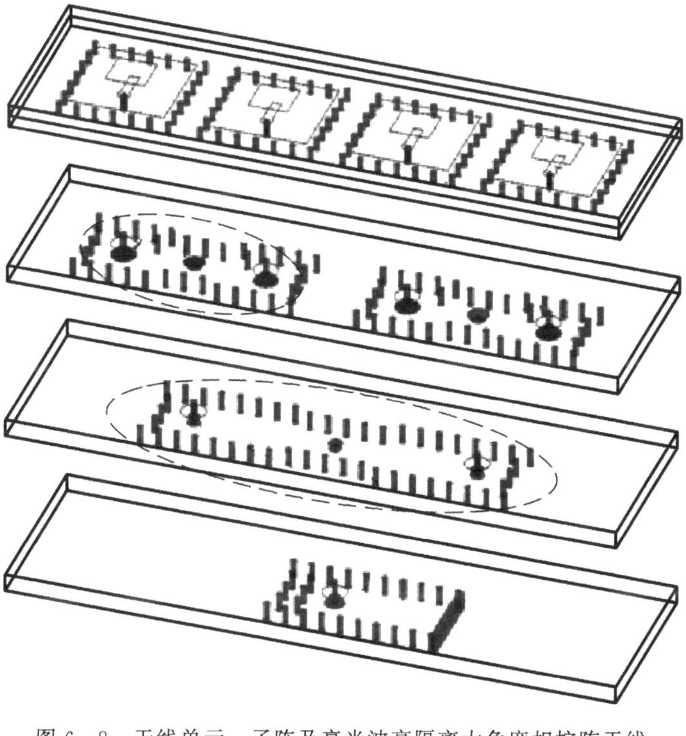

图 6-8 天线单元、子阵及毫米波高隔离大角度相控阵天线

6.4 基于液晶太赫兹相控阵天线

6.4.1 基于液晶介质移相器的太赫兹相控阵天线

2021 年，电子科技大学提出了一种基于液晶介质移相器的太赫兹相控阵天线[6]，如图 6-9 所示，包括多模干涉功分器、液晶介质移相器部件和锥形介质棒天线结构；多模

干涉功分器和棒天线分别设置在所述液晶介质移相器部件的两侧；多模干涉功分器通过矩形波导馈电，经过所述液晶介质移相器部件相位调制后的射频信号通过锥形介质棒天线结构辐射，产生固定方向的辐射方向图。该相控阵天线的优点：基于液晶介质移相器的1×4太赫兹相控阵采用液晶介质移相器、多模干涉功分器以及锥形介质棒天线合成一体化的设计思路，同时利用现有聚苯乙烯微波塑料加工工艺，不再需要单独的移相器元件，极大降低了相控阵天线的成本，实现了小型化。

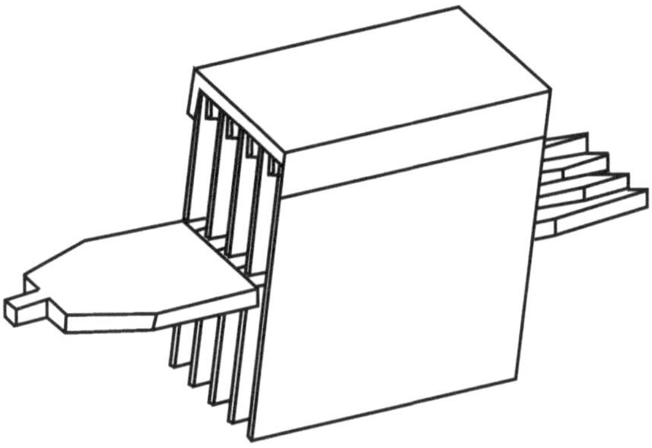

图 6-9　基于液晶介质移相器的太赫兹相控阵天线

6.4.2　基于液晶太赫兹开槽移相单元及其构成的相控阵天线

2021年，合肥工业大学提出了一种基于液晶太赫兹开槽移相单元及其构成的相控阵天线[7]，如图6-10所示，开槽移相单元包括上、下两层介质基板，上、下两层介质基板的间隙中注入液晶层，上层介质基板下侧设有金属微带贴片电极，下层介质基板上侧设有金属接地电极；金属微带贴片电极包括金属层，金属层的中部开设矩形槽，位于矩形槽两端的金属层边缘上对称开设条形分割槽；相控阵天线包括多个开槽移相单元，开槽移相单元以上、下两层介质基板的边长为周期平铺，组成相控阵天线。该相控阵天线具有加载电路简单、小型化、制造成本低、相位连续可调等特点。

6.4.3　基于液晶波导移相器的4×4太赫兹相控阵天线

2022年，电子科技大学提出了一种基于液晶波导移相器的4×4太赫兹相控阵天线[8]，如图6-11所示。喇叭天线模块和一分十六波导功分器分别设置于液晶波导移相器模块的两侧，采用非辐射介质波导结构设计出易调控的液晶移相器，波导移相器再与喇叭天线单元紧密连接，实现低损耗。同时，利用现有波导一体化加工设计了低插入损耗、高隔离度的一分十六波导功分器，极大降低了相控阵天线的成本，保证了太赫兹频段内的稳定介电性能，实现了小型化和电磁波的全绝缘传导。该相控阵天线集成了液晶波导移相器结构、一分十六波导功分器、喇叭天线，兼具了液晶移相器体积小、重量轻、高频性的特点和喇叭天线优良的电性能，并利用波导功分器实现了低损耗和均匀分配。

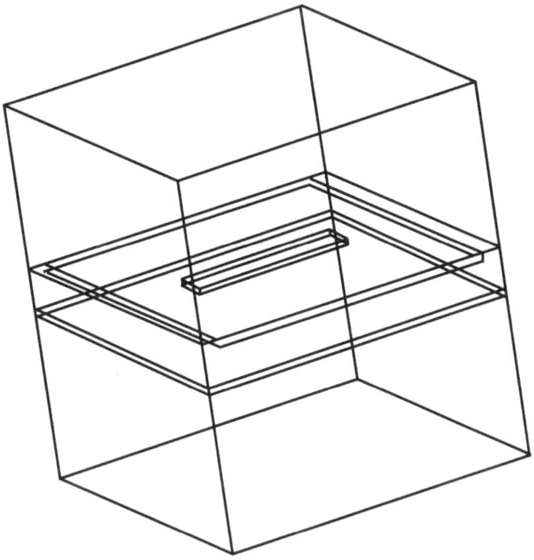

图 6-10　基于液晶太赫兹开槽移相单元及其构成的相控阵天线

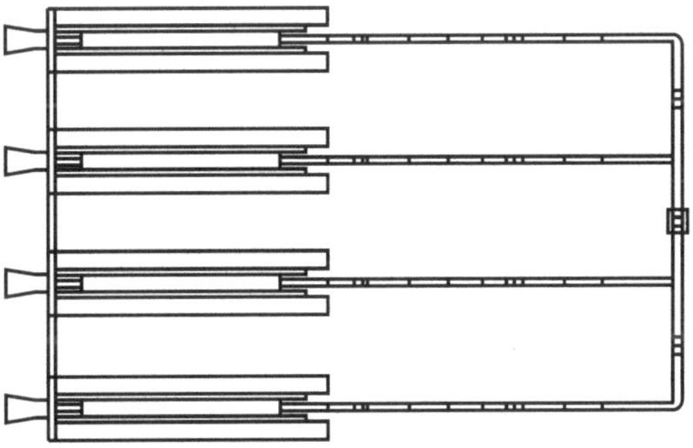

图 6-11　基于液晶波导移相器的 4×4 太赫兹相控阵天线

6.5　其他太赫兹相控阵天线

6.5.1　一体化设计毫米波相控阵天线

2020 年，中国电子科技集团公司第五十四研究所提出了一种一体化设计毫米波相控阵天线[9]，如图 6-12 所示，包括多个毫米波辐射天线体和散热支撑块。散热支撑块内具有一个中空凹腔，凹腔内并列设置多个散热冷板，每个散热冷板的中部在双侧面都形成一个内凹的凹陷部，每个凹陷部刚好卡入一个发射/接收组件，多个发射/接收组件和多个散热冷板并列交错排布。多个毫米波辐射天线体并列设置在发射/接收组件上方，每个毫米波辐射天线体都与相应的发射/接收组件电气连接，每个散热冷板的凹陷部都布设多根等温散热通道，采用电长度最短设计与密集阵等温热平衡设计的方案，实现大规模毫米波相控阵天线集成设计。

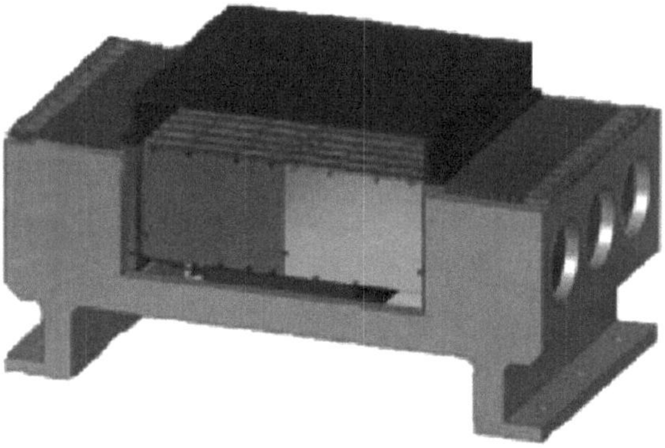

图 6-12　一种一体化设计毫米波相控阵天线

6.5.2　太赫兹有源相控阵天线

2021 年，西南电子技术研究所提出了一种太赫兹有源相控阵天线[10]，其工作示意图如图 6-13 所示，旨在提供一种能够实时修正动态误差的太赫兹有源相控阵天线。该相控阵天线通过下述技术实现：太赫兹天线阵列顺次连接晶圆级混合电路，有源馈电网络连接相连波控器和人工智能库的人工神经网络，同时还连接通过 N 倍倍频器的发射源，以及连接用户接收终端的混频器及其通过 M 倍倍频器的本振源；有源馈电网络获取太赫兹频段的发射信号，经晶圆级混合电路分发给太赫兹阵列天线进行波束合成和波束扫描，有源馈电网络将太赫兹接收信号发送给混频器，同时本振源通过 M 倍倍频器获取的本振信号进入混频器与太赫兹接收信号进行差频混频，获得随频率变化的差频信号被送到用户接收终端，完成频谱型椭偏测量和成像。

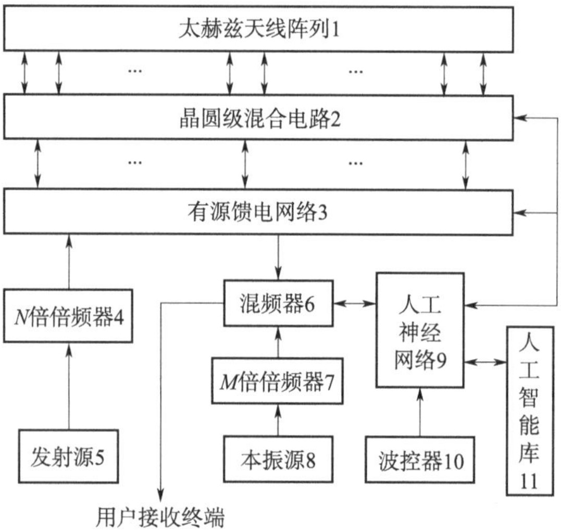

图 6-13　太赫兹有源相控阵天线工作示意图

6.5.3　硅基毫米波磁电偶极子天线

2022 年，中国电子科技集团公司第十四研究所提出了一种硅基毫米波磁电偶极子天线[11]，如图 6-14 所示，包括 2 个上下表面镀有不同金属图形的矩形硅基介质叠层，下层硅基介质集成末端短路的基片集成波导馈电结构，上层硅基介质集成磁电偶极子天线结构，两结构间通过缝隙耦合，末端短路的基片集成波导馈电结构采用基片集成波导形式，在结构上完全由上下表面金属化的硅基介质内部通孔阵列所构成，并与微带电路实现无隙集成，上层的辐射结构包括电偶极子天线和磁偶极子天线。该天线可用于满足大规模毫米波相控阵体制通信与雷达系统应用。

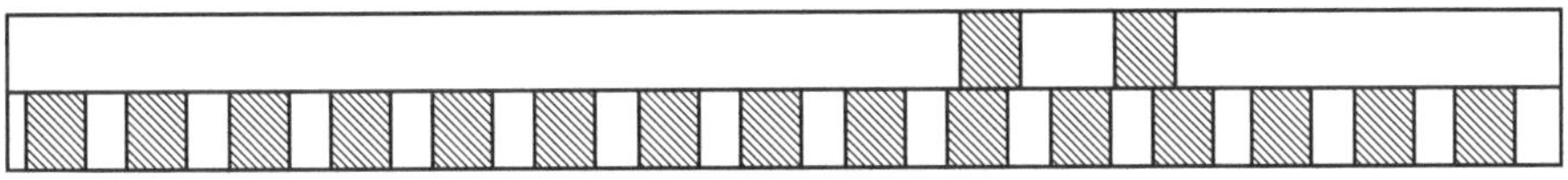

图 6-14　硅基毫米波磁电偶极子天线

6.6　特点

大规模相控阵天线技术广泛应用在低频太赫兹频段，具有精确的波束指向、高的合成增益、易于波束形成等优点，可作为高分辨率成像和高速率数据通信的关键元件。低频太赫兹频段的波长较长，因此对天线的尺寸和单元数量的限制相对较少，适用于大规模集成。目前，大规模相控阵天线的低频太赫兹应用主要聚焦于成像、雷达和通信领域。在波束形成方面，大规模天线波束形成技术在低频太赫兹频段的特点是波长长，所以在相控阵校正和波束锁定方面可以达到更高的准确性，同时减少了由于多路径效应带来的伪目标问题。

参 考 文 献

[1] 周经伟.5G毫米波相控阵列研究［D］. 南京：南京理工大学，2019.

[2] 钟旻.毫米波在5G应用中的关键技术［J］. 数字通信世界，2019（1）：1－4.

[3] 中国电子科技集团公司第三十八研究所.一种应用于5G毫米波通信的大规模MIMO有源天线阵列：CN201910162221.1［P］. 2020－11－06.

[4] 华南理工大学.基于叠层超表面的毫米波宽角扫描相控阵列天线及通信设备：CN202210093377.0［P］. 2022－05－13.

[5] 华南理工大学.一种天线单元、子阵及毫米波高隔离大角度相控阵列天线：CN202210513242.5［P］. 2022－08－16.

[6] 电子科技大学.一种基于液晶介质移相器的太赫兹相控阵天线：CN112510372B［P］. 2021－08－24.

[7] 合肥工业大学.基于液晶的太赫兹开槽移相单元及其构成的相控阵天线：CN108539331B［P］. 2021－01－15.

[8] 电子科技大学.基于液晶波导移相器的4×4太赫兹相控阵天线：CN114094338B［P］. 2022－11－01.

[9] 中国电子科技集团公司第五十四研究所.一种一体化设计毫米波相控阵天线：CN201811522754.8［P］. 2020－10－16.

[10] 西南电子技术研究所（中国电子科技集团公司第十研究所）. 太赫兹有源相控阵天线：CN111541048B［P］. 2021－06－15.

[11] 中国电子科技集团公司第十四研究所.一种硅基毫米波磁电偶极子天线：CN202210471653.2［P］. 2022－08－09.

第 7 章　太赫兹超表面波束调控技术

7.1　引言

在太赫兹频段，大部分自然材料的响应效率较低，导致太赫兹功能器件研制以及太赫兹波有效调控遇到很多困难，制约了太赫兹技术的应用和发展。作为近年来兴起的人工合成电磁材料，超材料能够更为灵活地在太赫兹波段获得最佳响应率，进而提升太赫兹功能器件性能以及太赫兹波调控效率。超材料是指人造的周期性复合物，通常由按一定规律排布的亚波长散射体或者通孔构成。通过设计超材料晶格单元的形状和尺寸，可以调节晶格单元间的电磁耦合，进而实现材料宏观电磁特性的调节。由于超材料中的晶格单元在研制过程中的每个步骤和阶段都由人工设计并生产，因此可以通过设计和调整超材料单元的尺寸/材料参数来调整单元的电磁耦合和响应，从而调控太赫兹波在材料中的传播特性[1,2]。

近年来，超材料在太赫兹吸波器、调制器、天线领域的应用受到了国内外学者的重视，并得到了一定的发展，基本实现了对于太赫兹波的吸收、调制等功能。基于超材料独有的电磁调控特性，可将超材料太赫兹功能器件的研究和制造分为吸波体、调制器、天线领域应用等方向。接下来，将分别针对这些功能器件进行介绍，并总结近十年领域内的最新研究进展及其应用。

7.2　超材料原理

超材料，是由亚波长的结构以特定方式排列组合成的新型人工材料。超材料的功能属性由其亚波长的结构和它们的排布方式共同决定。由于这些亚波长微结构单元的尺寸远远小于波长，可以把每个单元结构类比成人造原子（meta-atom），超材料的宏观电磁特性由人造原子构成的材料整体电磁特性决定。

在麦克斯韦方程组中，使用介电常数 ε 和磁导率 μ 可以很好地描述材料的电磁特性。超材料由周期性或非周期性的亚波长单元阵列组成，通过适当设计其单元结构的几何形状和晶格尺寸，超材料可以表现出一些奇异的电磁特性。我们同样也可以用介电常数 ε 和磁导率 μ 来理解超材料。如图 7-1 所示，若用介电常数 ε 作为坐标轴的纵轴，磁导率 μ 作为坐标轴的横轴，两者构成的坐标系可以描述所有的材料。第一象限中，介电常数和磁导率都是正值，自然界中的绝大多数材料属于此类，电磁波在第一象限的材料中传播满足经典的麦克斯韦方程组。而在第二和第四象限内的材料，其介电常数或磁导率两者之一是负值，被称为单负材料，电磁波在这两个象限中无法传播，表现形式为倏逝波，自然界中的铁氧体和等离子体都是这一类的。磁导率和介电常数在第三象限都是负值，自然界中迄今为止未发现此类材料。超材料通过人为设计其介电常数和磁导率，使其能出现在坐标空间中所期望的任何位置，从而为实现具有特殊电磁响应特性的材料开创了新的局面。

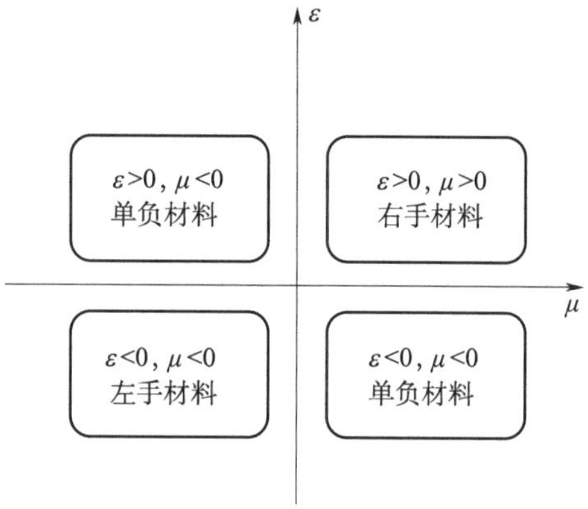

图 7－1　超材料电磁特性

金属导体的自由电子可以在电场下自由移动，对入射的电磁波有很大的响应。因此，金属导体常被用来构建超材料的亚波长结构。金属超材料的一些常见的基本的亚波长结构以及它们典型的电磁响应如图 7－2 所示。利用上述这些亚波长的谐振结构、非谐振结构、它们的组合以及人们创造的其他图形，将它们进行周期分布，可实现诸多功能器件。

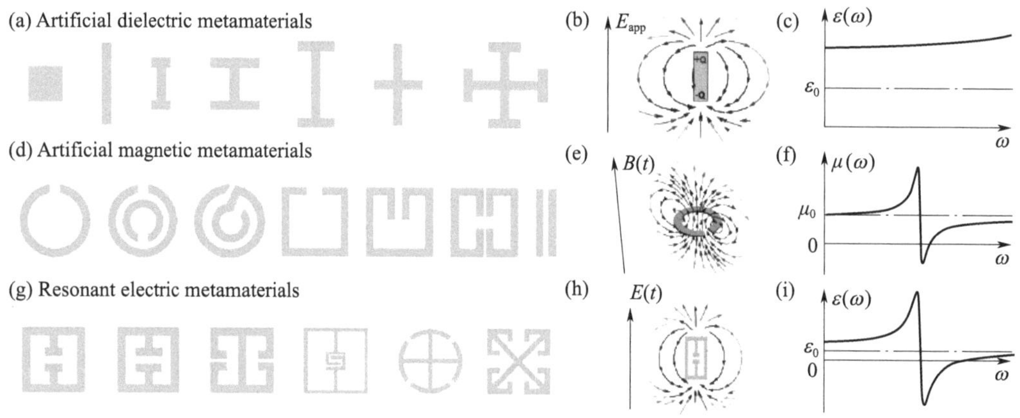

图 7－2　典型结构的电磁响应

7.3　基于超材料的太赫兹吸波体

吸波体用来吸收空间中某一频率的电磁波，应用于军事目标隐身、生物检测、太赫兹探测器及太赫兹成像系统等。太赫兹超材料可被视为一种等效介质，其介电常数为 $\varepsilon=\varepsilon_1+i\varepsilon_2$，$\varepsilon_1$ 表示相速度，ε_2 表示损耗。通过改变 ε_2 来改变损耗，能够将超材料作为可设计吸收频率的理想吸收材料。

太赫兹超材料吸波体有多种分类方式。按照构成材料不同，可分为金属谐振型超材料[4] 吸波体与全介质超材料[3] 吸波体。金属谐振型超材料吸波体发展历程长、技术成熟、可选结构多，但在太赫兹波段面临工艺难度大、损耗率高等问题。全介质超材料吸波体是近几年新兴的研究领域，其制备工艺依赖于半导体工艺，制备精度高，且介质材料的生物惰性与化学稳定性也使其在生化领域具有广阔的应用前景。按照吸波体对入射波的极化敏感程度不同，可分为单极化吸收吸波体与多极化吸收[5] 吸波体。按照带宽不同，可分为窄带吸波体和宽带吸波体，例如参考文献 [6]、[7]，将带宽低于 0.1 THz 的吸波体定义为窄带吸波体，将带宽高于 0.1 THz 的吸波体定义为宽带吸波体。此外，按照吸波体的特征指标是否可以调节，太赫兹吸波体可以分为固定型太赫兹吸波体和可重构太赫兹吸波体。接下来将以吸波体的特征指标是否可以调节为标准，对固定型太赫兹吸波体和可重构太赫兹吸波体的研究进展及其应用进行介绍。

7.3.1　固定型太赫兹超材料吸波体

固定型太赫兹超材料吸波体属于无源器件，其材料及尺寸参数确定后，吸波体的工作频率、吸收率以及极化敏感度等指标均可确定，由于其制作简单、性能稳定以及成本较低，在实际工程中应用更为广泛。

固定型太赫兹超材料吸波体通常通过形状相似的晶格单元在空间中进行周期排列，实现对某个频段太赫兹波的吸收，技术途径基本类似。因此，接下来将主要从应用层面对固定型太赫兹超材料吸波体在军事目标隐身、生化检测、太赫兹探测、太赫兹成像等领域的研究进展进行介绍[8-10]。

(1) 应用于军事目标隐身的固定型太赫兹超材料吸波体

目标隐身在现代军事领域具有重要的意义：在进攻端，需要隐身功能来突破敌方防卫网络，实现战术打击；在防守端，需要隐身技术来避免敌方发现，提高战场生存能力，完成战术任务。Lihua Gao 等人于 2014 年提出一种用于降低 RCS 反射的宽带超材料吸波体[11]，其超材料单元结构如图 7-3 (a) 所示，可实现 0.8～1.9 THz 范围内 RCS 小于 −10 dB。Xu C 等人于 2018 年将窄带柔性吸波体应用于 RCS 缩减[12]，如图 7-3 (b) 所示，在 0.87 THz 处，超材料表面的 RCS 相对于金属表面减小了 400 倍左右。

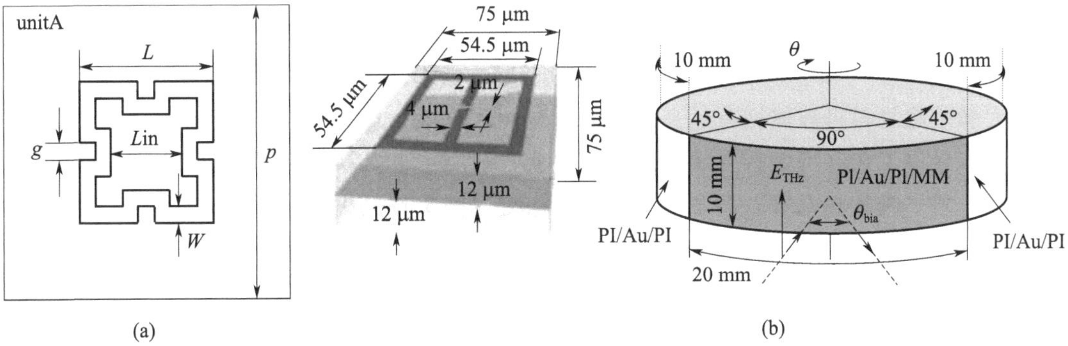

图 7-3　加载柔性超材料吸波体的圆柱金属结构图

（2）应用于生化检测的固定型太赫兹超材料吸波体

在生化检测领域，目前常用的物质检测技术，如红外光谱检测、X 射线以及拉曼光谱等，都有其不足之处[13]，如检测信号较弱、易受外界干扰，或辐射会对人体造成危害等[14]。太赫兹波光子能量低，在非极性物质中穿透能力强，又对应于许多有机分子、生物大分子的振动和转动能级，所以太赫兹光谱技术在材料科学、食品安全、生物医学等方面有广泛的应用[15-20]。2018 年，Binyi Q 等人利用超材料吸波体，并结合时域光谱仪，实现了对多菌灵的痕量检测，检测精度达到 5 mg/L，对比传统的壁球法检测精度提高了 104 倍[21]。2020 年，Dongxia L 等人利用超材料以及胰岛素的热诱变特性，实现了 0.05 IU/μL 的胰岛素精确检测[22]。2021 年，Dongxia L 等人利用具有双吸收峰的超材料吸波体，实现了对早期宫颈癌组织的检测[23]。除此之外，太赫兹超材料吸波体还可应用于抗体检测[24,25]、病毒检测[26]、维生素检测、微流体芯片[27-29] 检测等方面。

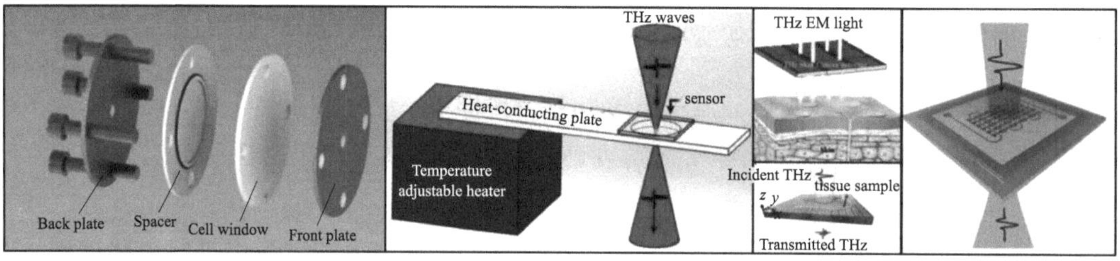

图 7-4　基于太赫兹超材料的各种生化检测器

（3）应用于探测成像的固定型太赫兹超材料吸波体

利用太赫兹超材料吸波体的吸波发热特性，可将其应用于太赫兹信号探测。目前，采用太赫兹超材料吸波体的探测器大多基于测辐射热的原理[30-32]，通过直接读出吸波结构的温度上升，反演吸波结构所吸收的太赫兹功率，从而得到被探测太赫兹波的强度。这种方法的读出精度较低，为提升读出精度，有学者对太赫兹探测器升温之后的信号转换进行了研究。Fabio A 等人于 2013 年提出了一种基于双层微悬臂梁与超材料吸波体的太赫兹探测器[33]，单元结构如图 7-5（a）所示。吸波板吸收太赫兹辐射，将电磁能转化为热能，传递到由热膨胀系数相差很大的两种材料组成的双层微悬臂梁，带动吸波板位移。吸波板背面的金属背板对可见光进行反射，通过观测照射在探测器金属背板的可见光变化，即可得到太赫兹辐射强度的变化。该探测器单元在 3.8 THz 吸收率接近 100%，灵敏度达到 1.2°/μW。

太赫兹超材料吸波体拥有远高于自然材料的吸收率，且吸收频率可灵活设计，制造工艺兼容半导体工艺，可进行大规模阵列化制备，解决了自然材料响应率低、像元尺寸及阵列规模受限、吸收频率难以调节的问题，因而可以用于目标成像领域。

目前，太赫兹成像系统的主要发展方向为阵列焦平面成像结构[34-38]。Ivonne E C 等人于 2015 年提出了一种基于 CMOS 工艺的太赫兹成像系统[37]，其结构如图 7-6（a）所示，使用 5×5 探测器阵列作为焦平面对信封中的金属物体形状进行了成像。后续经过改进设计[38]，阵列规模提升至 64×64，并借助半导体工艺进行集成化的 Si-PN 结制备，最终等

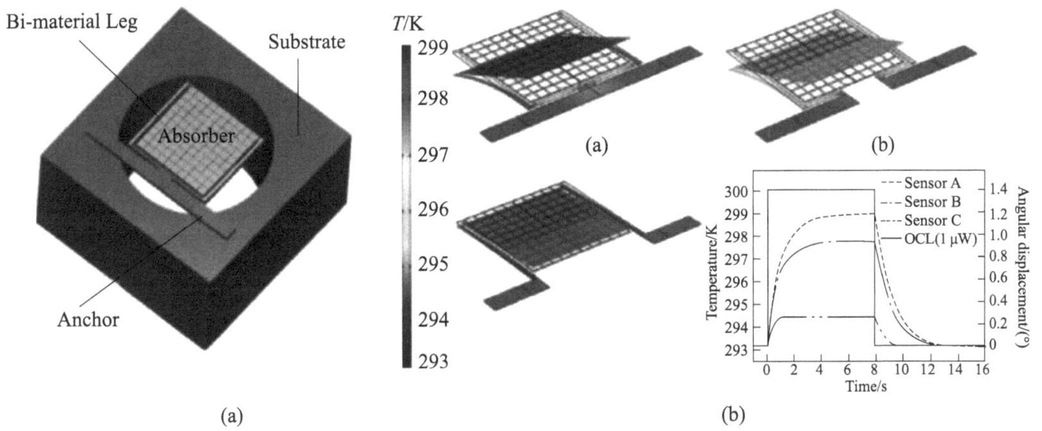

图 7-5　基于双层微悬臂梁与超材料吸波体的太赫兹探测器单元及其仿真结果

效噪声功率（NEP）达到了 10.4 nW/$\sqrt{\text{Hz}}$。Yongzhen W 等人于 2017 年提出了基于微悬臂梁超材料吸波焦平面阵列的太赫兹成像系统[35]，其焦平面单元结构如图 7-6（b）所示。该成像系统焦平面阵列规模 128×128，工作频率为 3.11 THz，等效噪声功率（NEP）达到了 2.9 nW/$\sqrt{\text{Hz}}$。

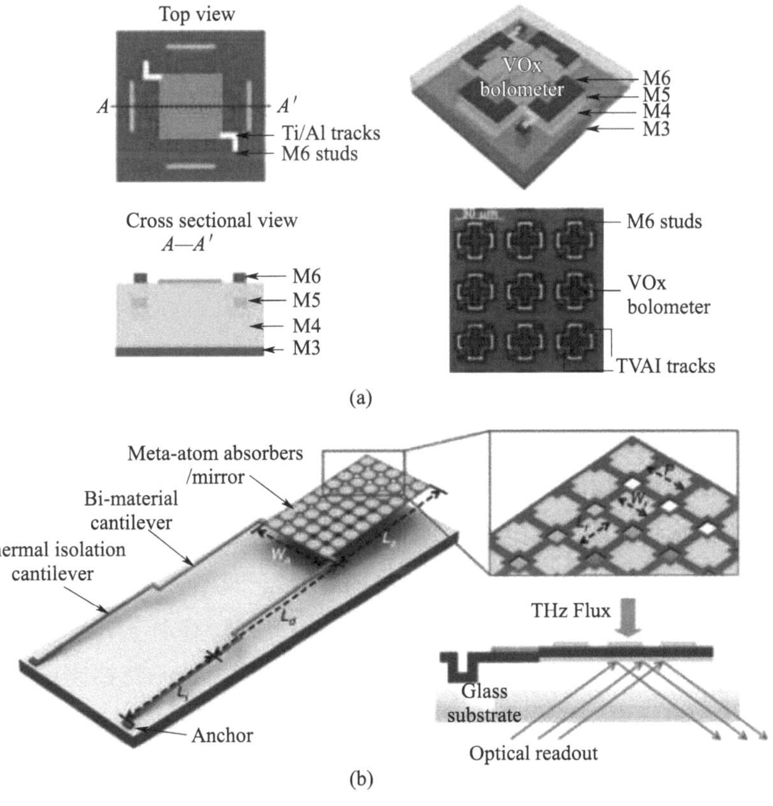

图 7-6　基于微悬臂梁超材料吸波焦平面阵列的太赫兹成像系统

表 7-1 列举了典型的固定型太赫兹超材料吸波体，分别从吸收带宽、极化敏感性、最大斜入射角、厚度、谐振结构等方面进行了对比。

表 7-1　固定型太赫兹超材料吸波体性能对比

参考文献编号	90%吸收频带/THz	极化敏感性	最大斜入射角度	厚度/μm	谐振结构
[3]	1.0/1.8	TE/TM	None	350	全介质多频窄带
[4]	2.56/5.84	TE&TM	45°	3.2	多频窄带
[5]	2.8～4.8	TE&TM	None	11.4	单层宽带
[39]	0.52～3.66	TE&TM	60°	64	多层宽带
[40]	4.5～5.2	TE/TM	None	5	单层宽带
[41]	0.8～1.6	TE&TM	None	26.8	单层宽带
[42]	1.8～	TE&TM	50°	23	多层宽带
[43]	1.7～2.5	TE&TM	60°	10.2	多层宽带

7.3.2　可重构太赫兹超材料吸波体

可重构太赫兹超材料吸波体是在固定型太赫兹超材料吸波体基础上，集成了相变材料（VO_2）、石墨烯、光敏半导体等可调谐材料或器件[44]，通过环境、偏置等状态的改变，实现吸波体工作频率、吸收率或极化敏感度等指标的调节，从而更为灵活地适应多种应用需求，这是太赫兹吸波体的未来发展趋势之一。本节以调节方式为分类标准，分别介绍温度调节型、激光调节型、电控-费米能级调节型等可重构太赫兹超材料吸波体，并对可重构超材料吸波体在空间滤波器方面的应用进行阐述。

（1）温度调节型可重构吸波体

温度调节型材料包括 VO_2、InSb 等，其相变特性随温度变化，因而可以作为吸波结构的谐振层或介质层，制备温度调节型可重构太赫兹超材料吸波体。VO_2 材料的电导率随温度上升而显著上升，利用这一特性，Hong E S 等人于 2019 年提出了一种基于温度控制的可重构宽带太赫兹超材料吸波体[45]，其结构如图 7-7（a）所示，该结构利用耶路撒冷十字和正方形贴片的复合结构，实现了宽带吸波的特性。通过将 VO_2 膜集成到介质层中，当温度从 293 K 升高至 358 K 时，吸收频带范围可从 0.32～0.56 THz 调整至 0.356～0.682 THz，实现吸收频率可重构。YuBing Z 等人于 2020 年提出了基于 VO_2 的温控调节太赫兹超材料吸波体[46]，其结构如图 7-7（b）所示，该结构具有两层 VO_2 薄膜，实验结果表明，其吸收频带频移范围更大，可从 6.6～8.9 THz 移动至 7.7～10.3 THz。

与 VO_2 相反，InSb 的电导率随温度上升而显著下降，这一特性同样可以应用于可重构超材料吸波体的设计中。Daquan Y 等人于 2019 年提出了一种基于 InSb 的全介质太赫兹超材料吸波体[47]，如图 7-7（c）所示，该吸波体在全硅超材料的基础上，引入 InSb 介质层结构，随着温度从 300 K 上升至 400 K，其吸收频率从 0.659 THz 升高至 0.683 THz。Fu C 等人于 2020 年提出了类似的结构[48]，如图 7-7（d）所示，该超材料吸波体在温度从 295 K 上升至 320 K 的过程中，吸收峰对应频率从 1.88 THz 移动至 1.93 THz，且吸收率始终保持在 90%以上。

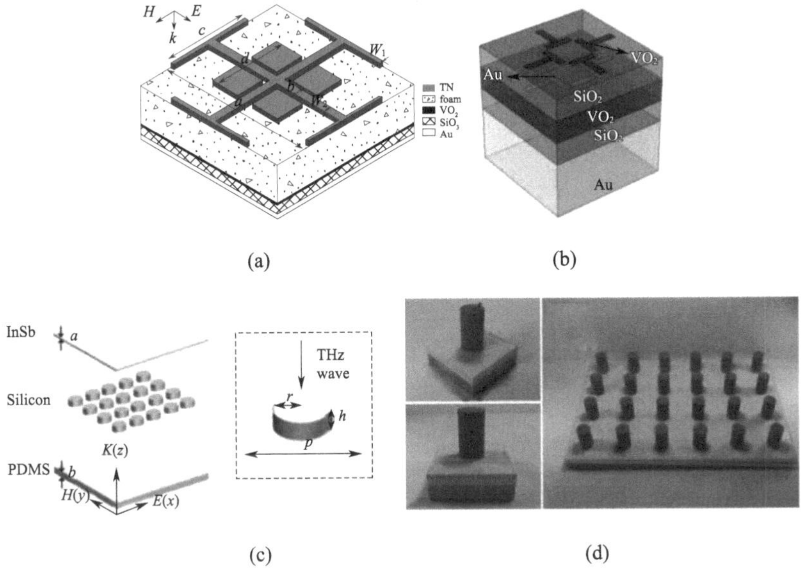

图 7-7　温控可重构超材料吸波体

(2) 激光调节型可重构吸波体

激光调节型材料是一种电特性随外加激光强度变化而产生显著变化的材料，其典型代表为光敏硅。光调控吸波体通常是在其单元结构的开口或间隙处嵌入光敏感半导体，通过改变外加泵浦光强相应地改变其电导率，从而实现吸收性能的可调控[49]。杨森等人于 2020 年提出了一种光激发可开关单/双频带太赫兹超材料吸波体[50]，吸波体结构如图 7-8 (a) 所示，通过调节嵌入在谐振器中的光敏硅的电导率，可以实现双频吸收（0.929 THz 及 1.205 THz）与单频吸收（0.689 THz）两种状态间的动态切换。2020 年，袁苏等人也提出了一种光激发三频可调超材料吸波体，如图 7-8 (b) 所示，通过在超材料设计中引入硅和锗两种光敏半导体材料，实现了吸收频率在 0.940 8 THz、1.564 8 THz、1.389 6 THz 三频之间的切换[51]。

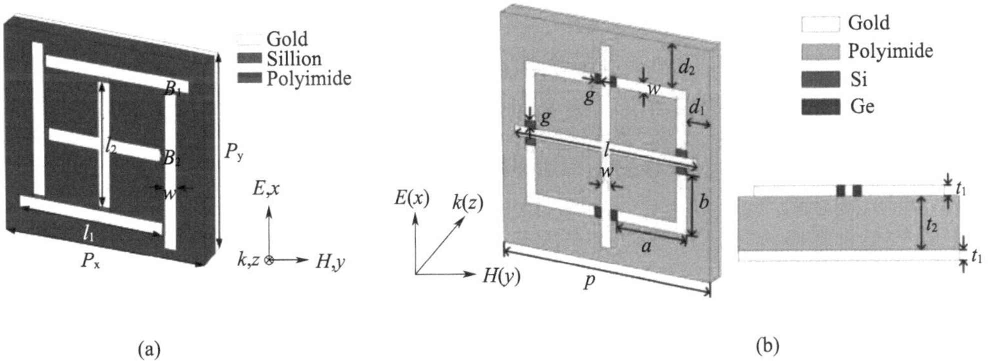

图 7-8　光激发可重构太赫兹超材料吸波体结构

(3) 电控-费米能级调节型可重构吸波体

电控-费米能级调节型材料包括石墨烯和狄拉克半金属。当石墨烯、狄拉克半金属等的费米能级发生变化时，其介电常数的虚部会随之发生变化，随着费米能级的增加，将呈现出越来越多的“金属性”，从而改变结构的电磁特性[52]。根据上述原理，Yannan J 等人于 2018 年提出了一种基于狄拉克半金属的可重构太赫兹超材料吸波体[53]，如图 7-9 (a) 所示。该吸波体由具有周期性环槽的 BDS 膜、介电层和全反射金层组成，通过改变偏置电压，其吸收频率可从 1.3 THz 移动至 3.0 THz，且吸收率保持在 80%以上。同样在 2018 年，Rishi M 等人提出了石墨烯材料与太赫兹超材料结合的等效电路模型[54]，如图 7-9 (b) 所示，模型将石墨烯类比为金属材料，解释了其谐振原理。2019 年，Rishi M 等人提出了一种基于级联石墨烯结构的宽带可重构太赫兹超材料吸波体[55]，如图 7-9 (c) 所示，该结构实现了吸收频带从 0.1～4.0 THz 调整至 0.85～3.19 THz 的频率可重构设计。

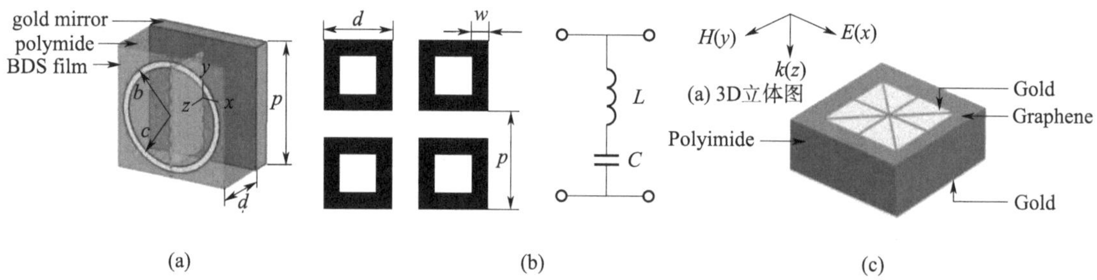

图 7-9 基于狄拉克/石墨烯的可重构太赫兹超材料吸波体结构及其等效电路

(4) 压电-形变型可重构吸波体（空间阻带滤波器）

压电-形变型材料在其偏置电压变化时，会产生对应大小的形变。可重构超材料吸波体的性能特点十分契合阻带可重构空间滤波器的应用需求[56-63]。Yusheng L 等人于 2015 年提出了基于压电效应的电压调节滤波器[64]，在电压从 0～12 V 变化时，超材料形状发生变化，其吸收频率从 0.51 THz 移动至 0.62 THz，该超材料晶格单元如图 7-10 (a) 所示；Fangrong H 等人于 2019 年提出了基于电控与 VO_2 加载的压电-形变型可重构吸波体，实现了 0.44 THz 的大范围吸收频带（阻带）可调[65]；Ruijia X 等人于 2020 年提出的同样基于压电效应的压电-形变型可重构吸波体[66]，在电压从 0～30 V 变化时，吸收频率可在 0.33 THz 范围内连续可调，其晶格单元结构如图 7-10 (b) 所示。这些可重构滤波器在应用中只需调节电压值即可灵活改变阻带频率，实现空间太赫兹滤波。

7.3.3 太赫兹超材料吸波体发展方向和趋势

太赫兹超材料吸波体已广泛应用于军事目标隐身、带阻空间滤波器、太赫兹探测器、太赫兹波段成像系统、生物化学检测等领域。综合文献研究进展来看，今后太赫兹超材料吸波体的发展方向及趋势如下。

1) 在军事目标隐身应用方面，太赫兹超材料吸波结构可使目标的 RCS 缩减数十甚至

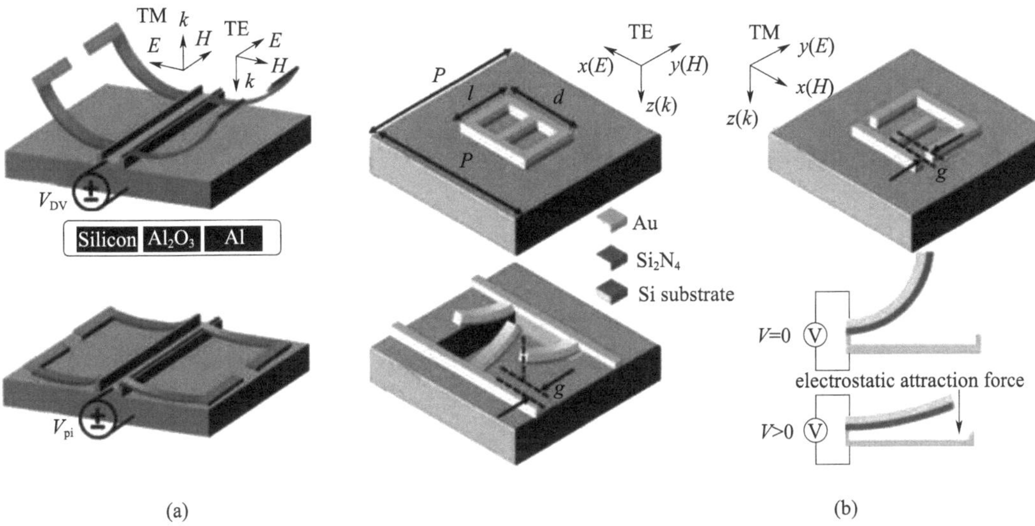

图 7-10　基于压电效应的可重构超材料吸波滤波器

上百倍。由于军事应用对功能器件的平台/环境适应性、稳定性要求更高，因此，在后续研究中需进一步开展太赫兹超材料吸波体的工程化研究，通过基底材料的优化选择等途径实现太赫兹超材料吸波体重量、强度、韧性、结构稳定性等方面的综合优化设计。

2）在生物化学检测应用方面，太赫兹超材料吸波体能够实现可调谐的工作频率以及多频点吸收峰检测，因而在准确快速检测方面具有广泛的应用前景。未来，太赫兹超材料吸波体将向着两个方向发展：一是可重构，工作频带灵活，应用范围广；二是柔性，材料适应好，避免对生物的损害，扩大检测样品的种类范围。

3）在太赫兹探测成像应用方面，一是通过新机理探索，获得更小的等效噪声功率（NEP），实现高灵敏度探测成像；二是多频段发展，获取更为丰富的目标特性。在机理的探索方面，目前已有基于压电效应、红外辐射、可见光 CMOS 相机等观测机理的成像系统方案被提出。未来，超材料吸波体吸波之后的能量转化与观测方式应该被重点研究，力求通过新机理或优化已有机制，得到更低的 NEP 和更高灵敏度的成像系统。在多频段发展方面，未来应该将吸收频带可重构的超材料吸波体应用于太赫兹成像系统，开展多频带成像系统的研究，从而获得被成像物体更多的信息。

7.4　太赫兹超材料调制器

调制器可对电磁波的波前进行调制，应用于波束聚焦、波束空间分配、全息成像等方向。用传统材料，如石英波片、聚乙烯透镜等器件制作的太赫兹波调制器的效率低下且体积庞大。超材料因其强大的电磁调控能力和亚波长结构[67]，完美契合太赫兹波段调制器件的需求。近年来，研究人员提出通过引入有源器件，使用电控、温控、光控和机械控制等外部激励信号对超材料的功能进行动态调节[68-69]，进一步拓展了超材料的应用范围。根据调制的电磁波参数不同，接下来分别从极化调制、幅度调制、相位调制三方面，结合其在波束聚焦、波束空间分配、全息成像等方向的应用，对太赫兹超材料调制器件的研究发展进行阐述。

7.4.1 太赫兹极化调制超材料

根据极化特征，太赫兹极化调制超材料可分为垂直极化调制类超材料、线极化-圆极化调制类超材料、任意极化调制类超材料三类。

（1）垂直极化调制类太赫兹超材料

垂直极化调制，又称 X 极化－Y 极化调制，即通过太赫兹超材料将入射波相位改变 90°，最终形成与原入射波垂直极化的太赫兹波。垂直极化的衡量标准有调制深度和极化转换效率（PCR），这里调制深度指对太赫兹波强度的调制效率。2016 年，南开大学杨磊等人使用金属光栅与对称开口环的耦合结构[70]，如图 7-11（a）所示，该结构为透射型，实现了对 0.39～1.11 THz 频段内太赫兹波的垂直极化调制，调制深度为 90%，转换效率达到 99%以上，且在 0～60°的大角度斜入射情况下保持 PCR 在 90%以上。2021 年，杨朝晖等人提出了一种基于 VO_2 复合超材料的频段可重构极化调制器[73]，如图 7-11（b）所示，VO_2 被镶嵌在超材料单元的中间，与铝结构相接触。该调制器为反射型，当 VO_2 处于绝缘态时，在 1.58～2.08 THz 范围内调制深度可达 80%以上，PCR 大于 95%。当通电使 VO_2 处于金属态时，PCR 大于 95%的频段缩减为 2.04～2.08 THz，该频带内调制深度保持在 80%以上。为方便性能对比，将近年来典型的太赫兹波段使用超材料实现垂直极化调制器的研究[70-73] 列于表 7-2。

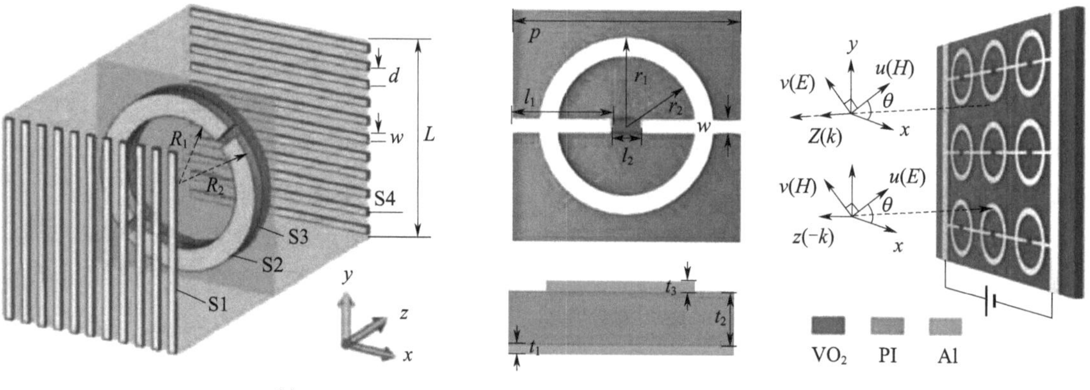

(a) (b)

图 7-11 垂直极化调制超材料

表 7-2 典型太赫兹垂直极化调制器参数对比

参考文献编号	工作频带/THz	极化转换效率/(%)	调制深度/(%)	反射/透射型
[70]	0.39～1.11	99	90	透射型
[71]	0.59～1.24	80	85	反射型

续表

参考文献编号	工作频带/THz	极化转换效率/(%)	调制深度/(%)	反射/透射型
[72]	0.584～1.352	80	85	反射型
[73]	1.58～2.08 & 2.04～2.08	95	80	反射型

(2) 线极化-圆极化调制类太赫兹超材料

线极化-圆极化（LP－CP）转换即通过太赫兹超材料将入射波由线极化波转换为圆极化波输出。2019 年，Tomoyuki Sasaki 等人使用液晶嵌入式网格超材料制作了太赫兹极化转换器，如图 7－12 所示，通过加载单层网格超材料实现太赫兹波的极化转换，相对于传统极化转换器，该设计厚度可以减少两个数量级[76]。其他有关线极化-圆极化转换的超材料研究在表 7－3 中列举，表中主要指标包含工作频段、转换效率、椭圆度以及实现途径。

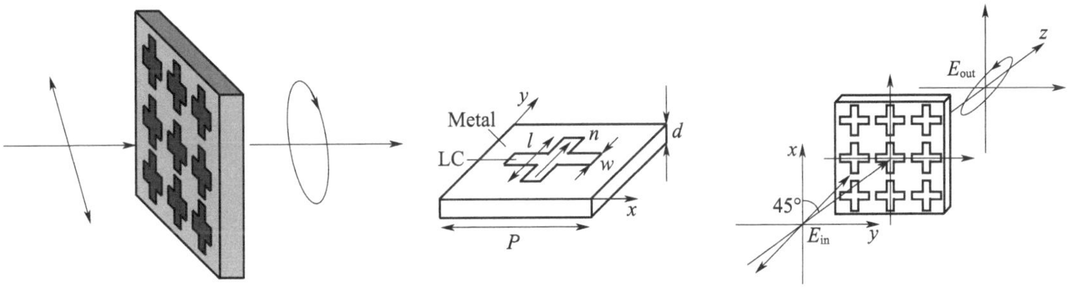

图 7－12　线极化-圆极化转换超材料

表 7－3　部分太赫兹线极化-圆极化调制器参数对比

参考文献编号	工作频带/THz	转换效率(PCR)/(%)	椭圆度	实现途径
[73]	1.58～2.08 2.04～2.08	>95	/	VO_2 绝缘态 VO_2 金属态
[74]	16～37	90	1	石墨烯超材料
[75]	0.65～1.58 THz	>80	/	硅基金属谐振超材料
[76]	1.78～4.88	/	> 0.99	全介电超材料
[77]	0.64～1.19	95	/	L 型超材料
[78]	0.818～0.973	50～75	>0.81	1/4 波片

(3) 任意极化调制类太赫兹超材料

在任意极化调制领域，Yunyun Ji 等人在 2020 年提出了基于双频液晶和介质超材料的太赫兹有源调制器，引入了全介质超表面各向异性来抵消双频液晶的自然双折射，显著提高了复合超表面的有效调控范围，实现了线极化波向任意极化波的转换[79]。任意极化转换超材料如图 7－13 所示。

7.4.2　太赫兹幅度调制超材料

太赫兹幅度调制通过对太赫兹波的幅度进行调控实现太赫兹波源、太赫兹天线领域的

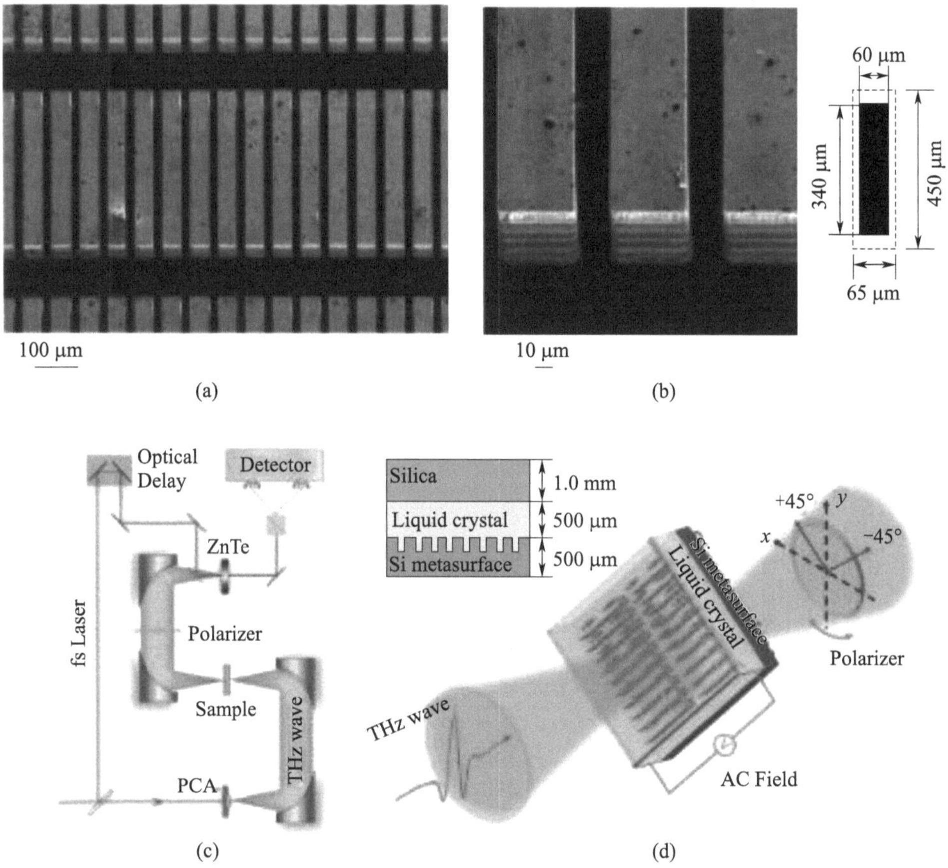

图 7－13　任意极化转换超材料

应用。2017 年，Yi H 等人将异质结场效应晶体管（HEMT）集成到超材料的晶格单元中，通过电压改变二维电子气的浓度来调控超材料的谐振，该调制器最终实现了深度为 33％的幅度调制，调制速率为 10 MHz[80]。该设计理念首次将 HEMT 引入到太赫兹调制技术中，促进了太赫兹调制器在集成化、低功耗和高调制速率等方面的发展[81-85]。2015 年，Wang D C 等人设计了一种基于 Nb 薄膜的太赫兹调制器[82]，其调制深度为 45％，调制速率为 100 kHz。他们将 Nb 薄膜加工成开口谐振环的形式，采用外加电流对 Nb 薄膜加热，并利用电流产生的弱磁场来抑制 Nb 的超导性，最终实现对太赫兹波的幅度调制。

7.4.3　太赫兹相位调制超材料

传统的折射型光学元件是利用材料折射率的差异或面形变化来实现特定的相位分布，进而构建相应的功能器件[86]，普遍存在厚度较大、透波率低等问题。太赫兹相位调制超材料可直接利用单元间的相位差实现对入射波的相位调制，尺寸紧凑且透波性好，可应用于军事目标隐身、波束聚焦（太赫兹透镜）等领域。

2018 年 Jiu－sheng Li 等人基于 PB（Pancharatnam－Berry）相位原理，通过改变单元方向，构造了多位数字编码超表面，最终达到减小雷达散射面积的目的，其 RCS 低于

−10 dB 的带宽为 0.8～1.6 THz[88]。2019 年，Tailei Wang 提出了一种反射器单元结构，如图 7-14 所示，该单元的三明治结构顶层包括一个双 C 形槽谐振器和一个放置在圆形孔中的纳米棒谐振器。根据 PB 相位原理，旋转双 C 形环和纳米棒谐振器来实现两个预设频率的 2π 相位调制。该结构可以在任意两个太赫兹频带上工作，且在每个频带上可独立进行相位控制。该结构可以将入射的圆极化波反射，并将其高效转换为两个波长不同、具有相反螺旋度的波[87]。其他相关研究包括基于液晶、VO_2、介质超表面、人工微结构阵列等设计的相位调制器[89,90]。

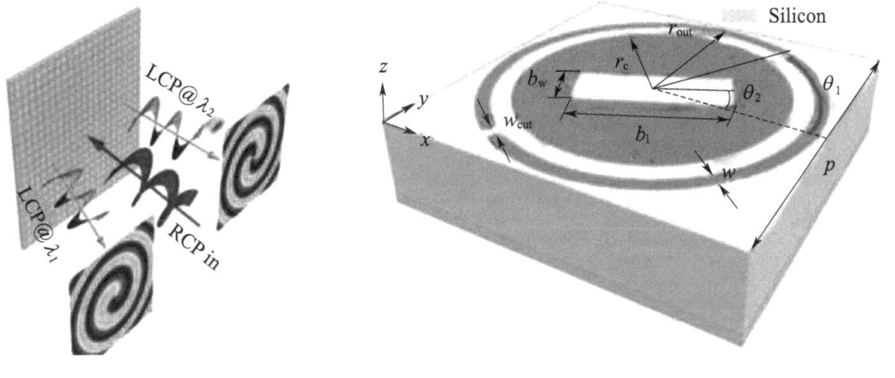

(a) 功能示意图　　(b) 结构图

图 7-14　相位调控超材料

传统透镜是通过空间相位积累实现对入射波聚焦，因而相位分布需要靠材料厚度来调节，整体透镜器件非均匀且有一定厚度。相比之下，基于超材料的透镜可以在厚度忽略不计的平面上实现入射波的相位调制，从而大大减小透镜的尺寸[91-100]。2018 年，电子科技大学的 Wei Yao 等人提出基于超材料的平面透镜，如图 7-15 所示，实现了对 4～6 THz 波聚焦[93]。

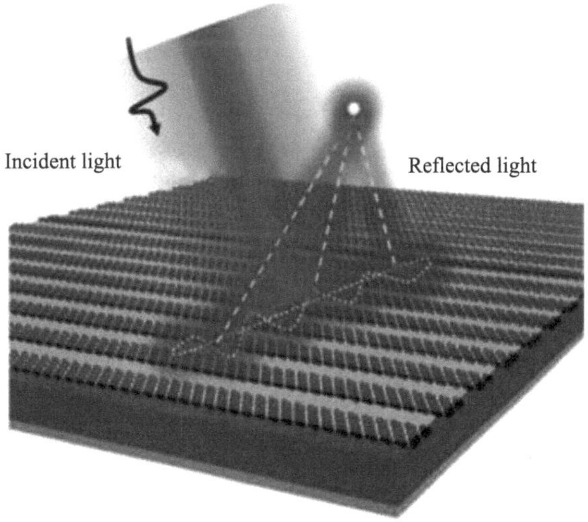

图 7-15　应用于太赫兹波束聚焦的太赫兹超材料

太赫兹超材料调制器在全息成像方面的应用也吸引了研究人员的兴趣[101,102]。2013年，首都师范大学张岩教授的研究团队利用V形金狭缝天线设计了多种太赫兹透镜，如图7－16所示。该团队还提出了全息超表面的概念，利用太赫兹焦平面成像系统在预定平面上观测到了重建的字母。不仅如此，全息超表面也被用于实现三维图像重建，太赫兹波经过全息超表面后，在其传播方向上的不同位置处能够清晰地再现出不同字母的重建像。

(a)　(b)

图7－16　应用于全息成像的太赫兹超材料

太赫兹超材料相位调制还可以用来制作分束器，实现波束的空间分配[103-106]。2019年，清华大学Zhoutian Liu等人提出了基于石墨烯纳米天线的可调谐圆极化分束器，其效率高达83%，并且具有2～5 THz的宽频率可调范围。通过使石墨烯表面等离子体激元与相位梯度超表面协同作用，可实现工作频率的电调谐以及圆极化复用[105]。2021年，Vladimir A Lenets等人提出了工作在0.345 THz附近的基于单层自互补超表面（SCMS）的圆极化分束器。如图7－17所示，当圆极化波束照射时，利用SCMS与频率无关的特性，可得到透射系数为1/2的同极化透射光束，并产生具有相同大小的交叉极化光束，其透射相位可以通过构造SCMS在每个点处进行相位调控，以达到分束的目的[106]。

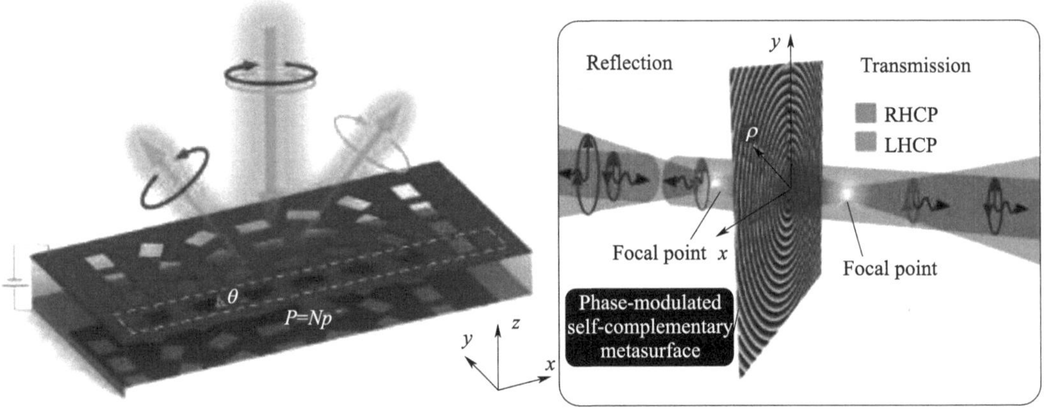

图7－17　太赫兹超材料分束镜

7.4.4　太赫兹偏振调制器

偏振调制器的工作原理为利用具有各向异性的谐振单元结构，使超表面对两个偏振的相位突变不同，包括波片和手征性（旋光性）控制器等。图 7－18（a）为天津大学 W Zhang 教授课题组 L Cong 等人通过两层光栅结构实现宽带、高效的四分之一波片[图 7－18（b）、（c）]。图 7－18（d）、（e）、（f）为伯明翰大学 X Zhang 教授课题组 S Zhang 等人利用手征性单元结构 [图 7－18（d）] 组成的超表面单元实现的一个光泵手征性太赫兹光开关，在外加光泵条件下，该超表面能将输出的椭圆率反转且在线偏振入射情况下在 1.0 THz [图 7－18（e）] 和 1.1 THz [图 7－18（f）] 实现大于 10°的偏振旋转 [图 7－18（e）、（f）]，这远远大于自然材料的手征性。

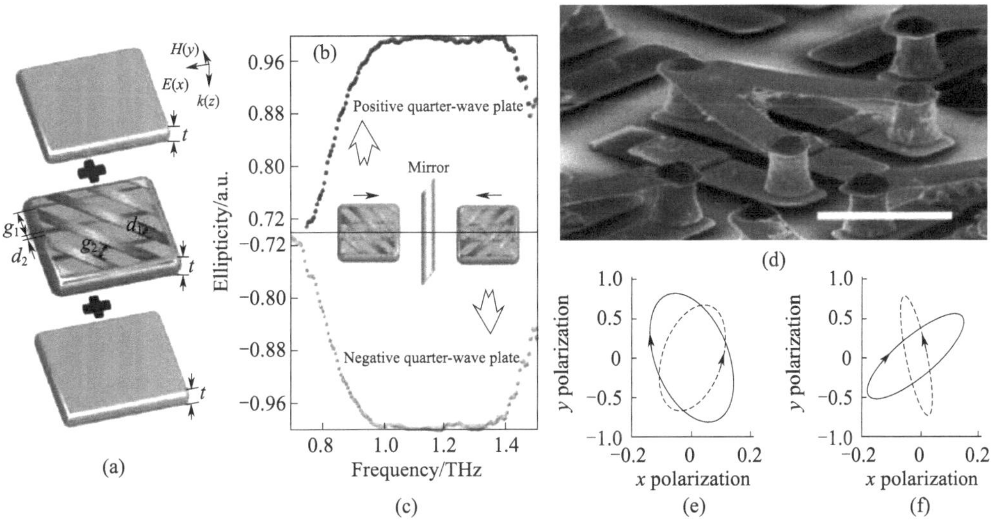

图 7－18　太赫兹偏振调制器

7.4.5　太赫兹空间波前调制器

太赫兹空间波前调制器的原理与光波段和红外波段类似，都是基于相位不连续理论，通过改变组成超表面谐振单元的几何尺寸和形状来对局部相位突变进行控制，进而控制整个波前分布。典型设备有异常偏折器、平板透镜、特殊光束产生器和全息平板等。图 7－19（a）、（b）为天津大学 W Zhang 教授课题组提出的基于“C”形环振荡器的太赫兹波前控制。通过改变“C”形环的开口和尺寸 [图 7－19（a）] 可以对相位突变进行任意控制，并在实验上证明了一个宽带太赫兹偏折器 [图 7－19（b）] 和一个奇异菲涅尔波带片。图 7－19（c）、（d）为首都师范大学 Y Zhang 教授课题组利用“V”型互补天线阵列设计的 Vortex 光束产生器。

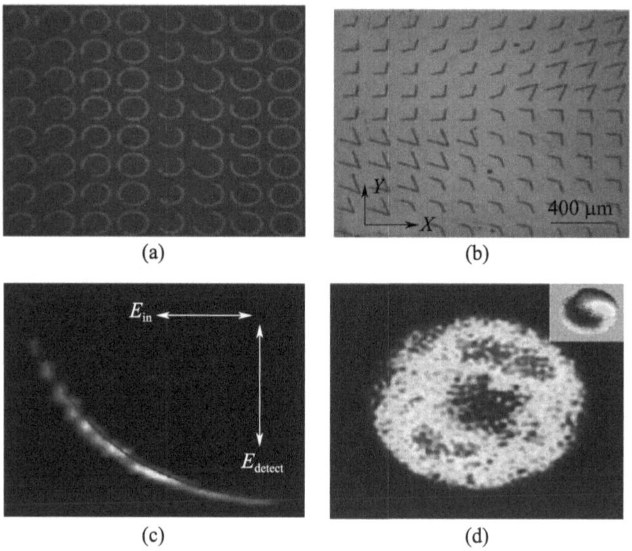

图 7－19　空间波前调制器

7.4.6　太赫兹超材料调制器发展方向和趋势

综上，近年来通过将各种新的材料、新的调制手段与超材料相结合，太赫兹调制器件得到了长足且快速的发展，在空间通信、全息成像等技术领域扮演着愈来愈重要的角色。太赫兹调制器在未来的发展方向如下。

第一，在波束聚焦方面，通过单元形状设计、人工材料和自然材料的组合优化等，太赫兹超材料调制器解决了低剖面和大带宽之间的矛盾。超材料波束聚焦器件根据材料可调谐性分为两类：第一类是静态超材料透镜，这一类超材料基本由全介质或金属＋介质构成，其使用频段自加工之后就恒定不可调节；第二类是动态超材料透镜，该类超材料由有源器件或相变材料构成，使用频段可在使用时灵活调整，是未来的发展趋势。

第二、在太赫兹波空间波束分配方面，现有研究基本实现了单波束到双波束的分离，未来可拓展研究多频多波束分离网络、大规模面阵功率分配网络（太赫兹相控阵、相参阵列）等方面。

第三，在探测成像方面，基于全息太赫兹超材料的调制器件可获得目标辐射相位、辐射强度等多方面信息，未来可进一步提升全息太赫兹超材料调制器件的成像精度、调制速率等，为其在全息成像领域的实际应用打下基础。

7.5　太赫兹超材料天线

超材料在微波频段被广泛应用于天线的设计中，用来提高天线辐射效率或实现波束重构等[107-109]，这一应用在太赫兹波段也得到了拓展。2017 年，Stamatios A. Amanatiadis 等人使用超材料合成衬底来改善石墨烯等离子体激元天线的辐射效率，天线结构如图 7－

20 所示。加载超材料的天线辐射效率为 16.6%，比未加载超材料的天线效率（3.9%）显著提高[110]。

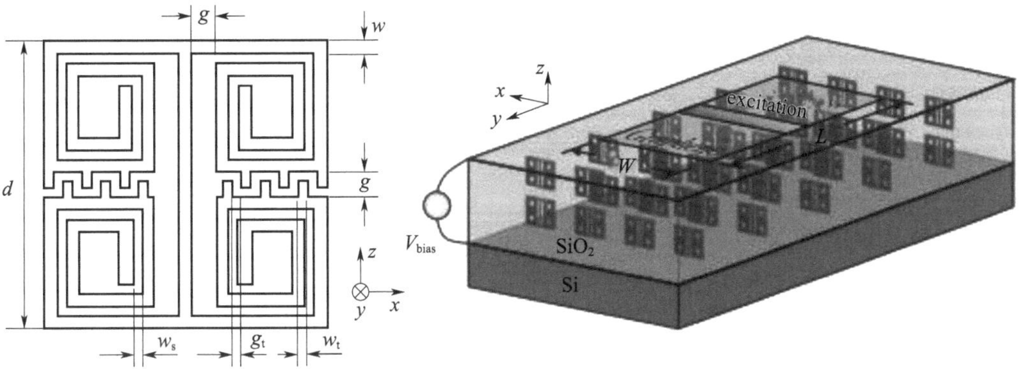

图 7-20 加载超材料的太赫兹天线结构

2018 年，天津大学王可萌将介质超材料与光电导天线相结合，实现天线对泵浦激光的高效吸收，太赫兹辐射功率在 0.91 THz 处增强了 1.35 倍，拓宽了天线辐射的频谱范围[111]。2020 年，电子科技大学肖冰连等人将二维超材料（超表面）应用于太赫兹频段的线极化和圆极化频扫天线，水平或垂直极化波入射到超表面阵列结构后在各个频点上的反射角度是一样的，波束扫描范围为 34°～48°，反射系数均在 0.6 以上，与未加载超材料的同一频扫天线相比，带宽和扫描角度范围均有所提升[112]。

7.6 其他最新进展

7.6.1 基于超材料的片上通信技术

随着通信技术的发展，信号频率越来越高，5G 已逐步进入毫米波频段，而下一代通信技术将有望采用太赫兹波段。为实现高速片上通信解决方案，需要对太赫兹频率的信号链路进行研究。常规的太赫兹波导管系统无法支持急剧弯曲的传输路径，而太赫兹超材料拥有足够的设计灵活性，可构成特定的拓扑结构，从而实现太赫兹集成电路与芯片内、芯片间的通信互联。Yihao Y 等人于 2020 年提出了基于光拓扑相位的全硅太赫兹超材料导波系统[113]。通过在硅基底上刻蚀尺寸不同的三角形孔，实现了对太赫兹波的片上导行功能，测试结果表明该结构能够实时传输未压缩的 4K 高清晰度视频，传输数据超过 10 Gbit/s。基于光拓扑结构的太赫兹超材料研究，实现了每秒千兆位数据链路的传输，可以进一步支持人工智能和云计算技术，包括自动驾驶、医疗保健、精密制造和全息通信等方面。

7.6.2 基于编码超材料的信息技术

经典超材料体系通常采用等效媒质参数描述超材料的电磁性质，设计超材料隐身衣、超材料透镜时主要是设计等效电磁参数的分布。然而，等效媒质理论很难和信息技术相融合，为此，东南大学崔铁军教授提出了数字编码超材料的概念[114-119]。数字编码超材料根据单元响应相位（或振幅）的不同进行二进制编码（如 1 比特编码，则相位为 0°和 180°的两种单元对应的数字编码为 0 和 1；2 比特编码，相位为 0°、90°、180°、270°的 4 种单元对应的数字编码为 00、01、10、11），设计超材料时只需要根据功能需求设计编码图案即可。编码超材料的提出搭建了物理世界和信息世界之间的桥梁，在微波频段的应用已经十分广泛。太赫兹波段属于新兴研究领域，将编码超材料技术应用在太赫兹波段可进一步提高对于太赫兹波的调控能力[120-122]，具有广阔的应用前景。

7.6.3　基于增材工艺的太赫兹超材料

太赫兹超材料通常具有微米级的尺寸，对工艺精度要求极高，且工艺误差带来的频移、性能下降甚至功能改变非常明显。因此，制备工艺的提升对太赫兹超材料的应用有很大的促进作用。传统的超材料中含有介质材料和金属材料，只能使用光刻、化学气相沉积、刻蚀、溅射等半导体工艺。虽然基于 MEMS 的太赫兹超材料得到广泛研究，但仍存在工艺精度带来的成品率问题。随着全介质超材料的提出，3D 打印也可被用于制备太赫兹超材料。Hao X 等人于 2017 年提出了基于 3D 打印-聚合物喷射技术的太赫兹超材料器件制备方法[123]。3D 打印制造技术为实现复杂的结构提供了前所未有的灵活性。聚合物喷射是一种新兴的 3D 打印制造技术，该技术利用光敏聚合物作为构建材料，能够精确打印微米级器件，可满足太赫兹频段的电磁超材料精度要求。Hao X 等人在参考文献［124］中讨论了基于聚合物喷射的 3D 打印设计和实现，介绍了多种 3D 可打印聚合物材料从 GHz 到 THz 的宽带电磁特性，阐述了专用于 3D 打印超材料及天线的设计方法，包括波导、喇叭天线、超材料梯度折射率透镜等。这种用于太赫兹波段超材料或其他电磁器件的聚合物喷射技术使得微米级精确制备得以实现，在未来具有广阔的应用前景。

7.6.4　基于 GaAs 超材料单元的太赫兹准直波束低剖面透镜

2017 年，天津大学太赫兹中心开展了基于 GaAs 超材料单元的太赫兹准直波束低剖面透镜研究[124]，通过砷化镓超材料单元改变波束相位从而实现波束准直化，如图 7－21 所示。该透镜采用折射率为 3.6 的 1350 μm 厚高阻硅为衬底，采用折射率为 3.45 的 650 μm 厚 GaAs 实现超材料单元。仿真结果表明，在 1 THz 频率下，4 mm 口径透镜在 20 mm 远处的 3 dB 光斑直径为 2.4 mm。

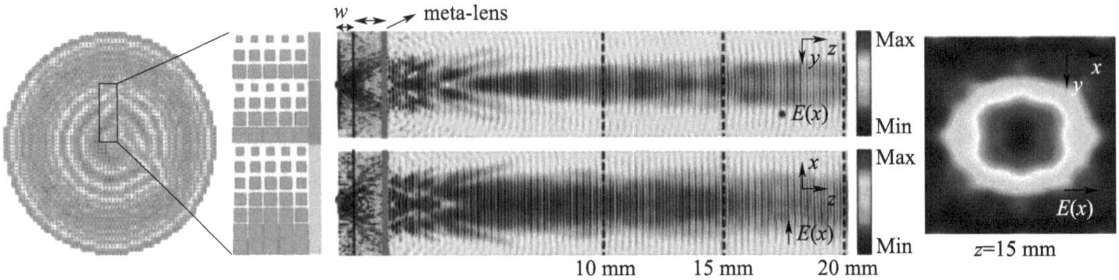

(a) 透镜结构　(b) 金属与超材料透镜对比　(c) 20 mm处电场分布

图 7－21　基于 GaAs 超材料单元的太赫兹全介质透镜

7.7 总结

太赫兹波段在电磁频谱中位于毫米波和红外之间，是电子学向光子学的过渡区域，对于该波段高效响应的自然材料较为有限，在一定程度上制约了太赫兹技术的应用和发展。作为近年兴起的人工合成电磁材料，超材料可以通过设计和调整单元的形状、结构及尺寸等参数来调节材料宏观电磁响应，在太赫兹波的有效调控方面具有巨大的应用潜力。

本章主要总结了太赫兹超材料的最新研究成果及研究过程中遇到的问题，涵括了近十年来太赫兹超材料吸波体、调制器以及天线等方面的研究进展，最后对太赫兹超材料领域的发展方向及未来热点进行了展望。通过对太赫兹超材料研究现状的综述与分析，可以看到超材料的出现为设计新型太赫兹器件提供了新的技术手段，且超材料的引入为太赫兹技术在高速宽带通信、生物医学、高分辨率光谱学、食品控制以及军事和航天等领域的应用提供了更为广阔的前景。

参 考 文 献

［1］ Yen T J，Padilla W J，Fang N，et al. Terahertz Magnetic Response from Artificial Materials［J］. Science，2004，303（5663）：1494－1496.

［2］ Smith D R，Padilla W J，Vier DC，et al. Composite Medium with Simultaneously Negative Permeability and Permittivity［J］. Physical Review Letters，2000，84（18）：4184.

［3］ Wang Y，Zhu D Y，Cui ZJ，et al. Properties and Sensing Performance of All－Dielectric Metasurface THz Absorbers［J］. IEEE Transactions on Terahertz Science and Technology，2020（99）：1－1.

［4］ Huang X，Lu C，RongC，et al. Multiband Ultrathin Polarization－Insensitive Terahertz Perfect Absorbers With Complementary Metamaterial and Resonator Based on High－Order Electric and Magnetic Resonances［J］. IEEE Photonics Journal，2018（99）：1－1.

［5］ Chen P Y，Alu A. Terahertz Metamaterial Devices Based on Graphene Nanostructures［J］. IEEE Transactions on Terahertz Science & Technology，2013，3（6）：748－756.

［6］ Wang B X，Xie Q，Dong G，et al. Simplified Design for Broadband and Polarization－Insensitive Terahertz Metamaterial Absorber［J］. IEEE Photonics Technology Letters，2018，30（12）：1115－1118.

［7］ Chen L，Qu S W，Chen BJ，et al. Terahertz Metasurfaces for Absorber or Reflectarray Applications［J］. IEEE Transactions on Antennas and Propagation，2017（1）：1－1.

［8］ 谭思宇．太赫兹高折射率超材料及吸收体传感特性的研究［D］. 北京：北京交通大学，2018.

［9］ 闫昕，梁兰菊，张雅婷，等．电磁超表面在微波和太赫兹波段雷达散射截面缩减中的应用研究进展［J］. 光谱学与光谱分析，2016，36（06）：1639－1644.

［10］ 梁兰菊．基于多层柔性超材料的 THz 器件［D］. 南京：南京大学，2014.

［11］ Li H G，Nan X，Jie Z，et al. A low RCS metasurface for THz applications［C］. 2014 3rd Asia－Pacific Conference on Antennas and Propagation. IEEE，2014.

［12］ Xu C，Fan W，Chao S. Multiple plasmonic resonance excitations on graphene metamaterials for ultrasensitive terahertz sensing［J］. Carbon，2018（133）：416－422.

［13］ Neu J，Aschaffenburg D J，Williams M，et al. Optimization of Terahertz Metamaterials for Near－Field Sensing of Chiral Substances［J］. IEEE Transactions on Terahertz Science & Technology，2017（99）：1－10.

［14］ 王月娥，李东霞，李智，等．基于四峰超材料 THz 传感器的 B 族维生素检测［J］. 光谱学与光谱分析，2020，40（06）：131－136.

［15］ 向天宇，雷涛，沈钊阳，等．基于环偶极子超材料的太赫兹波段高灵敏度传感器设计［J］. 电子元件与材料，2020，v 39，No 346（12）：62－66.

［16］ 段露．基于超材料的高灵敏太赫兹生物传感器的研究［D］. 成都：电子科技大学，2024.

［17］ 陈淑瑜，韦德泉．电磁超表面高灵敏度太赫兹传感器的设计［J］. 激光杂志，2019（4）：18－22.

[18] Wang S, Xia L, MaoH, et al. Terahertz Biosensing Based on a Polarization - Insensitive Metamaterial [J]. IEEE Photonics Technology Letters, 2016, 28 (9): 986 - 989.

[19] Lee D K, Kim G, Kim C, et al. Ultrasensitive Detection of Residual Pesticides Using THz Near - Field Enhancement [J]. IEEE Transactions on Terahertz Science & Technology, 2016, 6 (3): 389 - 395.

[20] 徐文道. 太赫兹-超材料-纳米材料联用的农产品安全检测机理与方法 [D]. 杭州: 浙江大学, 2018.

[21] Binyi, Qin, Zhi, et al. Highly Sensitive Detection of Carbendazim by Using Terahertz Time - Domain Spectroscopy Combined With Metamaterial [J]. IEEE Transactions on Terahertz Science and Technology, 2018, 8 (2): 149 - 154.

[22] Li D, Lin S, HuF, et al. Metamaterial Terahertz Sensor for Measuring Thermal - Induced Denaturation Temperature of Insulin [J]. IEEE Sensors Journal, 2019 (99): 1 - 1.

[23] Li D, Hu F, Zhang H, et al. Identification of Early - stage Cervical Cancer Tissue Using Metamaterial Terahertz Biosensor with Two Resonant Absorption Frequencies [J]. IEEE Journal of Selected Topics in Quantum Electronics, 2021 (99): 1 - 1.

[24] Keshavarz A, Vafapour Z. Water - Based Terahertz Metamaterial for Skin Cancer Detection Application [J]. IEEE Sensors Journal, 2019, 19 (4): 1519 - 1524.

[25] Lin S, Xu X, HuF, et al. Using antibody modified terahertz metamaterial biosensor to detect concentration of carcinoembryonic antigen [J]. IEEE Journal of Selected Topics in Quantum Electronics, 2020 (99): 1 - 1.

[26] Keshavarz A, Vafapour Z. Sensing Avian Influenza viruses using Terahertz metamaterial Reflector [J]. IEEE Sensors Journal, 2019, 19 (13): 5161 - 5166.

[27] Rui Z, Chen Q, Kai L, et al. Terahertz Microfluidic Metamaterial Biosensor for Sensitive Detection of Small Volume Liquid Samples [J]. IEEE Transactions on Terahertz Science and Technology, 2019 (99): 1 - 1.

[28] 谢明真, 张阳, 府伟灵, 等. 基于太赫兹超材料的微流体折射率传感器 [J]. 光谱学与光谱分析, 2021, 41 (04): 1039 - 1043.

[29] 陈涛, 黄锋宇, 钟鑫, 等. 基于电磁场作用增强的超材料吸收体太赫兹微流传感器 [J]. 光子学报, 2021, 50 (01): 139 - 149.

[30] Wang X. Uncooled CMOS Integrated Triple - band Terahertz Thermal Detector Comprising of Metamaterial Absorber and PTAT Sensor [J]. IEEE Access, 2020 (99): 1 - 1.

[31] Ryu M W, Lee J S, Kim KS, et al. High - Performance Plasmonic THz Detector Based on Asymmetric FET With Vertically Integrated Antenna in CMOS Technology [J]. IEEE Transactions on Electron Devices, 2015, 63 (4): 1742 - 1748.

[32] 敖天宏. 基于超材料的太赫兹微测辐射热计和滤波器的设计与制备 [D]. 成都: 电子科技大学, 2018.

[33] Alves F, Grbovic D, Kearney B, et al. Bi - material terahertz sensors using metamaterial structures [J]. Optics Express, 2013, 21 (11): 13256 - 13271.

[34] Anh P, Peter H B. Terahertz Modulator Based on Vertically Coupled Fano Metamaterial [J]. IEEE Transactions on Terahertz Science & Technology, 2018, 8 (5): 502 - 508.

[35] Wen Y, Jia D, Wei M, et al. Photomechanical meta - molecule array for real - time terahertz imaging [J]. Microsystems & Nanoengineering, 2017, 3 (1): 17071.

[36] Kuznetsov S A, Paulish A G, Gelfand A V, et al. Bolometric THz - to - IR converter for terahertz imaging [J]. Applied Physics Letters, 2011, 99 (2): 023501.

[37] Carranza I E, Grant J, Gough J, et al. Metamaterial - Based Terahertz Imaging [J]. IEEE Transactions on Terahertz Science & Technology, 2015, 5 (6): 892 - 901.

[38] Carranza I E, Grant J P, GoughJ, et al. Terahertz Metamaterial Absorbers Implemented in CMOS Technology for Imaging Applications: Scaling to Large Format Focal Plane Arrays [J]. IEEE Journal of Selected Topics in Quantum Electronics, 2016 (99): 1 - 1.

[39] Shabani M, Mir A. Design and Analysis of an Ultra - broadband Polarization - independent Wide - angle Plasmonic THz Absorber [J]. IEEE Journal of Quantum Electronics, 2021 (99): 1 - 1.

[40] Wen Y, Ma W, Bailey J, et al. Broadband Terahertz Metamaterial Absorber Based on Asymmetric Resonators With Perfect Absorption [J]. IEEE Transactions on Terahertz Science & Technology, 2015, 5 (3): 406 - 411.

[41] Pan W, Yu X, Zhang J, et al. A Broadband Terahertz Metamaterial Absorber Based on Two Circular Split Rings [J]. IEEE Journal of Quantum Electronics, 2017, 53 (1): 1 - 6.

[42] Wang B X, Wang L L, Wang G Z, et al. Theoretical Investigation of Broadband and Wide - Angle Terahertz Metamaterial Absorber [J]. IEEE Photonics Technology Letters, 2014, 26 (2): 111 - 114.

[43] Wu P, Xuan Y, Zhang J, et al. A Novel Design of Broadband Terahertz Metamaterial Absorber Based on Nested Circle Rings [J]. IEEE Photonics Technology Letters, 2016, 28 (21): 1 - 1.

[44] Zhang M, Zhang J, Chen A, et al. Vanadium Dioxide - Based Bifunctional Metamaterial for Terahertz Waves [J]. IEEE Photonics Journal, 2020, 12 (1): 1 - 9.

[45] Su H E, Li J L, Xia L. A Novel Temperature Controlled Broadband Metamaterial Absorber for THz Applications [J]. IEEE Access, 2019 (99): 1 - 1.

[46] Zhang Y, Wu P, Zhou Z, et al. Study on Temperature Adjustable Terahertz Metamaterial Absorber Based on Vanadium Dioxide [J]. IEEE Access, 2020 (99): 1 - 1.

[47] Yang D, Zhang C, Li X, et al. InSb - enhanced thermally tunable terahertz silicon metasurfaces [J]. IEEE Access, 2019 (99): 1 - 1.

[48] F Chen, Cheng Y, Luo H. Temperature tunable narrow - band terahertz metasurface absorber based on InSb micro - cylinder arrays for enhanced sensing application [J]. IEEE Access, 2020 (99): 1 - 1.

[49] 佟艳群，汪诗妍，宋效先，等．基于超材料的多频带可调谐太赫兹吸收器 [J]. 红外与毫米波学报，2020，39 (06)：735 - 741.

[50] 杨森，袁苏，王佳云．一种光激发可切换的双频太赫兹超材料吸收器 [J]. 光学学报，2021，41 (02)：122 - 130.

[51] 袁苏．光激发可开关多态太赫兹超材料吸收器的研究 [D]. 太原：山西大学，2020.

[52] Torabi E S, Fallahi A, Yahaghi A. Evolutionary Optimization of Graphene - Metal Metasurfaces for Tunable Broadband Terahertz Absorption [J]. Antennas & Propagation IEEE Transactions on, 2017, 65 (3): 1464 - 1467.

[53] Jiang Y N, Wan X, JiaoW, et al. Tunable terahertz absorber based on bulk - Dirac - semimetal metasurface [J]. IEEE Photonics Journal, 2018, 10 (5): 1 - 7.

[54] Mishra R, Panwar R, Singh D. Equivalent Circuit Model for the Design of Frequency - Selective, Terahertz - Band, Graphene - Based Metamaterial Absorbers [J]. IEEE Magnetics Letters, 2018, 9 (99): 1 - 5.

[55] Mishra R, Sahu A, Panwar R. Cascaded Graphene Frequency Selective Surface Integrated Tunable Broadband Terahertz Metamaterial Absorber [J]. IEEE Photonics Journal, 2019, 11 (2): 1 - 10.

[56] 王月娥．基于超材料的太赫兹带阻滤波器及其传感应用 [D]. 西安：西安电子科技大学，2019.

[57] Li Z, Ding Y J. Terahertz Broadband - Stop Filters [J]. IEEE Journal of Selected Topics in Quantum Electronics, 2013, 19 (1): 8500705 - 8500705.

[58] 张雅雯．基于人工电磁材料的 THz 非对称传输器件研究 [D]. 北京：北京邮电大学，2018.

[59] 张学迁．基于超材料的太赫兹功能器件 [D]. 天津：天津大学，2016.

[60] Liu W, Dai Z, JingY, et al. Ultrabroad and Angle Tunable THz Filter Based on Multiplexed Metallic Bar Resonators [J]. IEEE Photonics Technology Letters, 2018 (24): 1 - 1.

[61] Han Z, Kohno K, Fujita H, et al. Tunable Terahertz Filter and Modulator Based on Electrostatic MEMS Reconfigurable SRR Array [J]. IEEE Journal of Selected Topics in Quantum Electronics, 2015, 21 (4): 114 - 122.

[62] Kim S M, Leite C M, Park JY, et al. Multiband Terahertz Self - Complementary Metasurface [J]. IEEE Access, 2020 (8): 199051 - 199059.

[63] Zhu Z, Zhang X, Gu J, et al. A Metamaterial - Based Terahertz Low - Pass Filter With Low Insertion Loss and Sharp Rejection [J]. IEEE Transactions on Terahertz Science & Technology, 2013, 3 (6): 832 - 837.

[64] Lin Y S, Huang C Y, Lee C. Reconfiguration of Resonance Characteristics for Terahertz U - Shape Metamaterial Using MEMS Mechanism [J]. IEEE Journal of Selected Topics in Quantum Electronics, 2015, 21 (4): 1 - 7.

[65] Hu F, Wang H, X Zhang, et al. Electrically triggered tunable terahertz band - pass filter based on VO_2 hybrid metamaterial [J]. IEEE Journal of Selected Topics in Quantum Electronics, 2019, 25 (3): 1 - 7.

[66] Xu R, Lin Y S. Reconfigurable Multiband Terahertz Metamaterial Using Triple - Cantilevers Resonator Array [J]. Journal of Microelectromechanical Systems, 2020 (99): 1 - 6.

[67] 潘武，沈大俊，闫彦君．太赫兹超材料极化转换器设计及其特性分析 [J]. 半导体光电，2018, 39 (03): 317 - 321.

[68] 李春．有源太赫兹超导超材料 [D]. 南京：南京大学，2018.

[69] 莫伟成．几种太赫兹超表面器件的特性研究与实验观测 [D]. 武汉：华中科技大学，2016.

[70] 杨磊，范飞，陈猛，等．多功能太赫兹超表面偏振控制器 [J]. 物理学报，2016, 65 (08): 72 - 79.

[71] 付亚男，张新群，赵国忠，等．基于谐振环的太赫兹宽带偏振转换器件研究 [J]. 物理学报，2017, 66 (18): 73 - 82.

[72] 潘武，沈大俊，闫彦君．太赫兹超材料极化转换器设计及其特性分析 [J]. 半导体光电，2018, 39 (03): 317 - 321.

[73] 杨朝晖，江明珠，刘永琛，等．基于二氧化钒复合超表面的太赫兹带宽可调极化转换器 [J/OL]. 中国激光：1－15.

[74] Quader S，Zhang J，Akram R，et al. Graphene－Based High－Efficiency Broadband Tunable Linear－to－Circular Polarization Converter for Terahertz Waves [J]. IEEE Journal of Selected Topics in Quantum Electronics，2020 (99)：1－1.

[75] Zhao J，Cheng Y，Cheng Z. Design of a Photo－Excited Switchable Broadband Reflective Linear Polarization Conversion Metasurface for Terahertz Waves [J]. IEEE Photonics Journal，2018 (99)：1－1.

[76] Sasaki T，Nishie Y，Kambayashi M，et al. Active Terahertz Polarization Converter Using a Liquid Crystal－Embedded Metal Mesh [J]. Photonics Journal，IEEE，2019，11 (6)：1－7.

[77] Han C，Parrott E，Pickwell－Macpherson E. Tailoring Metamaterial Microstructures to Realize Broadband Polarization Modulation of Terahertz Waves [J]. IEEE Journal of Selected Topics in Quantum Electronics，2016 (99)：1－1.

[78] 李永花，周璐，赵国忠．基于各向异性超表面的太赫兹宽带偏振转换器 [J]. 中国激光，2018，45 (03)：330－334.

[79] Ji Y，F Fan，X Zhang，et al. Active Terahertz Anisotropy and Dispersion Engineering Based on Dual－Frequency Liquid Crystal and Dielectric Metasurface [J]. Journal of Lightwave Technology，2020，38 (15)：4030－4036.

[80] Yi H，Qu S W，Ng K B，et al. Terahertz Wavefront Control on Both Sides of the Cascaded Metasurfaces [J]. IEEE Transactions on Antennas and Propagation，2017 (99)：1－1.

[81] Fan K，Zhao X，Zhang J，et al. Optically Tunable Terahertz Metamaterials on Highly Flexible Substrates [J]. IEEE Transactions on Terahertz Science and Technology，2013，3 (6)：702－708.

[82] Wang D C，Huang Q，Qiu C W，et al. Selective excitation of resonances in gammadion metamaterials for terahertz wave manipulation [J]. Science China Physics，Mechanics & Astronomy，2015，58 (8)：1－6.

[83] 张学迁，张慧芳，田震，等．利用介质超材料控制太赫兹波的振幅和相位 [J]. 红外与激光工程，2016，45 (04)：68－73.

[84] 袁莹辉，陈勰宇，胡放荣，等．基于人工超表面/离子凝胶/石墨烯复合结构的太赫兹调幅器件 [J]. 中国激光，2019，46 (6)：194－202.

[85] 汪云，章少华，沈云，等．太赫兹"V"形错位超表面异常折射振幅调控研究 [J]. 光学学报，2020，40 (7)：136－141.

[86] 龙洁，李九生．相变材料与超表面复合结构太赫兹移相器 [J]. 物理学报，2021，70 (07)：118－125.

[87] Wang T，Xie R，Zhu S，et al. Dual－Band High Efficiency Terahertz Meta－Devices Based on Reflective Geometric Metasurfaces [J]. IEEE Access，2019 (7)：58131－58138.

[88] Li J S，Yao J Q. Manipulation of Terahertz Wave Using Coding Pancharatnam－Berry Phase Metasurface [J]. IEEE Photonics Journal，2018，10 (5)：1－12.

[89] F Ma，Y S Lin，X Zhang，et al. Tunable multiband terahertz metamaterials using a reconfigurable electric split－ring resonator array [J]. Light Science and Applications，2014，3 (5)：171－178 .

[90] S. Biber, A. Hofmann, R. Schulz, M. Collischon. Design and measurement of a bandpass filter at 300 GHz based on a highly efficient binary grating [J]. IEEE Transactions on Microwave Theory and Techniques, 2004, 52 (9): 2183 - 2189 .

[91] orres, V, Sanchez, et al. Compact Dual - Band Terahertz Quarter - Wave Plate Metasurface [J]. Photonics Technology Letters, IEEE, 2014, 26 (16): 1679 - 1682.

[92] Zhang X, Quan L, Wei C, et al. Polarization - Independent Plasmon - Induced Transparency in a Fourfold Symmetric Terahertz Metamaterial [J]. IEEE Journal of Selected Topics in Quantum Electronics, 2012, 19 (1): 8400707.

[93] Wei Y, Tang L, Wang J, et al. Spectrally and spatially tunable terahertz metasurface lens based on graphene surface plasmons [J]. IEEE Photonics Journal, 2018, 10 (4): 1 - 8.

[94] 程洁嵘，董希谱，王娇，等．基于几何相位的亚太赫兹波宽带平面透镜 [J]. 中国科学：物理学 力学 天文学，2021，51 (05)：53 - 59.

[95] 刘星博，王球，许全，等．太赫兹超表面计算全息 [J]. 光电工程，2020，47 (05)：101 - 111.

[96] 陈婷．基于相位梯度超表面太赫兹平面透镜的研究 [D]. 成都：电子科技大学，2020.

[97] 王粜尹，潘武，陈琦，等．太赫兹超材料分束器设计及其特性分析 [J]. 半导体光电，2019，40 (02)：185 - 188.

[98] 刘桐君．石墨烯可调谐相位梯度超表面及电磁耦合惠更斯超表面的研究 [D]. 武汉：华中科技大学，2018.

[99] 余晴．用于太赫兹光电导天线的全介质超表面准直透镜 [D]. 天津：天津大学，2018.

[100] 苏思思，延凤平，谭思宇，等．基于站立结构的宽带太赫兹超材料增透膜设计 [J]. 中国激光，2018，45 (04)：318 - 323.

[101] 贺敬文．太赫兹光场调制超表面器件的设计与表征 [D]. 哈尔滨：哈尔滨工业大学，2017.

[102] 李瑶．基于超表面结构的太赫兹功能器件研究 [D]. 武汉：华中科技大学，2017.

[103] Zeng H, Zhang Y, Lan F, et al. Terahertz Dual - Polarization Beam Splitter Via an Anisotropic Matrix Metasurface [J]. Terahertz Science and Technology, IEEE Transactions on, 2019, 9 (5): 491 - 497.

[104] 沈仕远．基于二氧化钒超表面的动态太赫兹波束调控阵列研究 [D]. 成都：电子科技大学，2020.

[105] Zhoutian, Liu, Yuan, et al. Largely Tunable Terahertz Circular Polarization Splitters Based on Patterned Graphene Nanoantenna Arrays [J]. Photonics Journal, IEEE, 2019, 11 (5): 1 - 11.

[106] Lenets V A, Kuznetsov S A, Sayanskiy A D, et al. A Focusing Circular - Polarization THz Beam Splitter Based on a Self - Complementary Metasurface [J]. IEEE Transactions on Terahertz Science and Technology, 2020 (99): 1 - 1.

[107] C Ding, H Zhu, J Ye, et al. Miniaturized Base - station Antenna Element using Folded Structure and Meta - surface [C]. 2020 IEEE International Conference on Signal Processing, Communications and Computing (ICSPCC), Macau, China, 2020: 1 - 3.

[108] Y Qiu, H Zhu, J Bai, et al. Miniaturization of Base - station Antenna Element using Non - uniform Meta - surface. 2020 14th European Conference on Antennas and Propagation (EuCAP), Copenhagen, Denmark, 2020: 1 - 3.

[109] P Zheng, et al. Broadband Dual - Polarized Antenna with Enhanced Front - To - Back Ratio Using Meta - surface. 2019 IEEE Asia - Pacific Microwave Conference (APMC), Singapore, 2019:

1742 - 1744.

[110] Amanatiadis S, Karamanos T, Kantartzis N. Radiation Efficiency Enhancement of Graphene THz Antennas Utilizing Metamaterial Substrates [J]. IEEE Antennas and Wireless Propagation Letters, 2017 (16): 2054 - 2057.

[111] 王可蒙. 集成纳米超材料的太赫兹光电导天线研究 [D]. 天津: 天津大学, 2018.

[112] 肖冰连. 基于超材料反射阵列的太赫兹频扫天线研究 [D]. 成都: 电子科技大学, 2020.

[113] Yang Y, Yamagami Y, Yu X, et al. Terahertz topological photonics for on - chip communication [J]. Nature Photonics, 2020, 14 (7): 446 - 451.

[114] Lemic F, Han C, Famaey J. Idling Energy Modeling and Reduction in Energy Harvesting Terahertz Nanonetworks for Controlling Software - Defined Metamaterials [J]. IEEE Journal on Emerging and Selected Topics in Circuits and Systems, 2020, 10 (1): 88 - 99.

[115] 沈仕远, 王元圣, 池瑶佳, 等. 基于编码超表面的双向太赫兹多波束调控器件 [J]. 太赫兹科学与电子信息学报, 2021, 19 (01): 1 - 6.

[116] 唐小燕, 柯友煌, 井绪峰, 等. 基于透射型几何相位编码超表面的太赫兹波束自由操控 [J]. 光子学报, 2021, 50 (01): 150 - 163.

[117] 李佳辉, 张雅婷, 李吉宁, 等. 基于二氧化钒的太赫兹编码超表面 [J]. 物理学报, 2020, 69 (22): 385 - 393.

[118] 傅晓建, 石磊, 崔铁军. 太赫兹超材料及其成像应用研究进展 [J]. 材料工程, 2020, 48 (06): 12 - 22.

[119] 王禄炀. 太赫兹快速数字波束重构超表面研究 [D]. 成都: 电子科技大学, 2020.

[120] 曾泓鑫. 基于可重构人工微结构太赫兹阵列器件研究 [D]. 成都: 电子科技大学, 2020.

[121] 刘峻峰, 刘硕, 傅晓建, 等. 太赫兹信息超材料与超表面 [J]. 雷达学报, 2018, 7 (01): 46 - 55.

[122] 闫昕, 梁兰菊, 张雅婷, 等. 基于编码超表面的太赫兹宽频段雷达散射截面缩减的研究 [J]. 物理学报, 2015, 64 (15): 463 - 470.

[123] Hao X, Min L. 3 - D - Printed Microwave and THz Devices Using Polymer Jetting Techniques [J]. Proceedings of the IEEE, 2017 (4): 1 - 19.

[124] Yu Q, Gu J, Yang Q, et al. All - dielectric meta - lens designed for photoconductive terahertz antennas [J]. IEEE Photonics Journal, 2017, 9 (4): 1 - 9.